普通高等教育土建学科专业"十二五"规划教材

高等学校土木工程学科专业指导委员会规划教材

（按高等学校土木工程本科指导性专业规范编写）

工程荷载与可靠度设计原理

白国良　薛建阳　吴　涛　编著

童岳生　主审

中国建筑工业出版社

图书在版编目(CIP)数据

工程荷载与可靠度设计原理/白国良等编著. —北京:中国建筑工业
出版社,2012.3(2023.3重印)

普通高等教育土建学科专业"十二五"规划教材. 高等学校土木工程
学科专业指导委员会规划教材(按高等学校土木工程本科指导性专业规
范编写)

ISBN 978-7-112-14135-7

Ⅰ. ①工… Ⅱ. ①白… Ⅲ. ①工程结构-结构载荷-高等学校-教材
②工程结构-结构可靠性-高等学校-教材 Ⅳ. ①TU312

中国版本图书馆 CIP 数据核字(2012)第 042123 号

本书根据高等学校土木工程学科专业指导委员会编制的《高等学校土木工程
本科指导性专业规范》的要求和荷载与结构设计方法课程教学大纲编写。全书共
分为9章,包括:绪论、重力荷载、侧压力、风荷载、地震作用、其他作用、荷
载统计分析、结构抗力统计分析、结构概率可靠度设计法。

本书可作为高等院校土木工程专业的本科教材或参考书,亦可供土木工程技
术人员参考使用。

为更好地支持本课程教学,我社向选用本教材的任课教师提供课件,有需要
者可与出版社联系,索取方式如下:建工书院 http://edu.cabplink.com,邮箱
jckj@cabp.com.cn,电话010-58337285。

* * *

责任编辑:王 跃 吉万旺
责任设计:陈 旭
责任校对:党 蕾 赵 颖

普通高等教育土建学科专业"十二五"规划教材
高等学校土木工程学科专业指导委员会规划教材
(按高等学校土木工程本科指导性专业规范编写)

工程荷载与可靠度设计原理

白国良 薛建阳 吴 涛 编著

童岳生 主审

*

中国建筑工业出版社出版、发行(北京西郊百万庄)
各地新华书店、建筑书店经销
北京鸿文瀚海文化传媒有限公司制版
北京建筑工业印刷厂印刷

*

开本:787×1092毫米 1/16 印张:13¾ 字数:343千字
2012年8月第一版 2023年3月第十次印刷
定价:**28.00**元(赠教师课件)
ISBN 978-7-112-14135-7
(22183)

本系列教材编审委员会名单

主　　　任：李国强

常务副主任：何若全

副　主　任：沈元勤　高延伟

委　　　员：(按拼音排序)

白国良　房贞政　高延伟　顾祥林　何若全　黄　勇
李国强　李远富　刘　凡　刘伟庆　祁　皛　沈元勤
王　燕　王　跃　熊海贝　阎　石　张永兴　周新刚
朱彦鹏

组织单位：高等学校土木工程学科专业指导委员会
　　　　　中国建筑工业出版社

出 版 说 明

从 2007 年开始高校土木工程学科专业教学指导委员会对全国土木工程专业的教学现状的调研结果显示，2000 年至今，全国的土木工程教育情况发生了很大变化，主要表现在：一是教学规模不断扩大。据统计，目前我国有超过 300 余所院校开设了土木工程专业，但是约有一半是 2000 年以后才开设此专业的，大众化教育面临许多新的形势和任务；二是学生的就业岗位发生了很大变化，土木工程专业本科毕业生中 90% 以上在施工、监理、管理等部门就业，在高等院校、研究设计单位工作的大学生越来越少；三是由于用人单位性质不同、规模不同、毕业生岗位不同，多样化人才的需求愈加明显。《高等学校土木工程本科指导性专业规范》（以下简称《规范》）就是在这种背景下开展研究制定的。

《规范》按照规范性与多样性相结合的原则、拓宽专业口径的原则、规范内容最小化的原则和核心内容最低标准的原则，对专业基础课提出了明确要求。2009 年 12 月高校土木工程学科专业教学指导委员会和中国建筑工业出版社在厦门召开了《规范》研究及配套教材规划会议，会上成立了以参与《规范》编制的专家为主要成员的系列教材编审委员会。此后，通过在全国范围内开展的主编征集工作，确定了 20 门专业基础课教材的主编，主编均参与了《规范》的研制，他们都是各自学校的学科带头人和教学负责人，都具有丰富的教学经验和教材编写经历。2010 年 4 月又在烟台召开了系列规划教材编写工作会议，进一步明确了本系列规划教材的定位和编写原则：规划教材的内容满足建筑工程、道路桥梁工程、地下工程和铁道工程四个主要方向的需要；满足应用型人才培养要求，注重工程背景和工程案例的引入；编写方式具有时代特征，以学生为主体，注意 90 后学生的思维习惯、学习方式和特点；注意系列教材之间尽量不出现不必要的重复等编写原则。为保证教材质量，系列教材编审委员会还邀请了本领域知名教授对每本教材进行审稿，对教材是否符合《规范》思想，定位是否准确，是否采用新规范、新技术、新材料，以及内容安排、文字叙述等是否合理进行全方位审读。

本系列规划教材是贯彻《规范》精神、延续教学改革成果的最好实践，具有很好的社会效益和影响，住房和城乡建设部已经确定本系列规划教材为《普通高等教育土建学科专业"十二五"规划教材》。在本系列规划教材的编写过程中得到了住房和城乡建设部人事司及主编所在学校和学院的大力支持，在此一并表示感谢。希望使用本系列规划教材的广大读者提出宝贵意见和建议，以便我们在重印再版及规划和出版专业课教材时得以改进和完善。

高等学校土木工程学科专业指导委员会

中国建筑工业出版社

2011 年 6 月

前　言

工程结构设计主要包含两方面内容：一是确定工程结构在其服役期间可能出现的各种荷载和作用；二是为保证可靠使用，对各类结构在荷载作用下基于某种设计方法进行设计计算，目前，一般采用概率可靠度设计法。

为使学生以宽口径土木工程专业的视角了解荷载与结构设计方法，本书介绍了建筑工程、交通土建工程、水利工程等专业领域的荷载与结构设计方法，从知识单元和知识点的联系上，力求较全面、系统地介绍工程领域各类荷载及作用的概念、原理与计算方法，以及可靠度计算原理和概率可靠度设计法。

本书根据全国高等学校土木工程专业指导委员会对土木工程专业的培养要求和荷载与结构设计方法课程教学大纲编写。编写内容完全符合国家现行结构设计规范、规程和标准要求。全书共分为9章，包括：绪论、重力荷载、侧压力、风荷载、地震作用、其他作用、荷载统计分析、结构抗力统计分析、结构概率可靠度设计法。

本书第1章、第5章、第7章和第9章由白国良编写，第2章、第6章和第8章由薛建阳编写，第3章和第4章由吴涛编写。全书由白国良统稿，由资深教授童岳生先生主审。博士生王博为本书的资料收集、数据核实、例题试算做了大量工作，硕士生王超群、李贞、余青为本书绘制了插图和试算了部分例题。

希望本书能为读者的学习提供帮助。限于作者水平，书中会存在不足、甚或错误，欢迎读者和使用本教材的教师批评指正。

2012 年 2 月

目　录

第1章　绪论 ……………………………… 1
　本章知识点 …………………………… 1
　1.1　荷载与作用 ………………………… 1
　　1.1.1　作用及其分类 ………………… 1
　　1.1.2　土木工程不同领域中的
　　　　　荷载类型 ………………………… 2
　1.2　荷载的随机性及其取值 ……………… 3
　　1.2.1　荷载的随机性 ………………… 3
　　1.2.2　荷载的取值 …………………… 3
　1.3　荷载与结构设计的关系 ……………… 4
　　1.3.1　效应与抗力 …………………… 4
　　1.3.2　结构设计中的几个重要概念 …… 4
　　1.3.3　结构设计方法的演进 ………… 7
　小结及学习指导 …………………………… 8
　思考题 ……………………………………… 9
第2章　重力荷载 ……………………… 10
　本章知识点 ………………………………… 10
　2.1　结构自重 ……………………………… 10
　2.2　土的自重应力 ………………………… 11
　2.3　楼、屋面活荷载 ……………………… 12
　　2.3.1　楼面活荷载 …………………… 12
　　2.3.2　屋面活荷载 …………………… 15
　2.4　雪荷载 ………………………………… 17
　　2.4.1　基本雪压 ……………………… 17
　　2.4.2　屋面雪荷载的计算 …………… 20
　2.5　吊车荷载 ……………………………… 22
　　2.5.1　吊车工作制等级与工作级别 … 22
　　2.5.2　吊车竖向荷载与水平荷载 …… 23
　2.6　车辆荷载 ……………………………… 25
　　2.6.1　公路汽车荷载 ………………… 25
　　2.6.2　城市桥梁汽车荷载 …………… 28
　　2.6.3　列车荷载 ……………………… 29
　2.7　人群荷载 ……………………………… 29

　　2.7.1　公路桥梁人群荷载 …………… 29
　　2.7.2　城市桥梁人群荷载 …………… 29
　　2.7.3　铁路桥梁人行道荷载 ………… 30
　小结及学习指导 …………………………… 30
　思考题 ……………………………………… 31
　习题 ………………………………………… 31
第3章　侧压力 ………………………… 33
　本章知识点 ………………………………… 33
　3.1　土的侧压力 …………………………… 33
　　3.1.1　土侧压力分类 ………………… 33
　　3.1.2　土侧压力的计算 ……………… 34
　3.2　静水压力及动水压力 ………………… 42
　　3.2.1　静水压力 ……………………… 42
　　3.2.2　动水压力 ……………………… 43
　3.3　波浪荷载 ……………………………… 44
　　3.3.1　波浪的分类 …………………… 44
　　3.3.2　波浪荷载的计算 ……………… 45
　3.4　冻胀力 ………………………………… 49
　　3.4.1　冻土的概念、性质及与结构物
　　　　　的关系 ………………………… 49
　　3.4.2　土的冻胀原理 ………………… 50
　　3.4.3　冻胀力的分类与计算 ………… 50
　3.5　冰压力 ………………………………… 53
　　3.5.1　冰压力概念及分类 …………… 53
　　3.5.2　冰压力的计算 ………………… 54
　小结及学习指导 …………………………… 56
　思考题 ……………………………………… 56
　习题 ………………………………………… 56
第4章　风荷载 ………………………… 58
　本章知识点 ………………………………… 58
　4.1　风的基本知识 ………………………… 58
　　4.1.1　风的形成 ……………………… 58
　　4.1.2　两类性质的大风 ……………… 59

4.1.3 我国风气候总况 ·········· 60
4.1.4 风级 ·················· 60
4.2 风压 ···················· 61
4.2.1 风压与风速的关系 ········ 61
4.2.2 基本风压 ·············· 63
4.2.3 非标准条件下的风速或风压
的换算 ················ 66
4.3 结构抗风计算的几个重要
概念 ·················· 68
4.3.1 结构的风力与风效应 ······ 68
4.3.2 顺风向平均风与脉动风 ···· 69
4.3.3 横风向风振 ············ 69
4.4 顺风向结构风效应 ········ 71
4.4.1 顺风向平均风效应 ········ 71
4.4.2 顺风向脉动风效应 ········ 75
4.4.3 顺风向总风效应 ·········· 78
4.5 横风向结构风效应 ········ 80
4.5.1 作用于物体的风力 ········ 80
4.5.2 结构横风向风力 ·········· 81
4.5.3 结构横风向风效应 ········ 82
4.5.4 结构总风效应 ············ 83
小结及学习指导 ·············· 83
思考题 ······················ 84
习题 ························ 84

第5章 地震作用 ·············· 85
本章知识点 ·················· 85
5.1 概述 ···················· 85
5.2 地震基本知识 ············ 85
5.2.1 地震的类型和成因 ········ 85
5.2.2 地震分布 ·············· 87
5.2.3 震级与地震烈度 ·········· 89
5.2.4 地震波 ················ 91
5.3 地震作用及工程结构抗震
设防 ·················· 92
5.3.1 地震作用的概念 ·········· 92
5.3.2 抗震设防目标与标准 ······ 94
5.4 建筑结构的地震作用计算 ···· 96
5.4.1 简述 ·················· 96
5.4.2 反应谱 ················ 97

5.4.3 振型分解反应谱法 ········ 101
5.4.4 底部剪力法 ············ 104
5.5 桥梁的地震作用计算 ······ 106
5.5.1 铁路桥梁的地震作用 ······ 106
5.5.2 公路桥梁的地震作用 ······ 108
5.6 水工建筑物的地震作用
计算 ·················· 110
5.6.1 拟静力法 ·············· 111
5.6.2 动力分析法 ············ 112
5.6.3 地震动土压力 ············ 112
小结及学习指导 ·············· 113
思考题 ······················ 113
习题 ························ 114

第6章 其他作用 ·············· 115
本章知识点 ·················· 115
6.1 温度作用 ················ 115
6.1.1 基本概念及原理 ·········· 115
6.1.2 温度应力和变形的计算 ····· 116
6.2 变形作用 ················ 118
6.3 爆炸作用 ················ 122
6.3.1 爆炸的概念及分类 ········ 122
6.3.2 爆炸的破坏作用 ·········· 122
6.3.3 爆炸作用的原理与荷载
计算 ·················· 122
6.4 浮力作用 ················ 127
6.5 预加力 ·················· 128
6.5.1 预加应力的概念 ·········· 128
6.5.2 预加应力的方法 ·········· 128
6.6 制动力 ·················· 131
6.6.1 汽车制动力 ············ 131
6.6.2 吊车制动力 ············ 132
6.7 冲击力和撞击力 ·········· 132
6.7.1 汽车冲击力 ············ 132
6.7.2 汽车撞击力 ············ 133
6.7.3 船只或漂流物的撞击力 ···· 133
6.8 离心力 ·················· 134
小结及学习指导 ·············· 135
思考题 ······················ 136
习题 ························ 136

第7章 荷载统计分析 ················ 138

本章知识点 ··············· 138

7.1 概述 ················ 138

7.2 荷载的概率模型及其应用 ··· 139

   7.2.1 荷载的概率模型 ··· 139

   7.2.2 设计基准期最大荷载的概率

        分布函数 ········· 139

7.3 常遇荷载的统计分析 ······ 140

   7.3.1 永久荷载 ······· 140

   7.3.2 民用建筑楼面活荷载 ··· 141

   7.3.3 风荷载 ········· 144

   7.3.4 雪荷载 ········· 144

7.4 荷载代表值 ············ 144

   7.4.1 标准值 ········· 144

   7.4.2 频遇值 ········· 145

   7.4.3 准永久值 ······· 145

   7.4.4 组合值 ········· 146

7.5 荷载效应组合的规则 ······ 146

   7.5.1 Turkstra 组合规则 ··· 146

   7.5.2 JCSS 组合规则 ····· 146

小结及学习指导 ··········· 147

思考题 ··············· 147

第8章 结构抗力统计分析 ······ 149

本章知识点 ··············· 149

8.1 概述 ················ 149

8.2 结构抗力的不定性 ········ 150

   8.2.1 材料性能的不定性 ··· 150

   8.2.2 几何参数的不定性 ··· 151

   8.2.3 计算模式的不定性 ··· 152

8.3 结构抗力的统计特征 ······ 153

   8.3.1 抗力的统计参数 ··· 153

   8.3.2 抗力的概率分布 ··· 155

8.4 材料的标准强度及其设计

   取值 ··············· 156

   8.4.1 材料强度的标准值 ··· 156

   8.4.2 材料强度的设计值 ··· 157

小结及学习指导 ··········· 160

思考题 ··············· 160

习题 ················ 160

第9章 结构概率可靠度设计法 ··· 162

本章知识点 ··············· 162

9.1 概述 ················ 162

9.2 可靠指标 ············· 163

   9.2.1 结构的功能函数 ··· 163

   9.2.2 可靠指标的概念 ··· 164

9.3 可靠度计算的基本方法 ···· 164

   9.3.1 中心点法 ······· 164

   9.3.2 验算点法 ······· 167

   9.3.3 相关随机变量的可靠度

        分析 ··········· 177

9.4 结构体系的可靠度计算 ···· 182

   9.4.1 结构构件的失效性质 ··· 182

   9.4.2 结构体系的基本模型 ··· 182

   9.4.3 结构体系可靠度计算的区间

        估计法 ········· 184

9.5 结构构件的目标可靠指标 ··· 185

   9.5.1 目标可靠指标的确定方法 ··· 185

   9.5.2 结构构件设计的目标可靠

        指标 ··········· 186

9.6 概率极限状态设计法 ······ 187

   9.6.1 直接概率设计法 ··· 187

   9.6.2 基于分项系数表达的概率极限

        状态设计法 ····· 189

小结及学习指导 ··········· 204

思考题 ··············· 205

习题 ················ 205

附录 常用材料和构件的重度 ······· 207

参考文献 ················ 211

第1章

绪　论

本章知识点

> 【知识点】
> 作用及其分类，荷载的随机性，荷载与结构设计的关系。
>
> 【重点】
> 了解作用的分类及土木工程不同领域中的荷载类型，掌握可靠性、极限状态、设计使用年限和结构安全等级的概念，熟悉我国工程结构设计方法所经历的阶段。
>
> 【难点】
> 理解荷载与结构设计的关系，掌握基于分项系数表达的概率极限状态设计法的一般思路。

1.1　荷载与作用

1.1.1　作用及其分类

工程结构的一个重要功能是承受和抵御结构服役过程中可能出现的各种环境作用(这里"环境作用"一词是广义的，包括结构所受的各种作用)。即能使结构产生效应(结构或构件的内力、应力、位移、应变、裂缝等)的各种因素的总称。对结构承受的各种作用可按下列原则分类：

1. 按作用形式分类

(1) 直接作用。它直接以力的不同集结形式作用于结构，包括结构的自重、行人及车辆的重量、各种物品及设备自重、风压力、土压力、雪压力、水压力、冻胀力、积灰荷载等，这一类作用通常也称为荷载。

(2) 间接作用。它不是直接以力的某种集结形式出现，而是引起结构的振动、约束变形或外加变形(包括裂缝)，但也能使结构产生内力或变形等效应，它包括温度变化、材料的收缩和膨胀变形、地基不均匀沉降、地震、焊接等。

在国际上，目前有不少国家对"荷载"和"作用"未加严格区分。在我国，作用有直接作用和间接作用，是结构所受作用的通称，而荷载专指直接作用。在工程中，为了使用和交流的方便，常用"荷载"统指各种作用。

2. 按随时间的变异分类

(1) 永久作用。在设计基准期内作用值不随时间变化，或其变化与平均值相比可以忽略不计的作用，如结构自重、土压力、水位不变的水压力、预加压力、地基变形、钢材焊接、混凝土收缩变形等。

(2) 可变作用。在设计基准期内作用值随时间变化，且其变化与平均值相比不可忽略的作用。如结构施工过程中的人员和物件重力、车辆重力、吊车荷载、服役结构中的人员和设备重力、风荷载、雪荷载、冰荷载、波浪荷载、水位变化的水压力、温度变化等。

(3) 偶然作用。在设计基准期内不一定出现，而一旦出现其量值很大且持续时间很短的作用。如地震、爆炸、撞击、火灾、龙卷风等。

结构上的作用按随时间的变异分类是对作用的基本分类。永久作用的特点是其统计规律与时间参数无关，故采用随机变量概率模型来进行描述；而可变作用的统计规律与时间参数有关，必须采用随机过程概率模型来描述。永久作用、可变作用、偶然作用的出现概率和其出现的持续时间长短不同，可靠度水准也不同。

3. 按随空间位置的变异分类

(1) 固定作用。在结构空间位置上具有固定的分布，但其量值可能具有随机性的作用，如结构自重、固定的设备荷载等。

(2) 自由作用。在结构空间位置上的一定范围内可以任意分布，出现的位置及量值可能具有随机性的作用，如楼面上的人群和家具荷载、厂房中的吊车荷载、桥梁上的车辆荷载等。

由于自由作用在结构空间上可以任意分布，设计时必须考虑它在结构上引起最不利效应的分布位置和大小。

4. 按结构的反应特点分类

(1) 静态作用。对结构或结构构件不产生动力效应，或其产生的动力效应与静态效应相比可以忽略不计的作用，如结构自重、雪荷载、土压力、建筑的楼面活荷载、温度变化等。

(2) 动态作用。对结构或结构构件产生不可忽略的动力效应的作用，如地震作用、风荷载、大型设备振动、爆炸和冲击荷载等。

结构在动态作用下的分析，一般按结构动力学的方法进行。当然，根据作用的性质和变化，动态作用下的结构分析，可能是数定的或非数定的。对非数定的情况，在统计和概率意义上予以分析；对有些动态作用，可转换成等效静态作用，按静力学方法进行结构分析。

1.1.2 土木工程不同领域中的荷载类型

土木工程专业领域较多，主要包括：建筑结构、桥梁结构、水工结构、港口工程、海岸与海洋工程等。任何结构都因地球引力而受重力的影响，同时也受使用荷载和由自然环境因素引起的各种荷载或力的作用。因结构形式和所处环境的差异，不同专业领域中的结构所受到的荷载类型也有所不同。

建筑结构中常遇的荷载和作用主要有：结构自重、楼面与屋面活荷载、雪荷载、风荷载、地震作用、吊车荷载和吊车制动力(工业建筑中)、温度作用、地基变形、混凝土收缩徐变、预应力等。除结构自重、风荷载、地震作用等常见荷载或作用外，桥梁结构中典型的荷载类型主要有：车辆荷载、人群荷载、冲击力、撞击力、制动力、离心力等；水工结构、港口工程、海岸与海洋工程中典型的荷载类型主要有：水压力、波浪荷载、浮力作用等。

永久荷载也可称为恒载，可变荷载也可称为活载。此外，同一种类型的荷载对不同结构的重要性也不尽相同，其计算方法也存在一定差异。例如，虽同是地震作用和风荷载，但是在建筑结构、桥梁结构和水工结构中，其计算方法却不尽相同。

1.2 荷载的随机性及其取值

1.2.1 荷载的随机性

结构材料的重度、几何参数(高度、形状等)以及外部环境情况的变异性必然导致荷载具有随机特性。

不同类型的荷载具有不同性质的变异性，不仅随地而异，而且随时而异。例如，处于震区的某一城市，在未来一定时期内可能发生地震，但是地震发生的具体时间以及震级与烈度的大小则是无法准确预定的；在某一地区，在未来某一时刻风压的有无及强弱是不确定的；积雪的厚薄也会随着地域及时间的不同而呈现出不确定性；即使是恒载也有一定程度的变异性，由于材料差异和尺寸误差，即使是某种同类结构的材料自重，实际上也存在着某种程度的变异。

1.2.2 荷载的取值

基于荷载的随机性，对其描述与分析处理应采用概率论和数理统计的方法。如果在设计中直接引用反映荷载变异性的各种统计参数，通过复杂的概率运算进行具体设计，将会给设计带来许多困难。因此，在设计时对荷载应规定具体的量值，这些确定的荷载值称为荷载的代表值。根据《建筑结构可靠度设计统一标准》(GB 50068—2001)和《公路工程结构可靠度设计统一标准》(GB/T 50283—1999)等国家标准的规定，工程结构设计时采用的荷载代表值分别为：对永久荷载的代表值为标准值；对可变荷载的代表值则有标准值、频遇值、准永久值和组合值四类，根据不同设计要求应分别选用。

荷载标准值是荷载的基本代表值，是工程结构设计时采用的主要代表值，其他代表值都可在标准值的基础上乘以相应的系数后得出。

由于荷载在时间分布上具有随机性，在进行荷载统计分析时需要明确设计

3

基准期。所谓设计基准期，是为确定可变作用及与时间有关的材料性能取值而选用的时间参数。按国家标准《建筑结构可靠度设计统一标准》（GB 50068—2001)总则的有关规定，我国的建筑结构、结构构件及地基基础的设计规范、规程所采用的设计基准期为 50 年。关于荷载的统计分析方法及荷载代表值的取值将在第 7 章中详细介绍。

1.3　荷载与结构设计的关系

1.3.1　效应与抗力

工程结构设计的目的就是要保证结构具有足够的抵抗环境中各种作用的能力，满足预定的功能要求。这就需要确定出荷载的大小，并计算其产生的结构效应，再按照一定的组合规则进行组合，然后，通过设计使得结构或构件的抗力不小于可能产生的效应而具有必要的可靠度。

由于结构在设计基准期内，可能承受两种或两种以上的可变荷载，且荷载具有随机特性，因此需要在分析各种荷载同时出现的几率基础上，对各种荷载效应进行组合以确定出最不利的组合进行结构设计。关于荷载效应组合的原则和具体的组合表达式将在第 7 章和第 9 章中详细介绍。

抗力主要受结构材料性能和结构构件的几何参数影响。由于材料性能与制作工艺和加载环境等因素相关，制作及加载时的不确定性必然导致抗力具有不定性；同时，结构构件的几何参数，诸如高度、宽度、面积、惯性矩、抵抗矩、混凝土保护层厚度等也会因制作尺寸偏差和安装误差等使得抗力具有不定性。此外，在计算抗力时，基本假定的近似性和计算公式的不精确性则会造成对结构构件抗力估计的不定性。基于此，也必须对结构抗力进行统计分析，以确定出具体的抗力取值原则，供设计时使用。关于结构抗力的统计分析将在第 8 章中详细介绍。

1.3.2　结构设计中的几个重要概念

1. 可靠性

《建筑结构可靠度设计统一标准》（GB 50068—2001)将结构在规定的时间内，在规定的条件下，完成预定功能的能力称为可靠性。可靠度是对结构可靠性的概率度量，即结构在规定的时间内，在规定的条件下，完成预定功能的概率。

所谓"规定条件"是指结构的正常设计、正常施工、正常使用的条件(人为过失不在可靠度的考虑范围)。"规定时间"一般是指结构的设计基准期，是指分析结构可靠度时确定各项基本变量取值而选用的时间参数。"预定功能"是指结构的安全性、适用性和耐久性。

传统的安全度概念主要是针对结构的承载能力(特别是强度)而言的，其定义为在正常设计、正常施工和正常使用的情况下，结构物对抵抗各种影响安全的不利因素所必须具备的安全储备大小。这个定义指出了结构所处的条件必须是"正常的"，这里的各种不利因素，事实上是对不定性的承认，但最后规定一个定值的安全储备。这种定值的安全储备方法，往往给人们以一种错觉，似乎只要在设计中采用了某一给定的安全系数，结构就百分之百地可靠了。实际上，与结构安全度有关的各种荷载效应与承载能力等参数，都不是定值的。按定值法规定的定值安全系数，只不过是从工程经验上对安全度的解释，而不是从定量的角度去规定或计算结构安全度。

由此可见，《建筑结构可靠度设计统一标准》(GB 50068—2001)对建筑结构的可靠性和可靠度的定义是从统计数学观点出发的比较科学的定义。因为在各种随机因素的影响下，结构完成预定功能的能力只能用概率来度量。但是由于采用可靠概率或失效概率来度量结构可靠度比较复杂，因此常采用可靠指标来衡量。关于可靠指标的概念、计算方法以及目标可靠指标的确定将在第9章中详细介绍。

2. 极限状态

整个结构或结构的一部分超过某一特定状态就不能满足设计规定的某一功能要求，此特定状态称为该功能的极限状态。工程设计中，结构的各种极限状态是指结构由可靠转为失效的临界状态。

极限状态设计法以结构的某种荷载效应，如内力、变形、裂缝等，超过相应规定的标志为依据进行设计。极限状态可分为承载能力极限状态和正常使用极限状态两类。

(1) 承载能力极限状态

这种极限状态对应于结构或结构构件达到最大承载能力或不适于继续承载的变形。

当结构或结构构件出现下列状态之一时，应认为超过了承载能力极限状态：

1) 整个结构或结构的一部分作为刚体失去平衡(如倾覆等)；

2) 结构构件或连接因超过材料强度而破坏(包括疲劳破坏)，或因过度变形而不适于继续承载；

3) 结构转变为机动体系；

4) 结构或结构构件丧失稳定(如压屈等)；

5) 地基丧失承载能力而破坏(如失稳等)。

承载能力极限状态可理解为结构或构件发挥允许的最大承载功能的状态。结构构件由于塑性变形而使其几何形状发生改变，虽未达到最大承载力，但已彻底不能使用，也属于达到这种极限状态。

(2) 正常使用极限状态

这种极限状态对应于结构或结构构件达到正常使用或耐久性能的某项规定限值。

当结构或结构构件出现下列状态之一时，应认为超过了正常使用极限状态：

1）影响正常使用或外观的变形；

2）影响正常使用或耐久性能的局部损坏（包括裂缝）；

3）影响正常使用的振动；

4）影响正常使用的其他特定状态。

正常使用极限状态可理解为结构或结构构件达到使用功能上允许的某个限值状态。例如，某些构件必须控制变形、裂缝才能满足使用要求。因为过大的变形会造成房屋内粉刷层剥落、填充墙和隔断墙开裂及屋面积水等后果；过大的变形会影响结构的耐久性；过大的变形、裂缝也会造成用户心理上的不安全感等。

3. 结构的安全等级

工程结构安全等级是根据结构破坏造成的后果，即危害人的生命、造成经济损失、产生不良社会影响的严重程度划分的。《建筑结构可靠度设计统一标准》（GB 50068—2001)将建筑结构安全等级划分为三级。建筑结构安全等级的划分见表1-1。而《高耸结构设计规范》（GB 50135—2006)将高耸结构安全等级划分为两级，见表1-2。

建筑结构安全等级　　　　　　　　　表 1-1

安全等级	破坏后果	建筑物类型
一级	很严重	重要建筑
二级	严重	一般工业与民用建筑
三级	不严重	次要建筑物

高耸结构的安全等级　　　　　　　　　表 1-2

安全等级	高耸结构类型	结构破坏后果
一级	重要的高耸结构	很严重
二级	一般的高耸结构	严重

注：1. 对特殊的高耸结构，其安全等级可根据具体情况另行确定；

2. 结构构件的安全等级宜采用与整个结构相应的安全等级，对部分构件可按具体情况调整其安全等级。

一般而言，结构的安全等级越高，结构设计时需达到的目标可靠指标值越大，目前结构设计时主要是通过结构重要性系数来体现的。

4. 设计使用年限

设计使用年限为设计规定的结构或结构构件不需进行大修即可按其预定目的使用的时期。它代表在正常设计、正常施工、正常使用和维护下所应达到的使用年限，如达不到这个年限则意味着在设计、施工、使用与维护的某一环节上出现了非正常情况，应查找原因。"正常维护"包括必要的检测、防护及维修。设计使用年限也是房屋建筑的地基基础工程和主体结构工程"合理使用年限"的具体化。

结构可靠度与结构的使用年限长短有关，当结构的使用年限超过设计使用年限后，结构失效概率可能较设计预期值增大。

1.3.3　结构设计方法的演进

我国工程结构的设计方法经历了容许应力法、破损阶段法、极限状态设计法和概率极限状态设计法四个阶段。

容许应力法是建立在弹性理论基础上的设计方法，在使用荷载作用下，它规定结构构件各截面上的最大计算应力不超过材料的容许应力。容许应力法没有考虑材料的非线性性能，忽视了结构实际承载能力与按弹性方法计算结果的差异，对荷载和材料容许应力的取值也都凭经验确定，缺乏科学依据。

破损阶段法是考虑结构在材料破坏阶段的工作状态进行结构设计的方法。使考虑塑性应力分布后的结构构件截面承载力不小于外荷载产生的内力。破损阶段法以构件破坏时的受力状况为依据，并且考虑了材料的塑性性能，在表达式中引入了一个安全系数，使构件有了总安全度的概念。因此，与容许应力法相比，破损阶段法有了进步。但缺点是，安全系数仍须凭经验确定，且只考虑了承载力问题，没有考虑构件在正常使用情况下的变形和裂缝问题。

极限状态设计法明确地将结构的极限状态分成承载力极限状态和正常使用极限状态：承载力极限状态要求结构构件可能的最小承载力不小于可能的最大外荷载所产生的截面内力；正常使用极限状态是指对构件的变形及裂缝的形成或开展宽度的限制。在安全度的表达上，有单一系数和多系数形式，考虑了荷载的变异、材料性能的变异及工作条件的不同。在部分荷载和材料性能的取值上，引入了概率统计的方法加以确定。因此，它比容许应力法、破损阶段法考虑的问题更全面，安全系数的取值更合理。

容许应力法、破损阶段法和极限状态设计法存在的共同问题是：没有把影响结构可靠性的各类参数都视为随机变量，而是看成定值；在确定各系数取值时，不是用概率的方法，而是用经验或半经验、半统计的方法，因此都属于"定值设计法"。

概率极限状态设计法是以概率理论为基础，视作用效应和影响结构抗力（结构或结构构件承受作用效应的能力，如承载能力、刚度、抗裂能力等）的主要因素为随机变量，根据统计分析确定可靠概率（或可靠指标）来度量结构可靠性的结构设计方法。其特点是有明确的、用概率尺度表达的结构可靠度的定义，通过预先规定的可靠指标 β 值，使结构各构件间以及不同材料组成的结构之间有较为一致的可靠度水准。

理论上，可以直接按目标可靠指标进行结构的设计，但考虑到计算上的繁琐和设计应用上的习惯，目前我国采用"基于分项系数表达的以概率理论为基础的极限状态设计方法"。简言之，概率极限状态设计法用可靠指标 β 度量结构可靠度，用分项系数的设计表达式进行设计，其中各分项系数的取值是根据目标可靠指标及基本变量的统计参数用概率方法确定的，其一般思路如图 1-1 所示。

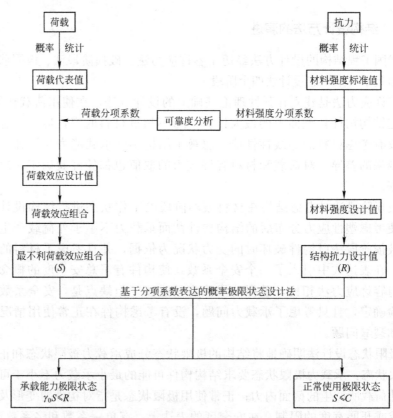

图 1-1 基于分项系数表达的概率极限状态设计法的一般思路

注：γ_0——结构重要性系数，根据安全等级与设计使用年限确定；

　　C——结构或构件达到正常使用要求的规定限值，例如变形、裂缝、应力等的限值，按
　　有关结构设计规范的规定采用。

小结及学习指导

1. 结构上的作用，即能使结构产生效应的各种因素的总称。可按作用形式、随时间的变异、随空间位置的变异、结构的反应特点进行分类。

2. 荷载具有随机特性，对其描述与分析处理应采用概率论和数理统计的方法。为便于设计，对荷载应规定具体的量值，即荷载代表值。永久荷载的代表值为标准值；可变荷载的代表值包括标准值、频遇值、准永久值和组合值四类，其中荷载标准值是荷载的基本代表值，其他代表值可在标准值的基础上乘以相应的系数得出。

3. 工程结构设计的目的就是要保证结构具有足够的抵抗环境中各种作用的能力，满足预定的功能要求。这就需要确定出荷载的大小，并计算其产生的结构效应，再按照一定的组合规则进行组合，然后，通过设计使得结构或构件的抗力不小于可能产生的效应而具有必要的可靠度。

4. 结构在规定的时间内，在规定的条件下，完成预定功能的能力称为可

靠性。可靠度是对结构可靠性的概率度量，结构设计中常通过可靠指标来衡量。

5. 结构的各种极限状态是指结构由可靠转为失效的临界状态。极限状态可分为承载能力极限状态和正常使用极限状态两类。极限状态设计法以结构的某种荷载效应，如内力、变形、裂缝等超过相应规定的标志为依据进行设计。

6. 工程结构安全等级是根据结构破坏造成的后果，即危害人的生命、造成经济损失、产生不良社会影响的严重程度划分的。设计使用年限为设计规定的结构或结构构件不需进行大修即可按其预定目的使用的时期。

7. 我国工程结构的设计方法经历了容许应力法、破损阶段法、极限状态设计法和概率极限状态设计法四个阶段。目前我国采用"基于分项系数表达的以概率理论为基础的极限状态设计方法"。用可靠指标 β 度量结构可靠度，用分项系数的设计表达式进行设计，其中各分项系数的取值是根据目标可靠指标及基本变量的统计参数由概率方法确定。

思考题

1-1 简述作用的概念及其分类方法。

1-2 为什么荷载具有随机性？设计时该如何考虑？

1-3 为什么抗力具有不定性？设计时该如何考虑？

1-4 简述可靠性、极限状态、安全等级、设计使用年限的概念。

1-5 简述我国工程结构设计方法所经历的四个阶段。

1-6 简述基于分项系数表达的概率极限状态设计法的一般思路。

第2章
重 力 荷 载

本章知识点

【知识点】

结构自重及土的自重应力的计算方法，楼、屋面活荷载及屋面雪荷载的分布规律及计算方法，工业厂房吊车荷载的作用特点及计算方法，桥梁结构设计中车辆荷载及人群荷载的考虑方法。

【重点】

掌握土自重应力的计算方法，理解楼、屋面活荷载及屋面雪荷载的分布规律及计算方法，掌握吊车竖向荷载和水平荷载的计算方法。

【难点】

吊车荷载的计算及车辆荷载、人群荷载的考虑方法。

2.1 结构自重

结构的自重是指组成结构的材料自身重量产生的重力，属于永久作用。一般结构设计时，只需确定结构设计规定的尺寸和材料（或结构构件）的单位体积的自重（或单位面积的自重），就可算出构件的自重。

$$G = \gamma V \tag{2-1}$$

式中 G——构件的自重（kN）；

γ——构件的材料重度（$\gamma = \rho g$）（kN/m³）；

V——构件的体积（m³），一般按设计尺寸确定。

工程结构中常用材料和构件的重度，可参考《建筑结构荷载规范》（GB 50009—2001）附录 A。对于自重变异较大的材料和构件（如现场制作的保温材料、混凝土薄壁构件等），自重的计算应根据其对结构的不利或有利作用，取上限值或下限值。式(2-1)适用于一般建筑结构、桥梁结构以及地下结构等构件的自重计算。计算结构总自重时，根据结构各构件的材料重度不同，可将结构人为的划分为多种容易计算的基本构件，先计算各基本构件的重力，然后叠加即得到结构的总自重，计算公式为：

$$G = \sum_{i=1}^{n} \gamma_i V_i \qquad (2\text{-}2)$$

式中　G——结构总自重(kN)；

　　n——组成结构的基本构件数；

　　γ_i——第 i 个基本构件的材料重度(kN/m³)；

　　V_i——第 i 个基本构件的体积(m³)。

2.2　土的自重应力

土是由固体颗粒(固相)、水(液相)和气(气相)所组成的三相非连续介质。若把土体简化为连续体，可采用连续介质力学理论(如弹性力学理论)来计算土中应力的分布。必须指出，只有通过土粒接触点传递的粒间压力才能使土粒彼此挤紧，从而引起土体的变形，而粒间压力又是影响土体强度的一个重要因素，所以由粒间压力在土体中引起的应力称为有效应力。土的自重应力即为土自身有效重力在土体中所引起的应力。

通常情况下，因土层的覆盖面积很大，可将土体假设为均质的半无限体，土体在自重作用下仅产生竖向变形，无侧向变形和剪切变形，因此在任意竖直面和水平面均无剪应力存在。故对于均匀土层，在天然地面下任意深度 z 处水平面上的竖向自重应力 σ_{cz} 可用下式计算：

$$\sigma_{cz} = \gamma z \qquad (2\text{-}3)$$

式中　γ——土的天然重度(kN/m³)；

　　z——计算深度(m)。

由式(2-3)可知，自重应力 σ_{cz} 沿水平面均匀分布，与 z 成正比，即随深度按线性增加，如图 2-1(a)所示。

当地基土由成层土组成时，以图 2-1(b)为例，天然地面下深度 z 处的竖向有效自重应力的计算公式为：

$$\sigma_{cz} = \gamma_1 h_1 + \gamma_2 h_2 + \cdots + \gamma_n h_n = \sum_{i=1}^{n} \gamma_i h_i \qquad (2\text{-}4)$$

式中　n——从天然地面起到深度 z 处的土层数；

　　γ_i——第 i 层土的天然重度(kN/m³)；

　　h_i——第 i 层土的厚度(m)。

此时 σ_{cz} 沿深度方向的分布呈折线型，如图 2-1(b)所示。

若有地下水存在，则水位以下土层由于受到水的浮力作用，采用式(2-4)计算时，水位以下各层土的天然重度应改取为土的有效重度。土的重力减去土的浮力，称为土的有效重力，水下土单位体积的有效重力称为土的有效重度(浮重度)，用 $\gamma' = \gamma_{sat} - \gamma_w$($\gamma_{sat}$ 为土的饱和重度，是指当土中孔隙全被水充满时，单位体积土的重力；γ_w 为水的重度)表示，其应力分布如图 2-1(c)所示。若地下水位以下存在不透水层，则在不透水层层面及层中浮力消失，其自重应力等于全部上覆的水土总重，如图 2-1(d)所示。

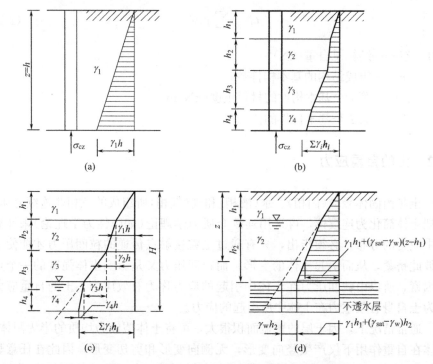

图 2-1 土的竖向自重应力沿深度方向的分布

2.3 楼、屋面活荷载

2.3.1 楼面活荷载

1. 民用建筑

民用建筑楼面活荷载是指建筑物中的人群、家具、设施等产生的重力荷载，这些荷载的量值随时间而变化，且位置是可移动的，亦称可变荷载。楼面活荷载按其随时间变异的特点，可分为持久性和临时性两部分。持久性活荷载是指楼面上在某个时段内基本保持不变的荷载，例如住宅内的家具、物品、常住人员等荷载。临时性活荷载是指楼面上偶然出现的短期荷载，例如聚会的人群、装修材料的堆积、室内大扫除时家具的集聚等荷载。

考虑到楼面活荷载在楼面位置上的任意性，为便于设计，通常将楼面活荷载处理为楼面均布荷载。均布活荷载的量值与建筑物的功能有关，如公共建筑(如商店、展览馆、车站、电影院等)的均布活荷载值一般比住宅、办公楼的均布活荷载值大。现行《建筑结构荷载规范》(GB 50009—2001)中给出了不同建筑功能的建筑物楼面均布活荷载标准值，如表 2-1 所示。

作用在楼面上的活荷载不可能以标准值的大小同时布满在所有的楼面上，同时还要考虑实际荷载沿楼面分布而变异的情况，即对梁、墙、柱和基础设计时，应将楼面均布活荷载标准值乘以折减系数。折减系数的确定是一个比较复杂的问题，按照概率统计方法来考虑实际荷载沿楼面分布的变异情况尚不成熟，目前大多数国家均采用半经验的传统方法，根据荷载从属面积的大小考虑折减系数。根据以往的设计经验，我国规范参考《居住和公共建筑的使用和占用荷载》(ISO 2103)确定折减系数如下：

(1) 设计楼面梁时的荷载折减系数 λ

1) 表2-1中第1(1)项，当楼面从属面积超过25m² 时，λ 应取0.9；

2) 表2-1中第1(2)~7项，当楼面从属面积超过50m² 时，λ 应取0.9；

3) 表2-1中第8项，对单向板楼盖的次梁和槽形板的纵肋时 λ 应取0.8，对单向板楼盖的主梁时 λ 应取0.6，对双向板楼盖的梁时 λ 应取0.8；

4) 表2-1中第9~12项，采用与所属房屋类别相同的折减系数 λ。

(2) 设计墙、柱和基础时的荷载折减系数 λ

1) 表2-1中第1(1)项，应按表2-2规定采用；

2) 表2-1中第1(2)~7项，应采用与其楼面梁相同的折减系数 λ；

3) 表2-1中第8项，对单向板楼盖时 λ 应取0.5，对双向板楼盖和无梁楼盖时 λ 应取0.8；

4) 表2-1中第9~12项，应采用与所属房屋类别相同的折减系数 λ。

民用建筑楼面均布活荷载标准值　　　　　　表2-1

项次	类别	标准值 (kN/m²)	项次	类别	标准值 (kN/m²)
1	(1) 住宅、宿舍、旅馆、办公楼、医院病房、托儿所、幼儿园 (2) 教室、试验室、阅览室、会议室、医院门诊室	2.0	8	汽车通道及停车场： (1) 单向板楼盖(板跨不小于2m) 客车 消防车 (2) 双向板楼盖(板跨不小于6m×6m)和无梁楼盖(柱网尺寸不小于6m×6m) 客车 消防车	4.0 35.0 2.5 20.0
2	食堂、餐厅、一般资料档案室	2.5	9	厨房： (1) 一般的 (2) 餐厅的	2.0 4.0
3	(1) 礼堂、剧场、影院、有固定座位的看台 (2) 公共洗衣房	3.0 3.0	10	浴室、厕所、盥洗室： (1) 第1项中的民用建筑 (2) 其他民用建筑	2.0 2.5
4	(1) 商店、展览厅、车站、港口、机场大厅及其旅客等候车室 (2) 无固定座位的看台	3.5 3.5	11	走廊、门厅、楼梯 (1) 宿舍、旅馆、医院病房、托儿所、幼儿园、住宅 (2) 办公楼、教室、餐厅、医院门诊部 (3) 消防疏散楼梯、其他民用建筑	2.0 2.5 3.5
5	(1) 健身房、演出舞台 (2) 舞厅	4.0 4.0			
6	(1) 书库、档案库、贮藏室 (2) 密集柜书库	5.0 12.0	12	阳台： (1) 一般情况 (2) 当人群有可能密集时	2.5 3.5
7	通风机房、电梯机房	7.0			

活荷载按楼层的折减系数 表 2-2

墙、柱、基础计算截面以上层数	1	2~3	4~5	6~8	9~20	>20
计算截面以上各楼层活荷载总和的折减系数λ	1.00(0.90)	0.85	0.70	0.65	0.60	0.55

注：当楼面梁的从属面积超过 25m² 时，应采用括号内的系数。

2. 工业建筑

工业建筑楼面活荷载是指工业建筑物在生产或安装检修时，由设备、管道、运输工具以及可能拆移的隔墙产生的局部重力荷载，这些荷载均应按实际情况考虑，但为了便于设计，通常将局部荷载折算成等效均布活荷载进行计算，该等效均布荷载方法在后续部分加以描述。现行《建筑结构荷载规范》(GB 50009—2001)附录 C 中列出了金工车间、仪器仪表生产车间、半导体器件车间、棉纺织造车间、轮胎厂准备车间和粮食加工车间等工业建筑楼面活荷载的标准值。对于多层厂房的柱、墙和基础不考虑按楼层层数的折减；对于不同使用功能的工业建筑，工艺设备的动力性能有异，一般情况下附录 C 中的楼面活荷载标准值已考虑了动力系数 1.05~1.10，对于特殊的专用设备和机器可提高到 1.20~1.30。

工业建筑楼面(包括工作平台)上无设备区域的操作荷载，包括操作人员、一般工具、零星原料和成品的自重，可按均布活荷载考虑，取值为 $2.0kN/m^2$。生产车间的楼梯活荷载可按实际情况取值，但不宜小于 $3.5kN/m^2$。

楼面等效均布荷载方法：楼面(板、次梁及主梁)的等效均布活荷载，应在其设计控制部位上，根据需要按内力(如弯矩、剪力等)、变形及裂缝的等值要求确定。在一般情况下，可仅按控制部位内力的等效原则确定。为了简化起见，在计算连续梁、板的等效均布荷载时假定结构为单跨简支，并按弹性阶段分析内力使之等效。但计算梁、板的实际内力时仍按连续结构进行分析，并可考虑梁、板的塑性内力重分布。

单向板上局部荷载(包括集中荷载)的等效均布活荷载，可按下式计算：

$$q_e = \frac{8M_{max}}{bl^2} \tag{2-5}$$

式中　l——板的跨度；

b——板上荷载的有效分布宽度，按式(2-6)~式(2-9)确定；

M_{max}——简支单向板的绝对最大弯矩，按设备的最不利布置确定。计算 M_{max} 时，设备荷载应乘以动力系数，并扣去设备在该板跨度内所占面积上由操作荷载引起的弯矩。

单向板上局部荷载的有效分布宽度 b，可按下列规定计算：

(1) 当局部荷载作用面的长边平行于板跨时，简支板上荷载的有效分布宽度 b 按以下情况取值(图 2-2a)：

当 $b_{cx} \geq b_{cy}$，$b_{cy} \leq 0.6l$，$b_{cx} \leq l$ 时　$b = b_{cy} + 0.7l$ (2-6)

当 $b_{cx} \geq b_{cy}$，$0.6l \leq b_{cy} \leq l$，$b_{cx} \leq l$ 时　$b = 0.6b_{cy} + 0.94l$ (2-7)

(2) 当局部荷载作用面的长边垂直于板跨时，简支板上荷载的有效分布宽

度 b 按以下情况取值(图 2-2b)：

$$当\ b_{cx}<b_{cy},\ b_{cy}\leqslant2.2l,\ b_{cx}\leqslant l\ 时\quad b=2b_{cy}/3+0.73l \quad\quad (2\text{-}8)$$

$$当\ b_{cx}<b_{cy},\ b_{cy}>2.2l,\ b_{cx}\leqslant l\ 时\quad b=b_{cy} \quad\quad\quad\quad\quad (2\text{-}9)$$

式中　l——板的跨度(m)；

$\quad b_{cx}$——荷载作用面平行于板跨的计算宽度(m)，$b_{cx}=b_{tx}+2s+h$；

$\quad b_{cy}$——荷载作用面垂直于板跨的计算宽度(m)，$b_{cy}=b_{ty}+2s+h$；

$\quad b_{tx}$——荷载作用面平行于板跨的宽度(m)；

$\quad b_{ty}$——荷载作用面垂直于板跨的宽度(m)；

$\quad s$——垫层厚度(m)；

$\quad h$——板的厚度(m)。

　　此外，《建筑结构荷载规范》(GB 50009—2001)还给出了当局部荷载作用在板的非支承边附近或两个局部荷载相距较近时，悬臂板上的局部荷载的有效分布宽度的计算方法，其思路与单向板的计算方法，这里不再赘述。

　　双向板的等效均布荷载可按与单向板相同的原则，按四边简支板的绝对最大弯矩等值来确定。

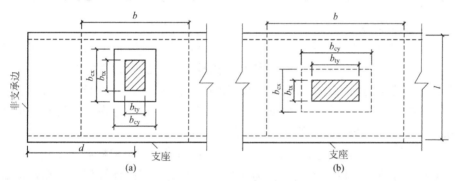

图 2-2　简支板上局部荷载的有效分布宽度

(a)荷载作用面的长边平行于板跨；(b)荷载作用面的长边垂直于板跨

2.3.2　屋面活荷载

1. 均布活荷载

房屋建筑的屋面，其水平投影面上的屋面均布活荷载，按表 2-3 采用。

屋面均布活荷载　　　　　　　　　　　　　表 2-3

类别	不上人的屋面	上人的屋面	屋顶花园
标准值(kN/m²)	0.5	2.0	3.0

注：1. 不上人的屋面，当施工或维修荷载较大时，应按实际情况采用；

　　2. 屋顶花园活荷载不包括花圃土石等材料自重。

　　规范对不上人屋面的均布活荷载统一取值为 0.5kN/m^2，不再区分屋面性质。但在不同材料的结构设计规范中，当出于设计方面的历史原因而有必要改变屋面荷载的取值时,可由该结构设计规范自行规定,但其幅度为±0.2kN/m²。

高档宾馆、大型医院等建筑的屋面有时还设有直升机停机坪,直升机总重引起的局部荷载可按直升机的实际最大起飞重量并考虑动力系数确定,同时其等效均布荷载不低于5.0kN/m²。当没有机型技术资料时,一般可依据轻、中、重3种类型的不同要求,按表2-4规定选用局部荷载标准值及作用面积。

设计时注意屋面活荷载不应与雪荷载同时考虑,由于我国大多数地区的雪荷载标准值小于屋面均布活荷载标准值,因此在屋面结构和构件计算时,往往是屋面均布活荷载对设计起控制作用。

直升机的局部荷载及作用面积   表 2-4

类型	最大起飞重量(t)	局部荷载标准值(kN)	作用面积(m²)
轻型	2	20	0.20×0.20
中型	4	40	0.25×0.25
重型	6	60	0.30×0.30

2. 积灰荷载

屋面积灰荷载是冶金、铸造、水泥等行业的建筑所特有的问题。实际调查结果表明,这些工业建筑的积灰问题比较严重。影响积灰问题的主要因素有:除尘装置的使用维修情况、清灰制度执行情况、风向和风速、烟囱高度、屋面坡度和屋面挡风板等。因此,确定积灰荷载只有在考虑工厂设有一般的除尘装置,且能坚持正常的清灰制度的前提下才有意义。

《建筑结构荷载规范》(GB 50009—2001)通过对积灰取样测定了灰的天然重度和饱和重度,以其平均值作为灰的实际重度,用以计算积灰周期内的最大积灰荷载。按灰源类别不同,分别得到其计算重度(表2-5)。屋面积灰荷载的增大系数可参照雪荷载的屋面积雪分布系数的规定来确定。对有雪地区,积灰荷载应与雪荷载同时考虑。

积 灰 重 度   表 2-5

车间名称	灰源类别	重度(kN/m³)			备 注
		天然	饱和	计算	
炼铁车间	高炉	13.2	17.9	15.55	
炼钢车间	转炉	9.4	15.5	12.45	
铁合金车间	电炉	8.1	16.6	12.35	
烧结车间	烧结炉	7.8	15.8	11.80	
铸造车间	冲天炉	11.2	15.6	13.40	
水泥厂	生料库	8.1	12.6	10.35	建议按熟料库采用
	熟料库			15.00	

2.4 雪荷载

雪荷载是房屋屋面的主要荷载之一，属于结构上的可变荷载。在我国寒冷地区及其他大雪地区，因雪荷载导致屋面结构以及整个结构破坏的事例时有发生。尤其是大跨结构以及轻型屋盖对雪荷载更为敏感。因此，在有雪地区的结构设计中必须考虑雪荷载的作用。

2.4.1 基本雪压

所谓雪压是指单位水平面积上积雪重量，而基本雪压是指当地空旷平坦地面上根据气象记录资料经统计得到的在结构使用期间可能出现的最大雪压值。当气象台(站)有雪压记录时，应直接采用雪压数据计算基本雪压，当无雪压记录时，可间接采用积雪深度，按下式计算雪压：

$$s = h\rho g \tag{2-10}$$

式中　s——雪压(kN/m^2)；

　　　h——积雪深度，指从积雪表面到地面的垂直深度(m)；

　　　ρ——积雪密度(t/m^3)；

　　　g——重力加速度，取 $9.8m/s^2$。

雪密度随积雪深度、积雪时间和当地的地理气候条件等因数的变化有较大幅度的变异，对于无雪压直接记录的气象台(站)，可按地区的平均雪密度计算雪压。对于积雪局部变异特别大的地区，以及高原地形的山区，应予以专门调查和特殊处理。由于我国地域辽阔，各地气候条件差异较大，故对不同地区取不同的积雪平均密度；东北及新疆北部地区的平均密度取 $0.15t/m^3$；华北及西北地区取 $0.13t/m^3$，其中青海取 $0.12t/m^3$；淮河、秦岭以南地区一般取 $0.15t/m^3$，其中江西、浙江取 $0.20t/m^3$。

我国基本雪压 s_0 的修订是根据全国 672 个地点的气象台(站)，从建站起到 1995 年的最大雪压或雪深资料，经统计得出的 50 年一遇的最大雪压，即重现期为 50 年的最大雪压，以此规定为当地的基本雪压。我国按 50 年一遇重现期确定的基本雪压分布图参见《建筑结构荷载规范》(GB 50009—2001)中附图 D.5.1。全国各大主要城市的雪压值见表 2-6。表中 n 为重现期(以年计)。

我国主要大城市的风压及雪压值　　　　　　　表 2-6

省市名	城市名	风压(kN/m^2)			雪压(kN/m^2)		
		$n=10$	$n=50$	$n=100$	$n=10$	$n=50$	$n=100$
北京		0.3	0.45	0.5	0.25	0.4	0.45
天津		0.3	0.5	0.6	0.25	0.4	0.45
上海		0.4	0.55	0.6	0.1	0.2	0.25
重庆		0.25	0.4	0.45			

18

省市名	城市名	风压(kN/m²)			雪压(kN/m²)		
		n=10	n=50	n=100	n=10	n=50	n=100
河北	石家庄市	0.25	0.35	0.4	0.2	0.3	0.35
	承德市	0.3	0.4	0.45	0.2	0.3	0.35
	秦皇岛市	0.35	0.45	0.5	0.15	0.25	0.3
	唐山市	0.3	0.4	0.45	0.2	0.35	0.4
山西	太原市	0.3	0.4	0.45	0.25	0.35	0.4
	大同市	0.35	0.55	0.65	0.15	0.25	0.3
	临汾市	0.25	0.4	0.45	0.15	0.25	0.3
	运城市	0.3	0.4	0.45	0.15	0.25	0.3
内蒙古	呼和浩特市	0.35	0.55	0.6	0.25	0.4	0.45
	包头市	0.35	0.55	0.60	0.15	0.25	0.30
	赤峰市	0.3	0.55	0.65	0.2	0.3	0.35
辽宁	沈阳市	0.4	0.55	0.6	0.3	0.5	0.55
	锦州市	0.4	0.6	0.7	0.3	0.4	0.45
	鞍山市	0.3	0.5	0.6	0.3	0.4	0.45
	大连市	0.4	0.65	0.75	0.25	0.4	0.45
吉林	长春市	0.45	0.65	0.75	0.25	0.35	0.4
	四平市	0.4	0.55	0.6	0.2	0.35	0.4
	通化市	0.3	0.5	0.6	0.5	0.8	0.9
黑龙江	哈尔滨市	0.35	0.55	0.65	0.3	0.45	0.5
	齐齐哈尔市	0.35	0.45	0.5	0.25	0.4	0.45
	佳木斯市	0.4	0.65	0.75	0.45	0.65	0.7
山东	济南市	0.3	0.45	0.5	0.2	0.3	0.35
	烟台市	0.4	0.55	0.6	0.3	0.4	0.45
	威海市	0.45	0.65	0.75	0.3	0.4	0.5
	青岛市	0.45	0.6	0.7	0.15	0.2	0.25
江苏	南京市	0.25	0.4	0.45	0.4	0.65	0.75
	徐州市	0.25	0.35	0.4	0.25	0.35	0.4
	连云港	0.35	0.55	0.65	0.25	0.4	0.45
	吴县东山	0.3	0.45	0.5	0.25	0.4	0.45
浙江	杭州市	0.3	0.45	0.5	0.3	0.45	0.5
	宁波市	0.3	0.5	0.6	0.2	0.3	0.35
	温州市	0.35	0.6	0.7	0.25	0.35	0.4
安徽	合肥市	0.25	0.35	0.4	0.4	0.6	0.7
	蚌埠市	0.25	0.35	0.4	0.3	0.45	0.55
	黄山市	0.25	0.35	0.4	0.35	0.45	0.5

省市名	城市名	风压(kN/m²)			雪压(kN/m²)		
		$n=10$	$n=50$	$n=100$	$n=10$	$n=50$	$n=100$
江西	南昌市	0.3	0.45	0.55	0.3	0.45	0.5
	赣州市	0.2	0.3	0.35	0.2	0.35	0.4
	九江市	0.25	0.35	0.4	0.3	0.4	0.45
福建	福州市	0.4	0.7	0.85			
	厦门市	0.5	0.8	0.95			
陕西	西安市	0.25	0.35	0.4	0.2	0.25	0.3
	榆林市	0.25	0.4	0.45	0.2	0.25	0.3
	延安市	0.25	0.35	0.4	0.15	0.25	0.3
	宝鸡市	0.2	0.35	0.4	0.15	0.2	0.25
甘肃	兰州市	0.2	0.3	0.35	0.1	0.15	0.2
	酒泉市	0.4	0.55	0.6	0.2	0.3	0.35
	天水市	0.2	0.35	0.4	0.15	0.2	0.25
宁夏	银川市	0.4	0.65	0.75	0.15	0.2	0.25
	中卫市	0.3	0.45	0.5	0.05	0.1	0.15
青海	西宁市	0.25	0.35	0.4	0.15	0.2	0.25
	格尔木市	0.3	0.4	0.45	0.1	0.2	0.25
新疆	乌鲁木齐市	0.4	0.6	0.7	0.6	0.8	0.9
	克拉玛依市	0.65	0.9	1	0.2	0.3	0.35
	吐鲁番市	0.5	0.85	1	0.15	0.2	0.25
	库尔勒市	0.3	0.45	0.5	0.15	0.25	0.3
河南	郑州市	0.3	0.45	0.5	0.25	0.4	0.45
	洛阳市	0.25	0.4	0.45	0.25	0.35	0.4
	开封市	0.3	0.45	0.5	0.2	0.3	0.35
	信阳市	0.25	0.35	0.4	0.35	0.55	0.65
湖北	武汉市	0.25	0.35	0.4	0.3	0.5	0.6
	宜昌市	0.2	0.3	0.35	0.2	0.3	0.35
	黄石市	0.25	0.35	0.4	0.25	0.35	0.4
湖南	长沙市	0.25	0.35	0.4	0.3	0.45	0.5
	岳阳市	0.25	0.4	0.5	0.35	0.55	0.65
	衡阳市	0.25	0.4	0.45	0.2	0.35	0.4
	郴州市	0.2	0.3	0.35	0.2	0.3	0.35
广东	广州市	0.3	0.5	0.6			
	汕头市	0.5	0.8	0.95			
	深圳市	0.45	0.75	0.9			

省市名	城市名	风压(kN/m²)			雪压(kN/m²)		
		$n=10$	$n=50$	$n=100$	$n=10$	$n=50$	$n=100$
广西	南宁市	0.25	0.35	0.4			
	桂林市	0.2	0.3	0.35			
	柳州市	0.2	0.3	0.35			
	北海市	0.45	0.75	0.9			
海南	海口市	0.45	0.75	0.9			
	三亚市	0.5	0.85	1.05			
四川	成都市	0.2	0.3	0.35	0.1	0.1	0.15
	绵阳市	0.2	0.3	0.35			
	宜宾市	0.2	0.3	0.35			
	西昌市	0.2	0.3	0.35	0.2	0.3	0.35
贵州	贵阳市	0.2	0.3	0.35	0.1	0.2	0.25
	遵义市	0.2	0.3	0.35	0.1	0.15	0.2
云南	昆明市	0.2	0.3	0.35	0.2	0.3	0.35
	丽江市	0.25	0.3	0.35	0.2	0.3	0.35
	大理市	0.45	0.65	0.75			
西藏	拉萨市	0.2	0.3	0.35	0.1	0.15	0.2
	日喀则市	0.2	0.3	0.35	0.1	0.15	0.15
台湾	台北市	0.4	0.7	0.85			
	新竹市	0.5	0.8	0.95			
	台中市	0.5	0.8	0.9			
香港	香港	0.8	0.9	0.95			
	横澜岛	0.95	1.25	1.4			
澳门		0.75	0.85	0.9			

2.4.2 屋面雪荷载的计算

1. 影响屋面积雪的因素

基本雪压是针对平坦的地面上积雪荷载定义,屋面的雪荷载由于多种因素的影响,往往与地面雪荷载不同。造成屋面积雪与地面积雪不同的主要原因有:风向、屋面形式及屋面散热等。

(1) 风对屋面积雪的影响

下雪过程中,风会把部分将要飘落或者已经飘积在屋面上的雪吹到附近地面或附近较低的物体上,这种影响称为风的飘积作用。当风速较大或房屋处于特别暴风位置时,部分已经积在屋面上的雪会被风吹走,从而导致平屋面或小坡度(坡度小于10°)屋面上的雪压普遍比邻近地面上的雪压要小。前苏联、加拿大等国家的调查也表明了这种现象:风速越大、房屋周围挡风的障碍物越小，飘积作用越明显。

对于高低跨屋面，由于风对雪的飘积作用，会将较高屋面的雪吹落在较低屋面上，在较低屋面上形成局部较大的飘积荷载。有时这种积雪非常严重，最大可出现 3 倍于地面积雪的情况。低屋面上这种飘积雪大小及其分布情况与高低屋面上的高差有关。

对多跨坡屋面及曲线形屋面，屋谷附近区域的积雪比屋脊区大，其原因之一是风作用下的雪飘积，屋脊处的部分积雪被风吹落到屋谷附近，造成局部堆雪及局部滑雪。

（2）屋面坡度对积雪的影响

屋面雪荷载分布与屋面坡度密切相关，一般随屋面坡度的增加而减小，主要原因是风的作用和雪滑移。

当屋面坡度大到某一角度时，积雪就会在屋面上产生滑移或滑落，坡度越大，滑移的雪越多。双坡屋面可能形成一坡有雪另一坡完全滑落的不平衡雪荷载情况。结构设计中还应考虑到以下两种情况：一是因雪滑移导致雪滑落到与坡屋面邻接的较低屋面上形成较大的局部堆积雪荷载；二是因"爬坡风"引起迎风面吹来的雪往往在背风一侧屋面上飘积出现不平衡屋面雪荷载的情况。

（3）屋面温度对积雪的影响

冬季采暖房屋的积雪一般比非采暖房屋少，这是因为屋面散发的热量使部分积雪融化，同时也使雪滑移容易发生。不连续加热的屋面，加热期间融化的雪在不加热期间可能重新冻结，并且冻结的冰渣可能堵塞屋面排水，以致在屋面较低处结成较厚的冰层，产生附加荷载；重新冻结的冰雪还会降低坡屋面上的雪滑移能力。对大部分采暖的坡屋面，在其檐口处通常是未加热的，故融化后的雪水常常会在檐口处冻结为冰凌及冰坝。这一方面会堵塞屋面排水，出现渗漏；另一方面会对结构产生不利的荷载效应。

2. 屋面积雪分布系数

通过对屋面积雪的影响因素分析，我国《建筑结构荷载规范》（GB 50009—2001）根据以往的设计经验，并参考国际标准 ISO 4355 及国外相关资料，对屋面积雪分布概括地规定出 8 种典型屋面积雪分布系数 μ_r，见表 2-7。其中大部分屋面都列出了积雪均匀分布和不均匀分布两种情况，后一种主要是考虑雪的滑移和堆积后的效应。

屋面积雪分布系数　　　　　　　　　　　表 2-7

项次	类别	屋面形式及积雪分布系数						项次	类别	屋面形式及积雪分布系数
1	单跨单坡屋面	μ_r a						2	单跨双坡屋面	均匀分布的情况 μ_r 不均匀分布的情况 $0.75\mu_r$ $1.25\mu_r$ a μ_r 按第 1 项规定采用

项次 1 的下方表格：

α	≤25°	30°	35°	40°	45°	≥50°
μ_r	1.0	0.8	0.6	0.4	0.2	0

续表

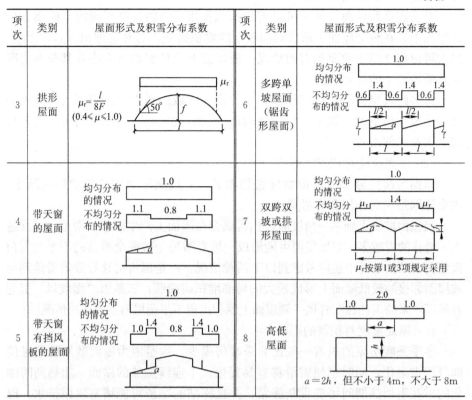

项次	类别	屋面形式及积雪分布系数	项次	类别	屋面形式及积雪分布系数
3	拱形屋面		6	多跨单坡屋面（锯齿形屋面）	
4	带天窗的屋面		7	双跨双坡或拱形屋面	
5	带天窗有挡风板的屋面		8	高低屋面	

注：1. 第2项单跨双坡屋面仅当 $20°\leqslant\alpha\leqslant30°$ 时，可采用不均匀分布情况；

2. 第4、5项只适用于坡度 $\alpha\leqslant25°$ 的一般工业厂房屋面；

3. 第7项双跨双坡或拱形屋面，当 $\alpha\leqslant25°$ 或 $f/l\leqslant0.1$ 时，只采用均匀分布情况；

4. 双跨屋面的积雪分布系数，可参照第7项的规定采用。

2.5 吊车荷载

2.5.1 吊车工作制等级与工作级别

工业厂房因工艺上的要求常设有桥式吊车，厂房结构设计应考虑吊车荷载的作用。计算吊车荷载时，以往是根据吊车工作的频繁程度将吊车工作制等级分为轻级、中级、重级和超重级四种。现行国家标准《起重机设计规范》（GB/T 3811—2008）是按吊车工作的频繁程度来分级的，在考虑吊车工作繁重程度时，区分了吊车的利用次数和荷载大小两种因素，按吊车在使用期间内要求的总工作循环次数和吊车荷载达到其额定值的频繁程度将吊车工作级别分成8个等级，该种分级为吊车的生产和订货、项目的工艺设计以及土建设计原始资料等提供了依据。因此，《建筑结构荷载规范》（GB 50009—2001）在吊车荷载的规定中相应地采用按工作级别划分，现在采用的工作级别与以往采用的工作制等级存在对应关系，如表2-8所示。

工作制等级	轻级	中级	重级	超重级
工作级别	A1～A3	A4，A5	A6，A7	A8

2.5.2 吊车竖向荷载与水平荷载

1. 竖向荷载

桥式吊车由大车(桥架)和小车组成，大车在吊车梁的轨道上沿厂房纵向行驶，小车在大车的轨道上沿厂房横向运行，带有吊钩的起重卷扬机安装在小车上。当小车吊有额定的最大起重量开到大车某一极限位置时(图 2-3)，一侧的每个大车轮压即为吊车的最大轮压标准值 $P_{\max,k}$，另一侧的每个大车轮压即为吊车的最小轮压标准值 $P_{\min,k}$。

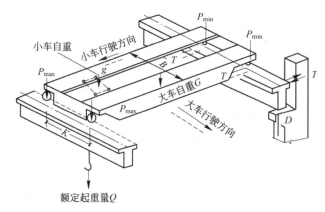

图 2-3　吊车荷载示意图

设计中采用的吊车竖向荷载标准值包括吊车的最大轮压和最小轮压。其中最大轮压在吊车生产厂提供的各类型吊车技术规格中已明确给出，或一般由工艺提供，或可查阅产品手册得到。但最小轮压则往往需由设计者自行计算，其计算公式如下。

(1) 对每端有两个车轮的吊车(如电动单梁起重机、起重量不大于 50t 的普通电动吊钩桥式起重机等)，其最小轮压为：

$$P_{\min} = \frac{G+Q}{2}g - P_{\max} \qquad (2-11)$$

(2) 对每端有 4 个车轮的吊车(如起重量超过 50t 的普通电动吊钩桥式起重机等)，其最小轮压为：

$$P_{\min} = \frac{G+Q}{4}g - P_{\max} \qquad (2-12)$$

式中　$P_{\min}$——吊车的最小轮压(kN)；

　　　$P_{\max}$——吊车的最大轮压(kN)；

　　　G——吊车的总重量(t)；

　　　Q——吊车的额定起重量(t)；

g——重力加速度，取为 $9.81\mathrm{m/s^2}$。

吊车荷载是移动的，通常需要根据吊车布置和对厂房排架柱的影响来求解排架结构的内力。当计算吊车梁及其连接的强度时，吊车竖向荷载应乘以动力系数。动力系数可按表 2-9 取用。

吊车竖向荷载的动力系数　　　　　　　　　　　　　表 2-9

悬挂吊车、电动葫芦、工作级别为 A1～A5 的吊车	工作制级别为 A6～A8 的软钩吊车、硬钩吊车、其他特种吊车
1.05	1.10

2. 水平荷载

吊车水平荷载不属于重力荷载，但为了让读者对吊车荷载有全面系统的认识，把吊车水平荷载也编入本章。吊车的水平荷载通常分为纵向和横向两种。

（1）吊车纵向水平荷载

吊车纵向水平荷载标准值应按作用在吊车一端轨道上所有刹车轮的最大轮压之和的 10% 采用。该项荷载的作用点位于刹车轮与轨道的接触点，其方向与轨道方向一致。

（2）吊车横向水平荷载

吊车横向水平荷载标准值应按下式计算：

$$H = \alpha_H (Q + G_1) g \tag{2-13}$$

式中　H——吊车横向水平荷载标准值；

　　　　α_H——系数，对软钩吊车：当额定起重量不大于 10t 时，应取 0.12；当额定起重量为 16～50t 时，应取 0.10；当额定起重量不小于 75t 时，应取 0.08；对硬钩吊车：应取 0.20；

　　　　Q——吊车的额定起重质量；

　　　　G_1——横向小车质量。

吊车横向水平荷载应等分于吊车桥架的两端，分别由轨道上的车轮平均传至轨道，其方向与轨道垂直，并考虑正反方向刹车情况。

3. 多台吊车组合

设计厂房的吊车梁和排架时，考虑参与组合的吊车台数是根据所计算的结构能同时产生效应的吊车台数确定的。它主要取决于柱距大小和厂房跨间数量，其次是各吊车同时聚集在同一柱距范围内的可能性。对于单跨厂房，同一跨度内，两台吊车以邻近距离运行是常见的，3 台吊车相邻运行十分罕见，即使偶然发生，由于柱距所限，能对一榀排架产生的影响也只限于两台。因此，对单跨厂房设计时最多考虑两台吊车。

对于多跨厂房，在同一柱距范围内同时出现超过两台吊车的机会增加。但考虑到隔跨吊车对结构影响减弱，为了便于计算，容许计算吊车竖向荷载时，最多只考虑 4 台吊车。而在计算吊车水平荷载时，由于同时启动和制动的机会很小，容许最多只考虑两台吊车。

对于多层吊车的单跨或多跨厂房的每个排架，参与组合的吊车台数应按实际情况考虑；当有特殊情况时，参与组合的吊车台数也应该按实际情况考虑。

按照以上组合方法，吊车荷载不论是由两台还是由4台引起，都按照各台吊车同时处于最不利位置，且同时满载的极端情况考虑，实际上这种最不利情况出现的概率是极小的。从概率观点来看，可将多台吊车共同作用时的吊车荷载效应组合予以折减。在实测调查和统计分析的基础上，可得到多台吊车的荷载折减系数(表2-10)。

多台吊车荷载折减系数   表 2-10

参与组合的吊车台数	吊车工作级别	
	A1～A5	A6～A8
2	0.90	0.95
3	0.85	0.90
4	0.80	0.85

注：对于多层吊车的单跨或多跨厂房，计算排架时，参与组合的吊车荷载的折减系数应按实际情况考虑。

2.6 车辆荷载

2.6.1 公路汽车荷载

作用在桥梁上的车辆荷载种类繁多，有汽车、平板挂车、履带车等，同一类车辆又有许多不同的型号和载重等级。设计时不可能对每种情况都进行计算，而是在设计中采用统一的荷载标准。通过对实际车辆的轮轴数目、前后轴间距、轴重力等情况的统计分析，交通部在其颁布的《公路桥涵设计通用规范》(JTG D60—2004)中规定了公路桥涵设计时汽车荷载的计算图式、荷载等级及其标准值和加载方法。

汽车荷载分为车道荷载和车辆荷载两种形式。车道荷载由均布荷载和集中荷载组成，车辆荷载按规定的计算图式进行计算。桥梁结构的整体计算采用车道荷载；桥梁结构的局部加载、涵洞、桥台和挡土墙压力等的计算采用车辆荷载。车道荷载与车辆荷载的作用不得叠加。

汽车荷载分公路-Ⅰ级和公路-Ⅱ级两个等级。各级公路桥涵设计的汽车荷载应符合表2-11的规定。

各级公路桥涵的汽车荷载等级   表 2-11

公路等级	高速公路	一级公路	二级公路	三级公路	四级公路
汽车荷载等级	公路-Ⅰ级	公路-Ⅰ级	公路-Ⅱ级	公路-Ⅱ级	公路-Ⅱ级

二级公路为干线公路且重型车辆多时，其桥涵的设计可采用公路-Ⅰ级汽车荷载。四级公路上重型车辆少时，其桥涵的设计可采用公路-Ⅱ级车道荷载

的效应可乘以 0.8 的折减系数，车辆荷载的效应乘以 0.9 的折减系数。

1. 车道荷载

车道荷载由均布荷载 q_k 和集中荷载 P_k 组成，其计算图式如图 2-4 所示，并作以下规定：

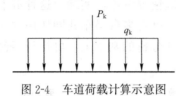

图 2-4 车道荷载计算示意图

（1）公路-Ⅰ级车道荷载的均布荷载标准值为 $q_k=10^5 kN/m^2$；集中荷载标准值按以下规定选取：桥梁计算跨径小于或等于 5m 时，$P_k=180kN$；桥梁计算跨径等于或大于 50m 时，$P_k=360kN$；桥梁计算跨径在 5m 到 50m 之间时，P_k 值采用线性内插求得。对于下部结构或上部结构的腹板剪力效应验算时，上述集中荷载标准值 P_k 应乘以 1.2 的系数。

（2）公路-Ⅱ级车道荷载的均布荷载标准值 q_k 和集中荷载值 P_k 按公路-Ⅰ级车道荷载的 0.75 倍采用。

（3）车道荷载的均布荷载标准值应布满于使结构产生最不利效应的同号影响线上，集中荷载标准值只作用于相应影响线中一个最大影响线峰值处。

2. 车辆荷载

车道荷载不能解决局部加载、跨径较小的涵洞、桥台和挡土墙土压力等的计算问题，因此，《公路桥涵设计通用规范》（JTG D60—2004）提出另一种单车计算图式，即车辆荷载。

（1）车辆荷载的立面、平面尺寸见图 2-5，主要技术指标见表 2-12。公路-Ⅰ级和公路-Ⅱ级汽车荷载采用相同的车辆荷载标准值。

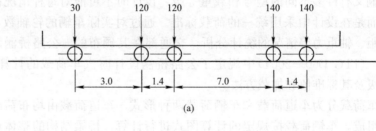

(a)

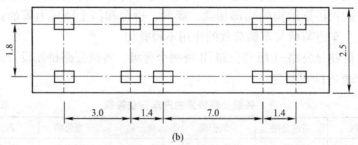

(b)

图 2-5 车辆荷载的立面及平面尺寸(单位：尺寸为 m，轴重力为 kN)

(a) 立面布置；(b) 平面尺寸

（2）车辆荷载横向分布系数应依据设计车道数按图2-6布置车辆荷载进行计算。

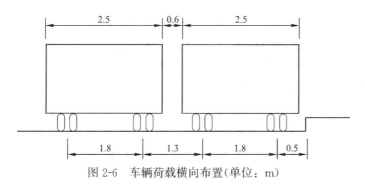

图2-6 车辆荷载横向布置（单位：m）

车辆荷载的主要技术指标 表2-12

项目	单位	技术指标	项目	单位	技术指标
车辆重力标准值	kN	550	轮距	m	1.8
前轴重力标准值	kN	30	前轮着地宽度及长度	m×m	0.3×0.2
中轴重力标准值	kN	2×120	中、后轮着地宽度及长度	m×m	0.6×0.2
后轴重力标准值	kN	2×140	车辆外形尺寸（长×宽）	m×m	15×2.5
轴距	m	3+1.4+7+1.4			

3. 汽车荷载的折减

（1）多车道桥梁上的汽车荷载应考虑多车道折减（横向折减）

在桥梁多车道上行驶的汽车荷载使桥梁构件的某一截面产生最大效应时，考虑其同时处于最不利位置的可能性大小，显然，这种可能性随车道数的增加而减小，而桥梁设计时各个车道上的汽车荷载是按最不利位置布置的，因此，应根据上述可能性的大小进行折减。

桥涵设计车道数应符合表2-13的规定。当桥涵设计车道数等于或大于2时，由汽车荷载产生的效应应按表2-14规定的多车道折减系数进行折减，但折减后的效应不得小于两设计车道的荷载效应。

桥涵设计车道数 表2-13

桥面宽度 W(m)		桥涵设计车道数（条）
车辆单向行驶时	车辆双向行驶时	
W<7.0		1
7.0≤W<10.5	6.0≤W<14.0	2
10.5≤W<14.0		3
14.0≤W<17.5	14.0≤W<21.0	4
17.5≤W<21.0		5
21.0≤W<24.5	21.0≤W<28.0	6
24.5≤W<28.0		7
28.0≤W<31.5	28.0≤W<35.0	8

横向布置设计车道数对应的折减系数　　　　　　　　表 2-14

横向布置设计车道数/条	2	3	4	5	6	7	8
横向折减系数	1.00	0.78	0.67	0.60	0.55	0.52	0.50

（2）大跨径桥梁上的汽车荷载应考虑纵向折减

在汽车荷载的可靠性分析中，用于计算各类桥型结构效应的车队，采用了自然堵塞时的车间间距，汽车荷载本身的重力，也采用诸如运煤车等重车居多的调查资料。对于大跨径的桥梁，实际通行车辆很难达到上述条件，故考虑了纵向折减。当桥梁计算跨径大于 150m 时，应按表 2-15 规定的纵向折减系数进行折减。当为多跨连续结构时，整个结构应按最大的计算跨径考虑汽车荷载效应的折减。

纵向折减系数　　　　　　　　表 2-15

计算跨径 L_0(m)	纵向折减系数	计算跨径 L_0(m)	纵向折减系数
$150 \leqslant L_0 < 400$	0.97	$800 \leqslant L_0 < 1000$	0.94
$400 \leqslant L_0 < 600$	0.96	$L_0 \geqslant 1000$	0.93
$600 \leqslant L_0 < 800$	0.95		

2.6.2　城市桥梁汽车荷载

《城市桥梁设计规范》（CJJ 11—2011）规定：城市桥梁设计采用的作用可分为永久作用、可变作用和偶然作用三类，其中除对可变作用中的人群荷载作专门规定外，其他的作用和作用效应组合均按现行《公路桥涵设计通用规范》（JTG D60—2004）中的有关规定执行。

城市桥梁的设计汽车荷载分为两级，即城-A 级、城-B 级。不同的车辆荷载标准值应根据城市道路的功能、等级和发展要求等具体情况进行选用，可参照表 2-16。

城市桥梁设计汽车荷载等级选用表　　　　　　　　表 2-16

城市道路等级	快速路	主干路	次干路	支路
设计汽车荷载等级	城-A 级或城-B 级	城-A 级	城-A 级或城-B 级	城-B 级

快速路、次干路如重型车辆行驶频繁时，设计汽车荷载应选用公路城-A级荷载。小城市中的支路上如重型车辆较少时，设计汽车荷载应选用公路城-B 级车道荷载的效应乘以 0.8 的折减系数，车辆荷载的效应乘以 0.7 的折减系数。小型车专用道，设计车道荷载可采用公路城-B 级汽车荷载的效应乘以 0.6 的折减系数，车辆荷载的效应乘以 0.5 的折减系数。

如在城市规划中有通行特种车辆的道路，位于特种车道路上的新建桥梁可根据具体情况按《城市桥梁设计规范》（CJJ 11—2011）附录 A 中列出的特种荷载进行验算。对于既有桥梁也可以根据过桥车辆的主要技术指标参照附录 A 的要求进行验算。对设计汽车荷载有特殊要求的桥梁，设计汽车荷载标准值应根据具体特征进行专题论证。

2.6.3 列车荷载

列车由机车和车辆组成，机车和车辆类型很多，轴重、轴距各异。为规范计算，我国根据机车车辆轴重、轴距对桥梁不同影响及考虑车辆的发展趋势，制定了中华人民共和国铁路标准活载图式（简称"中-活载"）。

"中-活载"（图 2-7）分普通活载和特种活载，是桥梁设计的主要依据。普通活载表征列车活载，前面 5 个集中荷载及其后 30m 长 92kN/m 分布荷载表征"双机联挂"。后面的 80kN/m 分布荷载代表车辆荷载。图中特种活载反映某些轴重较大的车辆对小跨度桥梁的不利影响。计算时应分别对两种活载进行加载，取其中较大值。《铁路桥涵设计基本规范》（TB 10002.1—2005、J460—2005）规定：采用"中-活载"加载时，标准活载计算图式可任意截取，双线桥跨结构中主要杆件及墩台承受的列车竖向荷载设计值为两项活载之和的 90%。在验算桥梁横向稳定时，以空车时最大横向风力为最不利，列车空车竖向活载标准值采用 10kN/m。

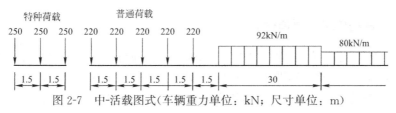

图 2-7 中-活载图式（车辆重力单位：kN；尺寸单位：m）

2.7 人群荷载

2.7.1 公路桥梁人群荷载

对设有人行道的公路桥梁进行内力计算时，除采用汽车荷载外还应考虑人行道上的人群荷载所产生的作用。在《公路桥梁设计通用规范》（JTG D60—2004）中对其作了具体规定：当桥梁计算跨径小于或等于 50m 时，人群荷载标准值取为 3kN/m²；当桥梁计算跨径等于或大于 150m 时，人群荷载标准值取为 2.5kN/m²；当桥梁计算跨径在 50m 到 150m 之间时，人群荷载标准值采用线性内插求得。对于计算跨径不等的连续结构，采用最大计算跨径计算人群荷载标准值。对于城镇郊区行人密集地区的公路桥梁，人群荷载取上述相应标准值的 1.15 倍。对于专用人行桥梁，行人较为密集时，人群荷载标准值取 3.5kN/m²。计算栏杆时，作用在栏杆立柱顶上的水平推力标准值取 0.75kN/m；作用在栏杆扶手上的竖向力标准值取 1kN/m。

2.7.2 城市桥梁人群荷载

我国城市人口密集，人行交通繁忙，城市桥梁人群荷载的取值较公路桥梁规定的要大。对于人行道板的人群荷载应按 5kN/m² 的均布荷载或 1.5kN 的竖向集中荷载分别计算，并作用在一个构件上，取其受力不利者。对于梁、桁架、拱及其他大跨结构的人群荷载，需根据加载长度及人行道宽来确定，可按下列公式计算，且人群荷载在任何情况下不得小于 $2.4kN/m^2$。

当加载长度 l 小于 20m 时：$W=4.5\times\dfrac{20-W_p}{20}$ （2-14）

当加载长度 l 大于 20m 时：$W=\left(4.5-2\times\dfrac{l-20}{80}\right)\times\dfrac{20-W_p}{20}$ （2-15）

式中 W——单位面积上的人群荷载（kN/m^2）；

　　　l——加载长度（m）；

　　　W_p——单边人行道宽度（m），在专用非机动车桥上时宜取 1/2 桥宽；当 1/2 桥宽大于 4m 时，应按 4m 计。

城市桥梁由于人流量较大，计算人行道栏杆时，作用在栏杆扶手上的竖向荷载采用 1.2kN/m，水平向外荷载采用 1.0kN/m。两者应分别考虑，不得同时作用。作用在栏杆立柱柱顶的水平推力应取 1.0kN/m；防撞栏杆应采用 80kN 横向集中力进行验算，作用点放在防撞栏杆板的中心。

2.7.3　铁路桥梁人行道荷载

铁路桥梁上的人行道只考虑巡道和维修人员通行、维修时放置的钢轨、枕木、道碴等。《铁路桥涵设计基本规范》（TB 10002.1—2005）规定，设计人行道板时考虑维修时堆放道碴，在离梁中心线 2.45m 范围内按 10kPa 计；2.45m 以外按 4kPa 计，明桥面人行道荷载按 4kPa 计。此外，人行道板还应按竖向集中荷载 1.5kN 验算。设计主梁时，人行道活载不与列车活载同时计算。

小结及学习指导

1. 结构自重是指结构材料自身重量产生的重力，属于永久作用。设计时，只需按结构设计规定的尺寸和材料（或结构构件）的单位体积的自重（或单位面积的自重），就可算出构件的自重。

2. 土的自重应力为土自身有效重力在土体中所引起的应力。对于均匀土层，其自重应力与深度成正比，对于成层土，可通过各层土的自重应力求和得到总的自重应力，如有地下水存在，则水位以下各层土中应以有效重度代替天然重度进行计算。

3. 民用建筑楼面活荷载是指建筑物中的人群、家具、设施等产生的重力荷载。为便于设计，通常将楼面活荷载处理为楼面均布荷载，均布活荷载的量值与建筑物的功能有关。同时需考虑实际荷载沿楼面分布而变异的情况，将楼面均布活荷载标准值按折减原则乘以相应的折减系数。

4. 工业建筑楼面活荷载是指工业建筑物在生产或安装检修时，由设备、管道、运输工具以及可能拆移的隔墙产生的局部重力荷载。为便于设计，通常按内力等效的原则将局部荷载折算成等效均布活荷载进行计算。

5. 房屋建筑的屋面可分为上人屋面和不上人屋面，两者的活荷载取值有异。

6. 雪荷载属于结构上的可变荷载。计算屋面雪荷载时，应对地面基本雪压乘以屋面积雪分布系数。风向、屋面形式及屋面散热等都会对屋面积雪分布产生影响。

7. 厂房结构设计时应考虑吊车荷载的作用。吊车竖向荷载以最大和最小轮压的形式给出，吊车的水平荷载由运行机构启动或制动时产生的水平惯性力引起。计算吊车荷载效应时，可采用影响线法。吊车荷载为动荷载，应考虑动力系数，如有多台吊车参与工作时，还应考虑多台吊车荷载的折减。

8. 公路、城市以及列车桥梁上行驶的车辆荷载种类繁多，设计时不可能对每种情况都进行计算，而是在设计中采用统一的荷载标准。

9. 设有人行道的公路桥梁在进行内力计算时，除采用汽车荷载外还应考虑人行道上的人群荷载所产生的作用。

思考题

2-1 如何计算结构自重？

2-2 地下水位以下土的自重应力该如何确定？

2-3 楼面活荷载该如何取值？为何要对楼面活荷载进行折减？

2-4 设计工业厂房时，如何将局部设备荷载转化成等效均布荷载？

2-5 屋面雪荷载该如何计算？影响屋面雪荷载的主要因素有哪些？

2-6 怎样确定吊车横向水平荷载与纵向水平荷载？

2-7 车辆荷载和人群荷载分别包括哪些形式？该如何确定？

习题

2-1 某地基由多层土组成，各土层的厚度、重度如图 2-8 所示，试求各土层交界处的竖向自重应力，并绘出自重应力分布图。

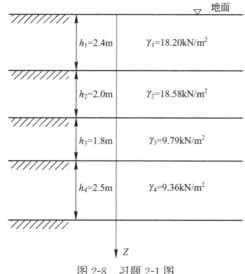

图 2-8 习题 2-1 图

2-2 有一宿舍走廊单跨简支板如图2-9所示,板厚100mm,板面层做法为20mm厚水泥砂浆面层,板底抹灰为15mm厚纸筋石灰浆。求该板在1m宽度计算单元上的荷载标准值(包括恒荷载和活荷载)。

2-3 某车间单层厂房位于安徽省合肥市郊区,为两跨24m跨度并设有天窗的等高排架厂房,如图2-10所示。求该屋面雪荷载标准值,并画出雪荷载分布示意图。

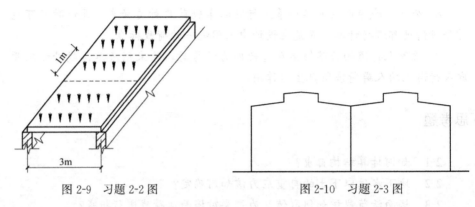

图 2-9 习题 2-2 图   图 2-10 习题 2-3 图

第3章
侧 压 力

本章知识点

【知识点】

土侧压力的分类及计算方法，静水压力及动水压力的计算方法，波浪荷载的分类及计算方法，冻土的概念与性质，土的冻胀原理及冻胀力计算方法，冰压力的概念及计算方法。

【重点】

熟练运用朗肯土压力理论及库仑土压力理论计算主动土压力与被动土压力，熟悉静水压力及动水压力的确定方法，掌握波浪荷载的确定方法。

【难点】

填土为成层土并有地下水时主动土压力及被动土压力的计算。

3.1 土的侧压力

3.1.1 土侧压力分类

土的侧向压力是指挡土墙后填土因自重或外荷载作用对墙产生的侧向压力。由于土压力是挡土墙主要的外荷载，因此，设计挡土墙时首先要确定土侧压力的性质、大小、方向和作用点。土侧压力的性质和大小则与墙身的位移、墙体材料、高度及结构形式、墙后填土的性质、填土表面的形状，以及墙和地基之间的摩擦特性等因素有关。根据墙的位移情况和墙后土体所处的应力状态，可将土压力分为静止土压力、主动土压力和被动土压力三种。

1. 静止土压力

如果挡土墙体具有足够的截面，并且建立在坚实的地基上，墙在墙后填土的推力作用下，不发生任何移动或滑动，这时墙背上的土压力，称为静止土压力，常用 E_0 表示，如图 3-1(a)所示。地下室外墙(上部结构完工后)可视为受静止土压力的作用。

2. 主动土压力

如果挡土墙受到墙后填土的作用绕墙踵向外转动或者平行移动，作用在墙背上的土压力从静止土压力值开始逐渐减小，当墙的移动或转动达到某一数量时，填土内出现滑动面，土体处于极限平衡状态。这时，墙背上的土压力减少到最小值，称为主动土压力，常用 E_a 表示，如图 3-1(b)所示。

3. 被动土压力

如果挡土墙受外力作用向着填土方向移动或转动，挤压墙后填土，填土对墙身的土压力，从静止土压力值开始逐渐增大，当墙的移动或转动量足够大时，填土内出现滑动面。土体内的应力处于被动极限平衡状态。此时，作用在墙背上的土压力，增加到最大值，称为被动土压力，常用 E_p 表示，如图 3-1(c)所示。桥台受到桥上荷载推向土体时，土对桥台产生的侧压力属于被动土压力。

以上三种土压力，主动土压力值最小，被动土压力值最大，静止土压力居于两者之间，即 $E_a < E_0 < E_p$。

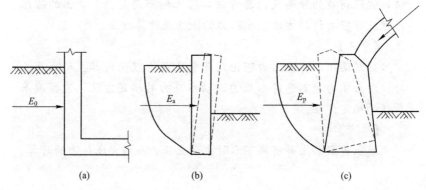

图 3-1　三种土压力

(a)静止土压力；(b)主动土压力；(c)被动土压力

3.1.2　土侧压力的计算

静止土压力与土的自重应力计算原理相同。计算主动土压力 E_a 和被动土压力 E_p 时，以土体极限平衡理论为基础，采用朗肯土压力理论或库仑土压力理论以及以上述理论为基础发展起来的计算方法和图解方法。土压力的计算一般按照平面问题考虑。

1. 静止土压力计算

自填土表面向下 z 深度处的静止土压力强度为：

$$\sigma_0 = K_0 \gamma z \tag{3-1}$$

式中　K_0——静止土压力系数，可近似按 $K_0 = 1 - \sin\varphi'$（φ' 为土的有效内摩擦角）计算；

　　　　γ——墙后填土重度，地下水位以下采用有效重度(kN/m^3)。

由式(3-1)知，若墙后为均质填土，静止土压力沿墙高为三角形分布，如图 3-2 所示。

取单位墙长计算得到作用在挡土墙背上的静止土压力为：

$$E_0 = \frac{1}{2}\gamma H^2 K_0 \tag{3-2}$$

式中 H——挡土墙高度(m)。

静止土压力 E_0 的作用点距墙底 $H/3$。

2. 朗肯土压力理论

朗肯土压力理论考虑最简单的情况，即墙背垂直、光滑、填土表面水平并无限延伸。由土的强度理论可知，当土体处于极限平衡状态时，土中任一点的最大主应力 σ_1 与最小主应力 σ_3 之间，满足以下关系式：

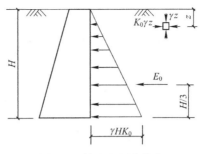

图 3-2　静止土压力分布

$$\sigma_1 = \sigma_3 \tan^2\left(45° + \frac{\varphi}{2}\right) + 2c\tan\left(45° + \frac{\varphi}{2}\right) \tag{3-3}$$

或

$$\sigma_3 = \sigma_1 \tan^2\left(45° - \frac{\varphi}{2}\right) - 2c\tan\left(45° - \frac{\varphi}{2}\right) \tag{3-4}$$

(1) 主动土压力计算

如图 3-3 所示，当墙后土体处于主动极限平衡状态时，墙后土体中自填土表面向下深度在 z 处的竖向应力 $\sigma_z = \gamma z$ 为最大主应力，侧向应力即主动土压力 σ_a 为最小主应力，此时，由式(3-4)得：

$$\sigma_a = \gamma z K_a - 2c\sqrt{K_a} \tag{3-5}$$

式中 K_a——主动土压力系数，$K_a = \tan^2\left(45° - \frac{\varphi}{2}\right)$；

γ——墙后填土的重度，地下水位以下采用有效重度(kN/m^3)；

c——填土的黏聚力(kPa)；对无黏性土，$c = 0$；

φ——填土的内摩擦角。

对无黏性土，因 $c = 0$，由式(3-5)可知，主动土压力强度与 z 成正比，沿墙高成三角形分布，如图 3-3(b)所示。取单位墙长计算，总主动土压力为：

$$E_a = \frac{1}{2}\gamma H^2 K_a \tag{3-6}$$

E_a 通过三角形形心，作用点在距墙底 $H/3$ 处。

对黏性土，式(3-5)揭示出，其主动土压力强度包括两部分：一部分是土自重引起的土压力 $\gamma z K_a$，另一部分是由黏聚力 c 引起的负侧压力 $2c\sqrt{K_a}$。这两部分土压力叠加的结果如图 3-3(c)所示。其中三角形 ade 部分是负侧压力，对墙背是拉力，但实际上墙与土在很小的拉力作用下就会分离，对于黏性土的土压力计算，仅考虑三角形 abc 部分的土压力分布。

图 3-3(c)中 a 点距填土表面的深度 z_0 称为临界深度。在填土表面无荷载的条件下，令式(3-5)等于零，求得 z_0 值为：

$$z_0 = \frac{2c}{\gamma\sqrt{K_a}} \tag{3-7}$$

取单位墙长计算，总主动土压力为：

$$E_a = \frac{1}{2}(H - z_0)\left(\gamma H K_a - 2c\sqrt{K_a}\right) \tag{3-8}$$

主动土压力 E_a 的作用点距墙底 $(H - z_0)/3$。

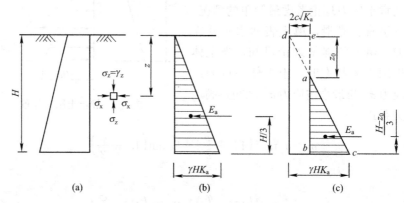

图 3-3　朗肯主动土压力分布

（2）被动土压力计算

当墙后土体处于被动极限平衡状态时，土体自填土表面向下 z 深度处的竖向应力 $\sigma_z = \gamma z$ 为最小主应力，侧向应力即被动土压力 σ_p 为最大主应力，根据式（3-3），于是有：

$$\sigma_p = \gamma z K_p + 2c\sqrt{K_p} \tag{3-9}$$

式中　K_p——被动土压力系数，$K_p = \tan^2\left(45° + \dfrac{\varphi}{2}\right)$。

由式（3-9）可知，无黏性土的被动土压力强度呈三角形分布；黏性土被动土压力强度呈梯形分布。

取单位墙长计算，总被动土压力为：

$$E_p = \frac{1}{2}\gamma H^2 K_p + 2cH\sqrt{K_p} \tag{3-10}$$

被动土压力的作用点通过三角形或梯形压力分布图的形心。

（3）填土面有均布荷载的土压力计算

当挡土墙后的填土面上有均布荷载作用时（图 3-4），常将均布荷载换算成当量的土重，即将均布荷载用假想的土重代替。设当量土层厚度为 h，则：

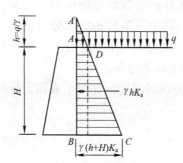

图 3-4　墙后填土面有均布荷载

$$h = \frac{q}{\gamma} \tag{3-11}$$

式中　q——均布荷载强度（kN/m^2）；

　　　γ——填土的重度（kN/m^3）。

然后，以 $A'B$ 为墙背，按填土面无荷载情况计算土压力。以无黏性土为例，在填土表面 A 点的土压力强度为：

$$\sigma_{aA} = \gamma h K_a = q K_a \tag{3-12}$$

墙底 B 点的土压力强度为：

$$\sigma_{aB} = \gamma(h+H)K_a = (q+\gamma H)K_a \qquad (3-13)$$

由图 3-4 可以看出，压力分布图为梯形 ABCD 部分。土压力的作用点通过梯形形心。

当填土表面上的均布荷载从墙背后某一距离开始，如图 3-5(a)所示，土压力计算可按以下方法进行：自均布荷载起点 O 作两条辅助线 OD 和 OE，分别与水平面的夹角为 φ 和 θ，对于垂直光滑的墙背 θ = 45°+φ/2，可以认为 D 点以上的土压力不受地表荷载的影响，E 点以下完全受均布荷载影响，D 点和 E 点间的土压力用直线连接，墙背 AB 上的土压力为图中阴影部分。若地面上均布荷载在一定宽度范围内时，如图 3-5(b)所示，从荷载的两端点 O 及 O′ 作两条辅助线，都与水平面呈 θ 角，认为 D 点以上和 E 点以下的土压力都不受地面荷载的影响，D、E 之间的土压力按均布荷载计算，AB 墙面上的土压力如图中阴影部分所示。

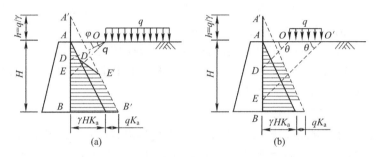

图 3-5 填土面有局部均布荷载的土压力计算

（4）墙后填土为成层土的土压力计算

墙后填土由性质不同的土层组成时，土压力将受到不同填土性质的影响，计算土压力时，第一层土按均质土计算，土压力的分布为图 3-6 中的 abc 部分（以无黏性土为例），计算第二层土时，只需将第一层土按重度换算成与第二层重度相同的当量土层来计算，当量土层厚 $h_1\gamma_1/\gamma_2$，然后按均质土计算第二层土的土压力，计算中应注意各层土计算所采用的土压力系数是不同的。

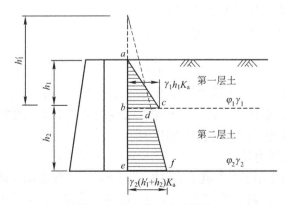

图 3-6 墙后填土为成层土

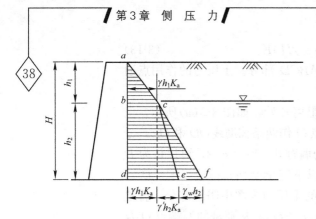

图 3-7 填土中有地下水

（5）填土中有地下水的土压力计算

挡土墙后填土中有地下水时，地下水位以下填土重量因受到水的浮力而减小，计算时应用有效重度（浮重度）γ'，对黏性填土，地下水将使 c、φ 值减小，从而使土压力增大，同时，地下水对墙背产生静水压力作用。土压力计算时，除了水下采用有效重度外，其他同上。以无黏性土为例，土压力分布如图 3-7 中 $aced$ 所示。静水压力 cfe 按下式计算：

$$P_w = \frac{1}{2}\gamma_w h_2^2 \tag{3-14}$$

3. 库仑土压力理论

库仑土压力理论基本假定：①挡土墙是刚性的，墙后填土是无黏性土；②当墙身向前或向后移动时，产生主动或被动土压力的滑动楔体，沿着墙背和一个通过墙踵的平面发生滑动；③滑动土楔体视为刚体（图 3-8）。

库仑土压力理论就是根据滑动楔体处于极限平衡状态时，按照静力平衡条件，求解主动或被动土压力。

（1）主动土压力计算

当墙身向前移动或转动时，墙后填土土楔将沿着墙背 AB 及通过墙踵 B 点的滑动面 BC 向下、向前滑动。在破坏的瞬间，楔体处于主动极限平衡状态。取土楔 ABC 为隔离体，进行静力平衡分析，得总主动土压力的表达式为：

$$E_a = \frac{1}{2}\gamma H^2 \frac{\cos^2(\varphi-\alpha)}{\cos^2\alpha\cos(\alpha+\delta)\left[1+\sqrt{\dfrac{\sin(\varphi+\delta)\sin(\varphi-\beta)}{\cos(\alpha+\delta)\cos(\alpha-\beta)}}\right]^2} = \frac{1}{2}\gamma H^2 K_a \tag{3-15}$$

式中　K_a——主动土压力系数值，可查表得到；

　　　H——挡土墙高（m）；

　　　α——墙背的倾斜角，俯斜时取正号，仰斜时取负号；

　　　β——墙后填土面的倾角；

　　　δ——墙背与填土之间摩擦角。

沿墙高 z 的主动土压力强度 σ_a 为：

$$\sigma_a = dE_a/dz = \frac{d}{dz}\left(\frac{1}{2}\gamma z^2 K_a\right) = \gamma z K_a \tag{3-16}$$

由上式可见，主动土压力强度沿墙高成三角形分布（图 3-8c）。主动土压力作用点，距墙底 $H/3$，其方向与墙背法线的夹角为 δ。图中所示土压力分布图只表示其大小，而不代表其作用方向。

（2）被动土压力计算

当墙在外力作用下向着填土方向推压填土，最终使滑动楔体沿墙背 AB 和滑动面 BC，向后、向上滑动时（图 3-9），在破坏的瞬间，滑动楔体处于被动极限平衡状态。取楔体 ABC 为隔离体，同样求总被动土压力的库仑公式为：

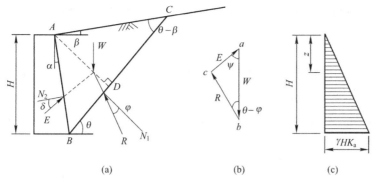

图 3-8　库仑主动土压力计算图

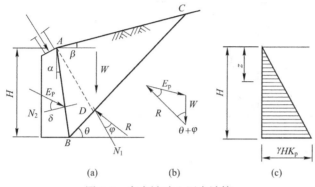

图 3-9　库仑被动土压力计算

$$E_\mathrm{p}=\frac{1}{2}\gamma H^2\ \frac{\cos^2(\varphi+\alpha)}{\cos^2\alpha\cos(\alpha-\delta)\left[1-\sqrt{\dfrac{\sin(\varphi+\delta)\sin(\varphi+\beta)}{\cos(\alpha-\delta)\cos(\alpha-\beta)}}\right]^2}=\frac{1}{2}\gamma H^2K_\mathrm{p}$$

$$(3\text{-}17)$$

式中　K_p——被动土压力系数，可查表得到。

被动土压力强度，按下式计算：

$$\sigma_\mathrm{p}=\mathrm{d}E_\mathrm{p}/\mathrm{d}z=\frac{\mathrm{d}}{\mathrm{d}z}\left(\frac{1}{2}\gamma z^2K_\mathrm{p}\right)=\gamma zK_\mathrm{p} \qquad (3\text{-}18)$$

被动土压力强度，沿墙高呈三角形分布(图 3-9c)，土压力 E_p 的作用点在距墙底 $H/3$ 处。

考察式(3-15)和式(3-17)，可以发现，当墙背竖直($\alpha=0$)、光滑($\delta=0$)及墙后填土表面水平($\beta=0$)时，式(3-15)和式(3-17)可简化成朗肯公式，此时，库仑公式和朗肯公式是相同的。

（3）黏性土的土压力计算

库仑理论假定挡土墙后填土是无黏性土，仅有内摩擦角 φ，无黏聚力($c=0$)。从理论上说，库仑土压力理论只适用于无黏性土。实际工程中，常采用黏性填土。为了考虑黏性土的黏聚力 c 对土压力的影响，可用以下楔体试算法求解土压力。

当挡土墙的位移足够大，足以使黏性填土的抗剪强度全部发挥时，填土顶

3.1　土的侧压力

面向下 z_0 深度处将出现张拉裂缝。根据朗肯土压力理论，张拉裂缝深度为：

$$z_0 = \frac{2c}{\gamma\sqrt{K_a}} \tag{3-19}$$

首先，假定一滑动面 BD'，如图 3-10(a)所示，作用于滑动土楔 $A'BD'$ 上的力有：土楔自重 W；滑动面 BD' 上的反力 R，与 BD' 面的法线夹角 φ；BD' 面上的黏聚力 $C = c \cdot BD'$，c 为填土的黏聚力；墙背与土接触面 $A'B$ 上的总黏聚力 $C_a = c_a \cdot A'B$，c_a 为墙背与填土之间的黏聚力；墙背对填土的反力 E，与墙背法线方向的夹角为 δ。

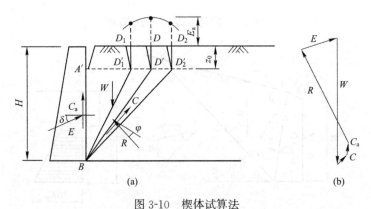

图 3-10 楔体试算法

所述各力中，W、C、C_a 的大小和方向已知，R 和 E 的方向已知，大小未知。根据静力平衡和力矢多边形，可确定 E 的数值，如图 3-10(b)所示。假定一系列滑面并分别计算 E，E 的最大值就是所求主动土压力 E_a 值。同理，可求得被动土压力。

【例题 3-1】 挡土墙高 5m，填土的物理力学性质指标如下：$\varphi = 34°$，$c = 0$，$\gamma = 19\text{kN/m}^3$，墙背直立、光滑，填土面水平并有均布荷载 $q = 15\text{kN/m}^2$。试求挡土墙的主动土压力 E_a，并绘出土压力分布图。

【解】 将地面均布荷载换算成填土的当量土层厚度

$$h = \frac{q}{\gamma} = \frac{15}{19} = 0.789\text{m}$$

在填土面处的土压力强度

$$\sigma_1 = \gamma h K_a = q K_a = 15 \times \tan^2\left(45° - \frac{34°}{2}\right) = 4.25\text{kN/m}^2$$

在墙底处的土压力强度

$$\sigma_2 = \gamma(h+H)K_a = (q+\gamma H)\tan^2\left(45° - \frac{\varphi}{2}\right)$$

$$= (15+19\times5)\tan^2\left(45° - \frac{34°}{2}\right) = 31.1\text{kN/m}^2$$

总主动土压力

$$E_a = \frac{1}{2}(\sigma_1 + \sigma_2)H = \frac{1}{2} \times (4.25 + 31.1) \times 5 = 88.3\text{kN/m}$$

主动土压力分布如图 3-11 所示。

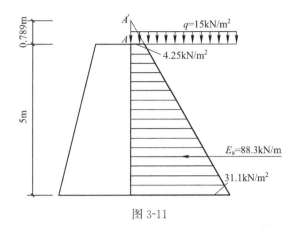

图 3-11

【**例题 3-2**】 求图 3-12(a)所示挡土墙的主动土压力：(1)墙后填土无地下水；(2)因排水不良、墙后地下水位在距墙底 2m 处。设填土为砂土，$\gamma = 18\text{kN/m}^3$，饱和重度为 20kN/m^3，内摩擦角 $\varphi = 30°$（在水位以下假定其值不变）。

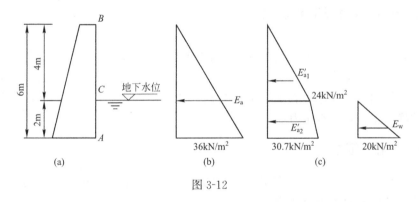

图 3-12

【**解**】 (1)墙后填土无地下水情况：按式(3-6)并代入数据，得

$$E_a = \frac{1}{2}\gamma H^2 \tan^2\left(45° - \frac{\varphi}{2}\right) = \frac{1}{2} \times 18 \times 6^2 \tan^2\left(45° - \frac{30°}{2}\right)$$

$$= \frac{1}{2} \times 18 \times 36 \times \frac{1}{3} = 108\text{kN/m}$$

(2)墙后填土有地下水的情况：在地下水位以上部分，主动土压力强度不变。因 $c = 0$，按式(3-5)，在地下水位标高即距填土表面下 4m 处的主动土压力强度 σ_{a4} 为：

$$\sigma_{a4} = \gamma z \tan^2\left(45° - \frac{\varphi}{2}\right) = 18 \times 4 \tan^2\left(45° - \frac{30°}{2}\right)$$

$$= 72 \times \frac{1}{3} = 24\text{kN/m}^2$$

在墙底,因土浸在水下,应考虑水对土的减重作用,故主动土压力强度 σ_{a6} 为:

$$\sigma_{a6} = [18\times4+(20-10)\times2]\tan^2\left(45°-\frac{30°}{2}\right)$$

$$=(72+20)\times\frac{1}{3}=30.7\text{kN/m}^2$$

主动土压力强度分布图形如图 3-12 所示,主动土压力 $E'_{a_{1+2}}$ 等于三角形与梯形面积之和,即

$$E'_{a_{1+2}}=\frac{1}{2}\times4\times24+\frac{1}{2}\times2\times(24+30.7)$$

$$=48+54.7=102.7\text{kN/m}$$

作用在墙背上的水压力 E_w 等于水压力分布图形的面积,即

$$E_w=\frac{1}{2}\times2\times20=20\text{kN/m}$$

总压力 E'_a 等于主动土压力和水压力之和,即

$$E'_a=E'_{a_{1+2}}+E_w=102.7+20=122.7\text{kN/m}$$

可见,当墙后填土有水时,土压力部分将减小($E'_{a_{1+2}}<E_a$),但计入水压力后,总压力将增大($E'_a>E_a$),而且水位越高,总压力越大。

3.2 静水压力及动水压力

修建在河流、湖泊或含有地下水的地层中的结构物常受到水流的作用。水对结构物既有物理作用又有化学作用,化学作用表现在水对结构物的腐蚀或侵蚀作用,物理作用表现在水对结构物的力学作用,即水对结构物表面产生的静水压力和动水压力。

3.2.1 静水压力

静水压力指均匀液体作用于结构物上的压力,这是个全方位的力,并均匀施向结构表面的各个部位。

静水压力分布符合阿基米德定律,为了合理地确定静水压力,将静水压力分成水平分力及垂直分力。垂直分力等于结构物承压面和经过承压面底部的母线到自由水面所作的垂直面之间的"压力体"体积的水重,如图 3-13(a) 中 abc、$a'b'c'$ 所示。根据定义其单位厚度上的水压力计算公式为:

$$W=\iint\gamma_w\text{d}x\text{d}y \tag{3-20}$$

式中 γ_w——水的重度(kN/m^3)。

静水压力的水平分力和水深成直线关系(图 3-13b),当质量力仅为重力时,在自由液面下作用在结构物表面任意一点 A 的压强为:

$$p_A=\gamma_w h_A \tag{3-21}$$

式中 h_A——结构物上的计算点在水面下的掩埋深度(m)。

如果液体不具有自由表面,而是在液体表面作用有压强 p_0,依据帕斯卡

定律，则液面下结构物表面任意一点 A 的压强为：

$$p_A = p_0 + \gamma_w h_A \tag{3-22}$$

静水压力属各向等压力，水下结构物受到的总水压力与其埋深、形状、计算方向等有关。对于结构物表面法向静水压力，在受压面为平面的情况下，水压分布图的外包线为直线(组成图3-13c)；当受压面为曲面时，曲面的长度与水深不成直线函数关系，水压力分布图的外包线为曲线(图3-13d)。

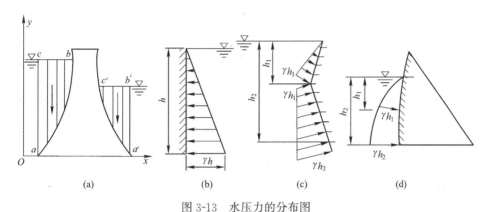

图 3-13　水压力的分布图

3.2.2　动水压力

在水流过结构物表面时，会对结构物产生切应力和正应力。水的切应力与水流的方向一致，切应力只有在水高速流动时，才表现出来。正应力是由于水的重量和水的流速方向发生改变而产生的，当水流过结构物时，水流的方向会因结构物构件的阻碍而改变。在一般的荷载计算中，考虑较多的是水流对结构物产生的正应力。

在确定结构物表面上的某点压力时，用静水压力和流水引起的动水压力之和来表示：

$$p = p_s + p_d \tag{3-23}$$

瞬时的动水压力为时段平均动压力和脉动压力之和，因此式(3-23)可写成：

$$p = p_s + \bar{p}_d + p' \tag{3-24}$$

式中　p'——脉动压力(Pa)；

　　　$\bar{p}_d$——时段平均动压力(Pa)。

平均动压力 $\bar{p}_d$ 和脉动压力 p' 可以用流速来计算：

$$\bar{p}_d = C_p \frac{\gamma v^2}{2g} \tag{3-25}$$

$$p' = \delta \frac{\gamma v^2}{2g} \tag{3-26}$$

式中　C_p——压力系数，可按分析方法或用半经验公式或直接由室内试验确定；

δ——脉动系数；

γ——水的重度(kN/m^3)；

v——水的平均流速(m/s)。

脉动压力是随时间变化的随机变量，因而要用统计学方法来描述脉动过程。

如果按面积取平均值，总动压力可表示为：

$$W = \overline{W}_d \pm W' = A(\overline{p}_d \pm p') \tag{3-27}$$

式中　A——力的作用面积(m^2)。

在实际计算中 p' 采用较大的可能值，一般取 3～5 倍的脉动标准(脉动压力的均方值)。

动水压力的作用还可能引起结构物的振动，甚至使结构物产生自激振动或共振，而这种振动对结构物是非常有害的，在结构设计时，必须加以考虑，以确保设计的安全性。

《公路桥涵设计通用规范》(JDG D 60—2004)给出了桥墩上流水压力标准值的计算公式为：

$$F_w = kA\frac{\gamma v^2}{2g} \tag{3-28}$$

式中　γ——水的重度(kN/m^3)；

v——水的平均流速(m/s)；

A——桥墩阻水面积(m^2)，计算至一般冲刷线处；

g——重力加速度，$g = 9.81m/s^2$；

k——桥墩形状系数，方形桥墩取 1.5，矩形桥墩取 1.3，圆形桥墩取 0.8，尖端形桥墩取 0.7，圆端形桥墩取 0.6。

流水作用点在设计水位下 0.3 倍水深处。桥墩宜做成圆形、圆端形或尖端形，以减少流水压力。

3.3　波浪荷载

3.3.1　波浪的分类

当风持续地作用在水面上时，就会产生波浪。在有波浪时，水对结构物产生的附加应力称为波浪压力，又称波浪荷载。波浪的运动是能量的传播和转化。大的波浪对岸边的冲击力很大，如海中波浪对海岸的冲击力可达 20～30t/m^2，大者可达 60t/m^2。

波浪的几何要素见图 3-14，波高为 h，波长为 λ，波浪中心线高出静水面的高度为 h_0。影响波浪的形状和各参数值的因素有：风速 v，风的持续时间 t、水深 H 和吹程 D(吹程等于岸边到构筑物的直线距离)。目前主要用半经验公式确定波浪各要素。

影响波浪性质的因素多种多样且多为不确定因素，而且波浪大小不一，形态各异。按波发生的位置不同可分为表面波和内波。还可根据水深的不同将波浪划分为深水波、中水波和浅水波。

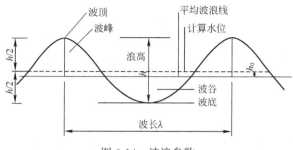

图 3-14 波浪参数

3.3.2 波浪荷载的计算

设计海岸和近海建(构)筑物(如防波堤、码头、护岸及采油平台等)时，必须知道波浪对构筑物的作用力。波浪对构筑物的荷载不仅和波浪的特性有关，还和构筑物的形式和受力特性有关，而且当地的地形地貌、海底坡度等也对其有很大的影响，现行确定波浪荷载的方法还带有很大的经验性。根据经验，一般在波高超过 0.5m 时，应考虑波浪对构筑物的作用力。对不同形式的构筑物，其波浪荷载应采用不同的计算方法。根据构筑物对波浪的阻抗、作用方式及结构形式(表 3-1)，波浪荷载的计算按下列方法进行。

构筑物的分类　　　　　　　　　　　　　　　　表 3-1

类型	直墙或斜坡	桩柱	墩柱
l/λ	$l/\lambda>1$	$l/\lambda<0.2$	$0.2<l/\lambda<1$

注：l——构筑物水平轴线长度；λ——波浪波长。

1. 直墙上的波浪荷载

直墙上的波浪荷载各国均按三种波浪进行设计，即立波、近区破碎波和远区破碎波。

(1) 立波的压力

Sainflow 方法是计算直墙上立波荷载最古老、最简单的方法。该方法有一定的可靠性，直至现在仍被广泛应用。Sainflow 的解是有限水深立波的一次近似解，它的适用范围为相对水深 H/λ 介于 $0.135\sim0.20$ 之间，波陡 $h/\lambda\leqslant0.035$。如果 H/λ 增大，计算结果偏大。Sainflow 方法的简化计算公式是把压强简化成图 3-15，同时给定一安全系数得到下列计算公式。

波峰压强为：

$$p_1=(p_2+\rho gH)\left(\frac{h+h_0}{h+H+h_0}\right) \tag{3-29}$$

其中　$p_2=\dfrac{\rho gh}{\cosh\left(\dfrac{2\pi H}{\lambda}\right)}$，$h_0=\dfrac{\pi h^2}{\lambda}\coth\left(\dfrac{2\pi H}{\lambda}\right)$

波谷压强为：

$$p_1' = \rho g(h - h_0) = \gamma(h - h_0) \tag{3-30}$$

$$p_2' = \frac{\rho g h}{\cosh\left(\dfrac{2\pi H}{\lambda}\right)} = \frac{\gamma h}{\cosh\left(\dfrac{2\pi H}{\lambda}\right)} \tag{3-31}$$

式中符号如图 3-14、图 3-15 所示。为便于应用，各种规范中常给出 Sainflow 方法的计算图表，以备查用。

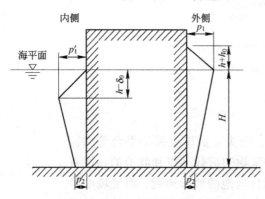

图 3-15　简化的 Sainflow 压强分布

为了得到更精确的解，后来的学者又得到了浅水立波的二阶、三阶、四阶近似解，深水有限振幅的立波的五阶近似解，其计算比较繁复。

计算直墙上立波压力的方法还有很多，如 Penney and Price 的理论方法和 Miche—Rundgret 法，具体计算可参考相应的文献。

（2）远区破碎波的压力

若波浪发生破碎的位置距离直墙在半个波长以外，这种破碎就称为远区破碎波。

前苏联学者认为，破碎波对直墙的作用力相当于一般水流冲击直墙时产生的波压力。实验表明，这种压力的最大值出现在静水面以上 $\frac{1}{3}h_1$ 处（h_1 为远区破碎波的波高）。其沿直墙的压力分布如图 3-16 所示：向下，从最大压力开始按线性递减，到墙底处压力减为最大压力的 $\frac{1}{2}$；向上，按直线法则递减至静水位面以上 $z = h_1$ 时，波压力变为零。

作用在直墙上的最大压强为：

$$p_{\max} = K\rho g \frac{\mu^2}{2g} = K\gamma \frac{\mu^2}{2g} \tag{3-32}$$

式中　K——实验资料确定的常数，一般取 1.7；

　　　γ——水的重度（kN/m^3）；

　　　μ——波浪冲击直墙的水流速度（m/s）；

　　　g——重力加速度。

Plakida 根据试验研究，认为波浪冲击直墙时的水流速度可取为：

$$\mu = \sqrt{gH} \tag{3-33}$$

并建议取 $H = 1.8h$ 得最大压强为：

$$p_{\max} = K\rho \frac{\mu^2}{2} \approx 1.5\rho g h \tag{3-34}$$

墙底处的波压强为：

$$p_b = \frac{\rho g h_1}{\cosh \dfrac{2\pi H}{\lambda_1}} \tag{3-35}$$

若堤前海岸比较平缓，取 $h_1 = 0.65H$；若堤前海岸有坡度 m，则 $h_1 = 0.65H + 0.5\lambda_1 m$。图 3-16 中 H 为墙前水深，h_1 为直墙前的波面高度与静水面高度之差，d_b 为波浪破碎时的水深。λ_1 为直墙前远区破碎波的波长（单位为 m），假定波破碎前后周期不变，由下式推算得：

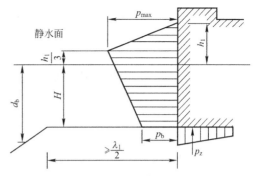

图 3-16 远区破碎波在直墙上的压强分布

$$\lambda_1 = \lambda \tanh \frac{2\pi H}{\lambda_1} \qquad (3\text{-}36)$$

墙底浮托力为：

$$p_z = 0.7 \frac{p_b b}{2}$$

式中 b——直墙厚度（m）。

（3）近区破碎波的压力

当波浪在墙前半个波长范围内破碎时，这种破碎称为近区破碎波。波浪会对墙体产生一个瞬时的动压力，数值可能很大，但持续时间很短。Bagnold 通过对破碎波的实验研究发现，只有破碎波夹杂着空气冲击直墙时，才会发生强烈的冲击压力。进行水工构筑物设计时，这种情况应予考虑。

Minikin 法为近区破碎波压力计算应用最为普遍的方法。Minikin 提出最大压强发生在静水面，并由静动两部分压强组成，其中最大动压强的计算公式为：

$$p_m = 100\rho g H \left(1 + \frac{H}{D}\right) \frac{H_b}{\lambda} \qquad (3\text{-}37)$$

式中 H——墙前堆石基床上的水深（m）；

D——墙前堆石基床外的水深（m）；

H_b——近区破碎波的波高（m）；

λ——对应水深为 D 处的波长（m）。

最大动压强以抛物线形式随与静水面距离的增大而降低，到静水面上下各 $\frac{H_b}{2}$ 处衰减为零，如图 3-17 所示。

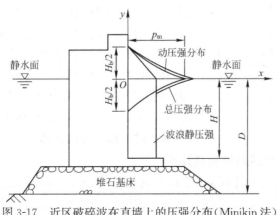

图 3-17 近区破碎波在直墙上的压强分布（Minikin 法）

动水压强形成的总动压力 R_m 为：

$$R_m = \frac{p_m H_b}{3} \tag{3-38}$$

在确定构筑物上的总作用力时，还必须考虑因水位上升而引起直墙上的静水压强，静水压强的计算公式为：

$$P_s = \begin{cases} 0.5\rho g H_b \left(1 - \frac{2y}{H_b}\right), & \text{当 } 0 \leqslant y \leqslant \frac{H_b}{2} \\ 0.5\rho g H_b, & \text{当 } y \leqslant 0 \end{cases} \tag{3-39}$$

式中　y——静水面到计算点的高度（m），规定向上为正。

作用在直墙上的总波压力 R_t 为：

$$R_t = R_m + \frac{\rho g H_b}{2}\left(H + \frac{H_b}{4}\right) \tag{3-40}$$

Plakida 也提出了近区破碎波在直墙上作用力的计算方法。方法简单，计算公式的形式与 Plakida 法计算远区破碎波的压力公式类同。

作用于静水面直墙处的最大波压强为：

$$p_{max} = 1.5\rho g h \tag{3-41}$$

墙脚处的波压强为：

$$p_b = \frac{\rho g h}{\cosh \dfrac{2\pi H}{\lambda}} \tag{3-42}$$

浮托力合力 p_z 为：

$$p_z = 0.9 \frac{p_b b}{2} \tag{3-43}$$

式中符号意义同前，压强分布如图 3-18 所示。

2. 圆柱体上的波浪荷载

近海构筑物大多由圆柱体基本构件组成。因此，波浪对圆柱体的作用在结构设计中应予以重视。波浪对圆柱的荷载作用理论与直墙不同，在计算中按圆柱的几何尺寸把圆柱分为小圆柱体和大圆柱体两类。设计规范中一般规定圆柱的直径 D 与波长 λ 之比即 $D/\lambda = 0.2$ 为临界值。当 $D/\lambda < 0.2$ 时，称为小圆柱体；当 $D/\lambda > 0.2$ 时，称为大圆柱体。

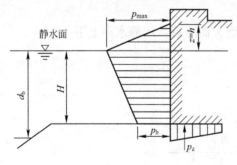

图 3-18　近区破碎波在直墙上的压强分布（Plakida 法）

（1）小圆柱体的波浪荷载计算

小圆柱体的荷载计算采用 Morison 的计算公式。Morison 认为在非恒定流中的圆柱体，其受力由两部分组成，即阻力和惯性力。阻力和惯性力的大小之比随条件的不同而变化，在某种条件下，阻力是主要的，而在另外的条件下，惯性力是主要的。计算公式为：

$$F = \frac{1}{2} C_D \rho D U |U| + \rho \pi \frac{D^2}{4} C_M \dot{U}$$

(3-44)

式中　F——单位长度的圆柱体的受力（N/m）；

　　　C_D——阻力系数；

　　　C_M——惯性力系数；

　　　D——圆柱体直径（m）；

　　　U——质点水平方向的速度分量（m/s）。

Morison 公式适用于 $D/\lambda \leqslant 0.2$ 的情况。可以认为该公式在线性理论范围内具有理论根据，但在计算中选定恰当的 C_D、C_M 值是非常困难的。我国《海港水文规范》（JTJ 213—98）规定对圆形柱体不考虑雷诺数的影响，C_D 取 1.2，C_M 取 2.0。一般讲，惯性力系数 C_M 比阻力系数 C_D 稳定。

（2）大圆柱体的波浪荷载计算

圆柱体尺寸较小时，波浪流过柱体时除产生漩涡外，波浪本身的性质并不发生变化，但如果圆柱尺寸相对波浪来说较大时，当波浪流过柱体时就会产生绕射现象，因此大圆柱体的受力不同于小圆柱体，其计算理论自然不同于小圆柱体，而需按照绕射理论来确定。

3.4　冻胀力

3.4.1　冻土的概念、性质及与结构物的关系

凡含有水的松散岩石和土体，当温度降低到其冻结温度时，土中孔隙水便冻结成冰，且伴随着析冰（晶）体的产生，胶结了土的颗粒。因此，把具有负温度或零温度，且含有冰的土（岩），称为冻土（岩）。

根据冻土存在的时间可将其分为以下三类：

多年冻土（或称永冻土）——冻结状态持续两年或两年以上的土（岩）；

季节冻土——地表层每年冬季冻结、夏季全部融化的土（岩）；

瞬时冻土——冬季冻结状态仅持续几个小时至数日的土层。

瞬时冻土由于存在时间很短、冻深很浅，对结构基础工程的影响很小，一般很少讨论。每年寒季冻结、暖季融化，其年平均地温小于 0℃ 的地表层，称为季节融化层（季节活动层），其下卧层为多年冻土层；年平均地温大于 0℃ 的地表层，称为季节冻结层，其下卧层为非冻结层或不衔接多年冻土层。

我国冻土分布极为广阔，多年冻土面积为 $215.0 \times 10^4 \text{km}^2$，占全国面积的 22.3%，主要分布于东北北部地区、西部高山区、青藏高原等地。季节性冻土分布也相当广泛，普布于长江流域以北十余个省份，季节冻土面积占全国面积的 54.0%，面积为 $514.0 \times 10^4 \text{km}^2$。季节冻土与结构物的关系非常密切，在季节冻土地区修建的结构物由于土的冻融作用会造成各种不同程度的冻胀破坏。主要表现在冬季低温时结构物开裂、断裂，严重者造成结构物倾

覆等；春融期间地基沉降，对结构产生变形作用的附加荷载。季节冻土与多年冻土季节融化层土，根据冻胀率的大小可分为不冻胀、弱冻胀、冻胀、强冻胀和特强冻胀五类。

3.4.2 土的冻胀原理

冻土是一种复杂的多相复合体。冻土的基本成分有四种：固态的土颗粒、冰、液态水、气体和水汽。当冻土被作为结构物的地基或材料时，冻土的含冰量及其所处的物理状态就显得尤为重要。土体的冻胀特性主要取决于含水量、负温值、土颗粒大小及土颗粒外形等的影响。

土体冻胀过程基本是按以下阶段进行的：首先是土中液相水形成结晶中心，然后是冰晶体增长与冰透镜体的形成，当孔隙水冻结成冰或在冻结锋面附近形成冰透镜体和冰夹层时，土体的冻胀就可产生。含水量越大，地下水位越高，越有利于聚冰和水分的迁移。土在冻结锋面处的负温梯度越大，越利于水分迁移，迁移的水量越多，冻胀越强烈。

在封闭体系中，由于土体初始含水量冻结，体积膨胀产生向四面扩张的内应力，这个力称为冻胀力，冻胀力随着土体温度的变化而变化。在开放体系中，凝冰的劈裂作用，使地下水源不断地补给孔隙水而侵入到土颗粒中间，并冻结成冰，使土颗粒被迫移动而产生冻胀力。当冻胀力使土颗粒位移受到束缚时，这种反束缚的冻胀力就表现出来，束缚力越大，冻胀力也就越大。当冻胀力达到一定界限时，就不产生冻胀，这时的冻胀力就是最大冻胀力。

建筑在冻胀土上的结构物，使地基土的冻胀变形受到约束，使得地基土的冻结条件发生改变，进而改变着基础周围土体温度，并且将外部荷载传递到地基土中改变地基土冻结时的束缚力。进行设计时必须考虑冻深的影响。影响冻深的因素很多，除气温外尚有地质（岩性）条件、水分状况以及地貌特征等。标准冻深是在下述标准条件下取得的，即地下水位与冻结锋面之间的距离大于2m，非冻胀黏性土，地表平坦、裸露，在城市之外的空旷场地中多年实测（不少于10年）最大冻深的平均值。

3.4.3 冻胀力的分类与计算

一般根据土体冻胀力对结构物的不同作用方向和作用效果，将冻胀力分为切向冻胀力、法向冻胀力和水平冻胀力，如图3-19所示，《冻土地区建筑地基基础设计规范》（JGJ 118—2011）给出了各自的计算方法。由于基础的埋置深度和基础形式不同，所受的冻胀力也不同，基础受到的冻胀力有可能是单一出现的，也有可能是综合出现的。因此，在进行结构物的防冻设计时，要具体问题具体分析。

1. 切向冻胀力

平行作用于结构物基础侧表面，通过基础与冻土间的冻结强度，使基础随着土体的冻胀变形而产生向上的拔起力，这种作用于基础表面的冻胀力称为切向冻胀力，如图3-19中的τ_d。

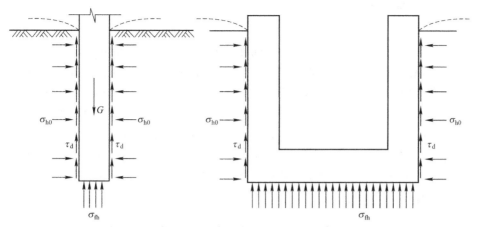

图 3-19　作用在结构物基础上的冻胀力分类示意图

影响切向冻胀力值大小的因素，除水分、土压与负温三大要素外，还有基础侧表面的粗糙度等。一般来讲，切向冻胀力按单位切向冻胀力取值，一般有两种取法，一种是取平均单位切向冻胀力 τ_d，一种是取相对平均单位切向冻胀力 T_k。前一种是指作用在基础侧面单位面积上的平均切向冻胀力（单位为 kPa），后一种是指作用在基础侧面单位周长上的平均切向冻胀力（单位为 kN/m）。目前大多数国家如日本、美国、加拿大及我国都是采用第一种标准，即

$$T = \sum_{i=1}^{n} \tau_{di} A_{\tau i} \qquad (3\text{-}45)$$

式中　T——总的切向冻胀力（kN）；

　　　τ_{di}——第 i 层土中单位切向冻胀力（kPa），应按实测资料取用，如缺少试验资料时可按表 3-2 的规定选取，在同一冻胀类别内，含水量高者取大值；

　　　$A_{\tau i}$——与第 i 层土冻结在一起的基侧表面积（m²）；

　　　n——设计冻深内的土层数。

单位切向冻胀力 τ_d（kPa）　　　　　　　　　　表 3-2

冻胀类别 基础类别	弱冻胀土	冻胀土	强冻胀土	特强冻胀土
桩、墩基础 （平均单位值）	$30 < \tau_d \leqslant 60$	$60 < \tau_d \leqslant 80$	$80 < \tau_d \leqslant 120$	$120 < \tau_d \leqslant 150$
条形基础 （平均单位值）	$15 < \tau_d \leqslant 30$	$30 < \tau_d \leqslant 40$	$40 < \tau_d \leqslant 60$	$60 < \tau_d \leqslant 70$

注：表列数值以正常施工的混凝土预制桩为准，其表面粗糙程度系数取 1.0，当基础表面粗糙时其表面粗糙程度系数取 1.1～1.3。

在国外的地基基础设计规范中不考虑切向冻胀力对基础的作用。我国规范规定了减小和消除切向冻胀力的措施，要求在进行基础浅埋的设计中，首先应采取防止切向冻胀力的措施（如基侧回填厚度不小于 100mm 的砂层或将基侧做成不小于 9°的斜面），将其消除后，再按法向冻胀力计算。

51

2. 法向冻胀力

垂直于基础底面，当土冻结时，产生把基础向上抬起的冻结力，这种垂直作用于基础底面的冻结力称为法向冻结力，如图 3-19 中的 σ_{fh}。

影响法向冻胀力的因素比较复杂，如冻土的特性、冻土层底下未冻土的压缩性、作用在冻土层上的外部压力以及受冻胀作用和影响的结构物抗变形能力等。因此，法向冻胀力随诸多因素变化而变化，不是固定不变的值，至今尚没有一个能全面体现诸因素的方法。我国《冻土地区建筑地基基础设计规范》(JGJ 118—2011)规定：土的冻胀应力 σ_{fh}，即在冻结界面处单位面积上产生的向上冻胀力，应以实测数据为准；当缺少试验资料时可按图 3-20 查取。具体计算方法参考规范。

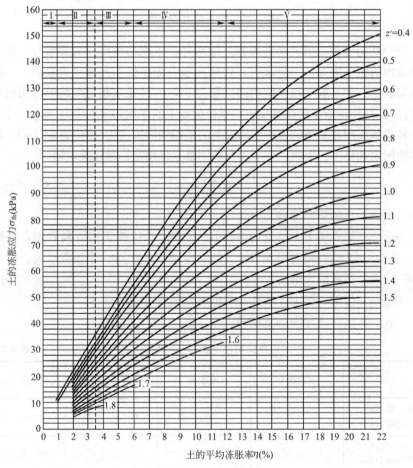

图 3-20　土的平均冻胀率

3. 水平冻胀力

垂直作用于基础或结构物侧表面，当基础周围的土体冻结时，会对基础产生水平方向的挤压力或推力，使基础产生水平方向的位移，这种力称为水平冻胀力，如图 3-19 中的 σ_{h0}。

如前所述，墙后土体在冻结过程中，将产生作用于墙体的水平冻胀力。

水平冻胀力的大小，除与墙后填土的冻胀性有关外，还与墙体对冻胀的约束程度有关。同时，还与墙后土体的含水量有密切关系，它随含水量的增大而增大。试验研究表明，墙体稍有变形，水平冻胀力便可大为减小。水平向冻胀力根据它的形成条件和作用特点可分为对称和非对称两种。对称性水平冻胀力成对的作用于结构物侧面，其作用如同静水压力，对结构稳定不产生影响。而非对称水平冻胀力作用于建筑物，常大于主动土压力几倍甚至几十倍，因此其计算具有十分重要的意义。

水平冻胀力的计算至今没有一个确定的计算公式，其大小和分布应通过现场试验确定。根据青藏高原多年冻土区和冻胀季节冻土区现场实体挡土墙和模型挡土墙试验资料，《冻土地区建筑地基基础设计规范》(JGJ 118—2011)规定，在无条件进行试验时，其分布图式可按图 3-21 选定，图中水平冻胀力的最大值 $\sigma_{h0,max}$ 应按表 3-3 的规定选用。

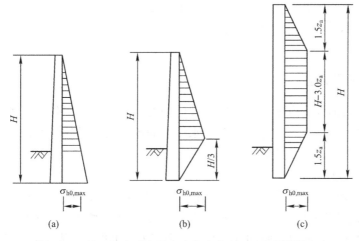

图 3-21 挡土墙之后水平向冻胀力分布(z_a 为上限深度)

(a)粗颗粒填土；(b)黏性土、粉土($H \leqslant 3z_a$)；(c)黏性土、粉土($H > 3z_a$)

水平冻胀力 $\sigma_{h0,max}$ 表 3-3

冻胀等级	不冻胀	弱冻胀	冻胀	强冻胀	特强冻胀
冻胀率 η(%)	$\eta \leqslant 1$	$1 < \eta \leqslant 3.5$	$3.5 < \eta \leqslant 6$	$6 < \eta \leqslant 12$	$\eta > 12$
水平冻胀力(kPa)	$\sigma_{h0,max} < 15$	$15 \leqslant \sigma_{h0,max} < 70$	$70 \leqslant \sigma_{h0,max} < 120$	$120 \leqslant \sigma_{h0,max} < 200$	$\sigma_{h0,max} > 200$

冻土融化后在自重作用下产生下沉，融化后土体中的水在外力作用下逐渐排出，使土体压缩变形，导致结构产生附加应力，设计时应加以考虑。

3.5 冰压力

3.5.1 冰压力概念及分类

位于冰凌河流和水库中的结构物，由于冰层的作用对结构产生一定的压力，此压力称为冰压力。在具体工程设计时，应根据工程所处当地冰凌的具体条件及结构形式，考虑有关冰荷载。一般来说，考虑的冰荷载有以下几种类型：

（1）河流流冰产生的冲击动压力。在河流、湖泊及水库，由于冰块的流动对结构物产生的冲击动压力，可根据流动冰块的面积及流动速度按一般力学原理予以计算。

（2）冰堆整体推移的静压力。当大面积冰层以缓慢的速度接触结构物时，受阻于结构物而停滞，形成冰层或冰堆现象，结构物受到挤压，并在冰层破碎前的一瞬间对结构物产生最大压力。其值按极限冰压合力公式计算。

（3）由于风和水流作用于大面积冰层产生的静压力。由于风和水流的作用，推动大面积冰层移动，对结构物产生静压力，可根据水流方向及风向，考虑冰层面积来计算。

（4）冰覆盖层受温度影响膨胀时产生的静压力。

（5）冰层因水位升降产生的竖向作用力。当冰覆盖层与结构物冻结在一起时，若水位升高，水通过冻结在结构物上的冰盖对结构物产生竖向上拔力。

3.5.2　冰压力的计算

冰压力的计算应根据上述冰荷载的分类区别对待，但任何一种冰压力都不得大于冰的破坏力。这里仅介绍水库中静冰压力和动冰压力的计算，以及极限冰荷载的计算，其他的冰荷载的计算可参考有关规范。

1. 静冰压力

在寒冷地区的冬季，水库表面结冰，冰层厚度自数厘米至1m以上。当气温升高时，冰层膨胀，对建筑物产生的压力称为静冰压力。静冰压力的大小与冰层厚度、开始升温时的气温及温升率有关，也可参照表3-4确定。静冰压力作用点在冰面以下 1/3 冰厚处。将静冰压力乘以冰厚，即为作用在单位长度坝体上的冰压力。

静　冰　压　力　　　　　　　　　　　　　　　　表 3-4

冰层厚(m)	0.4	0.6	0.8	1.0	1.2
静冰压力(kN/m)	85	180	215	245	280

注：对小型水库冰压力值应乘以 0.87，对大型平原水库乘以 1.25。

2. 动冰压力

（1）作用于铅直坝面或其他宽长建筑物时

冰块破裂后，受风及流水的作用而漂流，冰块撞击到坝面时，将产生动冰压力。当冰块的运动方向垂直于或接近垂直于坝面时，动冰压力可按下面两式计算，取其中的较小值：

$$F_{b1} = 0.07 v_i d_i \sqrt{A_i f_{ic}} \qquad (3-46)$$

$$F_{b2} = \frac{1}{2} f_{ic} b d_i \qquad (3-47)$$

式中　F_{b1}——冰块撞击时产生的动冰压力(MN)；

　　　F_{b2}——冰块破碎时产生的动冰压力(MN)；

　　　v_i——冰块流速，应按实测资料确定，无实测资料时，水库可取流冰期内保证率为1%的风速的3%，一般不超过0.6m/s；对过冰建筑物可采用该建筑物前的行进流速；

　　　d_i——计算冰厚(m)，取当地最大冰厚的0.7～0.8倍；

　　　A_i——冰块面积(m^2)；

　　　b——建筑物在冰作用处的宽度(m)；

　　　f_{ic}——冰的抗压强度，对水库可采用0.3MPa；对河流，在流冰初期可采用0.5MPa，后期高水位时，可采用0.3MPa。

对于低坝、闸墩或胸墙等，冰压力有时成为重要的作用。流冰作用于独立的进水塔、墩、柱上的冰压力，也会对建(构)筑物产生破坏作用。实际工程中应注意在不宜承受冰压力的部位，加强采取防冰、破冰措施，如闸门、进水口等处。

(2) 作用于墩柱时，墩柱前沿为三角形计算方法

$$F_{p1}=mf_{ib}d_ib \tag{3-48}$$

$$F_{p2}=0.04vd_i\sqrt{mAf_{ib}\tan\gamma} \tag{3-49}$$

式中　F_{p1}——冰块切入三角形墩柱时产生的动冰压力标准值(MN)；

　　　F_{p2}——冰块撞击三角形墩柱时产生的动冰压力标准值(MN)；

　　　m——墩柱前沿的平面形状系数，具体参见相关规范；

　　　γ——三角形夹角的一半(°)；

　　　b——在冰作用高程处的墩柱前沿宽度(m)；

　　　f_{ib}——冰的抗压强度，在流冰初期可采用0.75MPa，后期可采用0.45MPa。

3. 极限冰荷载

冰的破坏力取决于结构物的形状、气温及冰的抗压极限强度等因素，可按下式计算：

$$P=mAf_cbh \tag{3-50}$$

式中　P——极限冰压力的合力(N)。

　　　h——冰的厚度(m)，等于频率为1%的冬季冰的最大厚度的0.8倍；当缺少足够年代的观测资料时，可采用由勘探确定的最大冰厚；

　　　b——结构在流冰水位上的宽度(m)；

　　　m——结构形状系数：

　　　　　矩形：$m=1.0$，

　　　　　半圆形：$m=0.9$；

　　　f_c——冰的抗压极限强度(Pa)，采用相应流冰期冰块的实际强度；由试验知，小试件抗压极限强度值一般约为实际作用在结构物上强度值的2～3倍；在缺少试验资料时，可按开始流冰时$f_c=$735kPa；最高流冰水位时$f_c=$441kPa；

A——地区系数，气温在 0℃ 以上解冻时取 1.0；气温在 0℃ 以下解冻时且冰温为 −10℃ 及其以下者取 2.0；介于两者之间，采用线性插值求得。

小结及学习指导

1. 土侧压力可分为静止土压力、主动土压力和被动土压力。静止土压力与水平向自重应力计算相同，而主动土压力和被动土压力，可基于土体极限平衡理论采用朗肯土压力理论或库仑土压力理论计算。

2. 修建在含有地下水的地层中的结构物常受到水的物理作用，即水对结构物表面产生的静水压力和动水压力。

3. 波浪荷载是海洋工程、水工构筑物的重要荷载，其计算主要按直墙上的立波、近区破碎波和远区破碎波三种波浪荷载进行。

4. 冻胀力是寒冷地区工程重要荷载，具有地域性的特点，可将冻胀力分为切向冻胀力、法向冻胀力和水平冻胀力。

5. 由于冰层的作用对结构产生一定的压力，此压力称为冰压力。冰压力按照作用性质不同，可分为静冰压力和动冰压力。

思考题

3-1 什么是土的侧向压力？包括哪几种类型？

3-2 试比较朗肯土压力理论与库仑土压力理论的异同。

3-3 什么是静水压力？什么是动水压力？在工程结构中该如何考虑？

3-4 简述波浪荷载的确定方法。

3-5 修筑在流水中的结构物在确定流水对结构物荷载时，为何考虑较多的是正压力？

3-6 简述土的冻胀机理及冻胀力的计算方法。

3-7 设计中需要考虑的冰压力的主要类型有哪些？该如何考虑？

习题

3-1 某浆砌毛石重力式挡土墙，如图 3-22 所示。墙高 7.5m，墙背垂直光滑；墙后填土的表面水平并与墙齐高；挡土墙基础埋深 1.5m。

(1) 当墙后填土重度 $\gamma=18\text{kN/m}^3$、内摩擦角 $\varphi=30°$、黏聚力 $c=0$、土对墙背的摩擦角 $\delta=0$、填土表面无均匀荷载时，试求该挡土墙的主动土压力 E_a。

(2) 除已知条件同 (1) 外，墙后尚有地下水，地下水位在墙底面以上 2m 处；地下水位以下的填土重度 $\gamma_1=20\text{kN/m}^3$，假定其内摩擦角仍为 $\varphi=30°$，且 $c=0$，$\delta=0$，并已知在地下水位处填土产生的主动土压力强度 $\sigma_{ai}=25\text{kPa}$，试计算作用在墙背的总压力 E_a。

（3）当墙后填土的 $\gamma = 18\text{kN/m}^3$，$\varphi = 30°$，$c = 0$，$\delta = 0$，无地下水，但填土表面有均匀荷载 $q = 24\text{kPa}$ 时，试计算主动土压力 E_a。

（4）假定墙后填土系黏性土，其 $\gamma = 16\text{kN/m}^3$，$\varphi = 25°$，$c = 10\text{kPa}$，$\delta = 0$；在填土表面有连续均布荷载 $q = 24\text{kPa}$ 时，试计算墙顶面处的主动土压力强度 σ_{a1}。

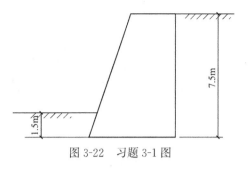

图 3-22　习题 3-1 图

（5）当填土为黏性土，其 $\gamma = 16\text{kN/m}^3$，$\varphi = 20°$，$c = 10\text{kPa}$，$\delta = 0$；在填土表面有连续均布荷载 $q = 18\text{kPa}$ 时，已知墙顶面处的主动土压力强度 $\sigma_{a1} = -8.68\text{kPa}$，墙底面处的主动土压力强度 $\sigma_{a1} = 32.73\text{kPa}$，试计算主动土压力 E_a。

第4章
风荷载

本章知识点

【知识点】

风的基本知识，基本风压及非标准条件下风速或风压的换算，顺风向平均风与脉动风、横向风振的概念，顺风向结构风效应的计算，横风向结构风效应的计算，结构总风效应的计算。

【重点】

熟悉基本风压的定义，掌握高层建筑风荷载的计算方法，了解桥梁工程风荷载计算参数的取值。

【难点】

不同外形高耸结构顺风向脉动风效应的计算。

4.1 风的基本知识

风是空气从气压高的地方向气压低的地方流动形成的。气流如遇到结构物的阻挡，会形成压力气幕，即风压。一般风速越大，风对结构物产生的压力也越大。

4.1.1 风的形成

风是空气相对于地面的运动，它是空气从气压(大气压力)大的地方向气压小的地方流动而形成的。由于地球是一个球体，太阳光辐射到地球上的能量随纬度不同而有差异。近赤道地区，由于太阳的热量，较低处的大气是暖的，热气上升，凝析出很多水分并形成一均匀的低压区，而在受热量较少的极地附近地区，气温低，空气密度大，则气压大，且大气因冷却收缩由高空向地表下沉。因此在低空，受指向低纬度气压梯度力的作用，空气从高纬度流向低纬度；而在高空，气压梯度指向高纬度，空气则从低纬度流向高纬度地区。这样就形成了全球性的南北向环流。

图 4-1 所示为一简化的盛行风循环的理论模型，是由空气沿地球周围的一般运动产生的盛行风。在赤道地区南北纬度 10°之间没有盛行风，称为赤道无风带。在南北半球，一些已升入赤道的空气又回到纬度 30°左右的地球表面，使之无风，此高压区称为回归线无风带。在回归线无风带和赤道无风带之间

吹的风称为贸易风，该风的方向因地球的转动而产生变化，变为由东吹向西。另外两类由大气一般循环产生的风称为盛行风和极地东风。盛行风在南、北半球的回归线无风带和南北纬度60°之间两个带中吹，极地东风在南北两极和南北纬度60°之间吹。综上所述，空气的流动使地球周围产生了6个风带。

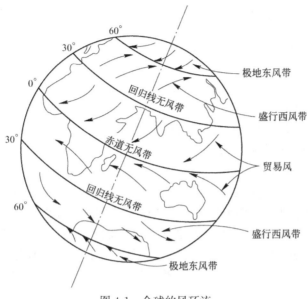

图 4-1　全球的风环流

4.1.2　两类性质的大风

根据风的形成，地面上空大气的运动规律很复杂，因此，有可能形成各种不同性质的大风，例如台风(飓风)、季风、龙卷风、峡谷风等。下面将就我国建(构)筑物设计中主要考虑的台风和季风加以论述。

1. 台风

台风主要是由太阳辐射在海洋表面所产生的大量热能转化为动能(风能和海浪能)而产生。近赤道地区海洋水面受日照影响较强烈，热而湿的水汽上升，形成庞大的水汽柱，热低压区和稳定的高压区之间将产生空气流动，由平衡产生的相互补充的力使之成螺旋状流动，气压高低相差越大，旋转流动的速度越快。旋转的结果使旋涡内部的空气密度减小，下部的气压下降，那么更多的空气从高压区传来，如此循环不止，能量逐渐增强，就形成了台风。

影响我国的热带气旋都发生在西北太平洋的热带洋面上(包括中国南海)，在离开源地后向偏北、西北、偏西或东北方向活动，并逐渐加强，其中大部分可达到台风的强度。在我国登陆的台风占整个西北太平洋台风总数的35%左右。

2. 季风

季节性的风称为季风。

地表面有大陆和海洋两种情况，太阳的辐射热对这两种地表所引起的反应不同。冬季大陆上辐射热冷却很快，湿度低，形成大陆高压；与之相邻的海洋，由于水的热容量大，其辐射冷却比大陆缓慢，湿度比大陆高，形成海洋低压。因此，气压梯度的方向是大陆指向海洋，即风从大陆吹向海洋；到了夏天，风向正好相反，这种风受季节影响较大，故称为季风。由于亚洲大陆陆地辽阔，所以亚洲受季风的影响非常强烈。

4.1.3 我国风气候总况

大气运动与地球运动、纬度、地形地貌等因素密切相关，所以风气候往往也与所在地区的地理位置、地形条件等因素有关。在我国东南沿海及岛屿地区对建(构)筑物影响最大的风是台风，内陆地区对建(构)筑物影响最大的风则是季风。我国风气候总体情况如下：

① 台湾、海南和南海诸岛，这些地区属于海洋上的岛屿，常年受台风的直接影响，是我国的最大风压区。

② 东南沿海地区因受到台风影响而成为我国大陆的大风区。风速梯度由沿海指向内陆。台风从我国大陆登陆后，由于与地面摩擦的影响，风速将迅速降低。统计表明，在距海岸100km处，台风风速减小约一半。

③ 东北、华北和西北地区是我国大陆的次大风压，风速梯度由北向南，这主要是受寒潮入侵的影响。比较特殊的是，华北地区夏季由于受季风影响，风速有可能超过寒潮风速。黑龙江西北部由于不在蒙古高压的正前方，该地区风速也不大。

④ 青藏高原海拔较高，平均为4000~5000m，属于较大风压区。

⑤ 长江中下游、黄河中下游地区属于小风区，因为台风到达该地区时风速已大大减弱，寒潮风也几乎影响不到该地区。

⑥ 云贵高原和四川盆地地处我国内陆，受季风和寒潮风影响极小，而印度洋上产生的风由于喜马拉雅山阻碍也达不到该地区，空气经常处于静止状态，所以该地区是我国的最小风压区。

4.1.4 风级

在没有风速仪测定风速大小时，人们根据风对地面(或海面)物体的影响程度来确定等级，亦称蒲福风力等级，共分13个等级。风速越大，风级也越大，如表4-1所示。

蒲福风力等级表 表4-1

风力级数	名称	海面状况		海岸船只征象	陆地地面征象	相当于空旷平地上标准高度10m处的风速		
		海浪(m)				mile(h)	m(s)	km(h)
		一般	最高					
0	静风	—	—	静	静，烟直上	<1	<1	<1
1	软风	0.1	0.1	平常渔船略觉摇动	烟能表示风向，但风向标不能动	1~3	0.3~1.5	1~5
2	轻风	0.2	0.3	渔船张帆时，每小时可随风移行2~3km	人面感觉有风，树叶微响，风向标能转动	4~6	1.6~3.3	6~11

风力级数	名称	海面状况		海岸船只征象	陆地地面征象	相当于空旷平地上标准高度10m处的风速		
		海浪(m)				mile(h)	m(s)	km(h)
		一般	最高					
3	微风	0.6	1.0	渔船渐觉颠簸，每小时可随风移行5～6km	树叶及微枝摇动不息，旌旗展开	7～10	3.4～5.4	12～19
4	和风	1.0	1.5	渔船满帆时，可使船身倾向一侧	能吹起地面灰尘和纸张，树的小枝摇动	11～16	5.5～7.9	20～28
5	清劲风	2.0	2.5	渔船缩帆（即收去帆之一部）	有叶的小树摇摆，内陆的水面有小波	17～21	8.0～10.7	29～38
6	强风	3.0	4.0	渔船加倍缩帆，捕鱼须注意风险	大树枝摇动，电线呼呼有声，举伞困难	22～27	10.8～13.8	39～49
7	疾风	4.0	5.5	渔船停泊港中，在海者下锚	全树摇动，迎风步行感觉不便	28～33	13.9～17.1	50～61
8	大风	5.5	7.5	进港的渔船皆停留不出	微枝折毁，人行向前感觉阻力甚大	34～40	17.2～20.7	62～74
9	烈风	7.0	10.0	汽船航行困难	建筑物有小损（烟囱顶部及平屋摇动）	41～47	20.8～24.4	75～88
10	狂风	9.0	12.5	汽船航行颇危险	陆上少见，见时可使树木拔起或使建筑物损坏严重	48～55	24.5～28.4	89～102
11	暴风	11.5	16.0	汽船遇之极危险	陆上很少见，有则必有广泛损坏	56～63	28.5～32.6	103～117
12	飓风	14.0	—	海浪滔天	陆上绝少见，摧毁力极大	64～71	32.7～36.9	118～133

4.2 风压

4.2.1 风压与风速的关系

风速仪所测定的是风的速度，而进行结构计算时，设计人员需要的是风对结构的压力，即风压。所以必须了解风速和风压的转换关系。低速运动的空气可看成是不可压缩的流体，假定空气颗粒间的粘结力很小可忽略不计并忽略空气的体力。则由伯努利方程可得空气在同一水平线上运动时用能量表达的运动方程为：

$$\frac{1}{2}mv^2 + w_a V = C \tag{4-1}$$

式中 m——空气流体质点的质量，$m = \rho V$，ρ 为空气质量密度；

v——空气运动的速度；

w_a——单位面积上的静压力；

V——空气质点的体积；

C——常数。

将式(4-1)两边同除以 V，则上式变为：

$$\frac{1}{2}\rho v^2 + w_a = C_1 \tag{4-2}$$

$\frac{1}{2}\rho v^2$ 称为动压，$C_1 = C/V$。单位面积上的静压力即计算所需要的风压 w 由下式计算：

$$w = c_1 - w_a = \frac{1}{2}\rho v^2 = \frac{1}{2}\frac{\gamma}{g}v^2 \tag{4-3}$$

式(4-3)即为风速与风压的换算关系，其中 γ 为空气重度，g 为重力加速度。

在气压为 101.325kPa、常温 15℃ 和绝对干燥的情况下，$\gamma = 0.012018\text{kN/m}^3$，在纬度 45°处，海平面上的重力加速度为 $g = 9.8\text{m/s}^2$，代入式(4-3)得风压公式为：

$$\{w\}_{\text{kN/m}^2} = \frac{0.012018}{2\times 9.8}(\{v\}_{\text{m/s}})^2 = \frac{1}{1630}(\{v\}_{\text{m/s}})^2 \tag{4-4}$$

由于各地地理位置不同，因而 γ 和 g 值不同。在自转的地球上，重力加速度 g 不仅随高度变化，还随纬度变化。而空气重度 γ 与当地气压、气温和湿度有关。因此，各地的 $\gamma/(2g)$ 值具体可见表 4-2，由表可以看出我国东南沿海地区 $\gamma/(2g)$ 值约为 1/1750；内陆地区 $\gamma/(2g)$ 值随高度增加而减少，对于海拔 500m 以下地区该值约为 1/1600，对于海拔 3500m 以上的高原或高山地区，该值减小至 1/2600 左右。

各地风压系数 $\gamma/(2g)$ 值(kN·s²/m⁴)　　　　　　表 4-2

地区	地点	海拔高度(m)	$\gamma/(2g)$	地区	地点	海拔高度(m)	$\gamma/(2g)$
东南沿海	青岛	77.0	1/1710	内陆	承德	375.2	1/1650
	南京	61.5	1/1690		西安	416.0	1/1689
	上海	5.0	1/1740		成都	505.9	1/1670
	杭州	7.2	1/1740		伊宁	664.0	1/1750
	温州	6.0	1/1750		张家口	712.3	1/1770
	福州	88.4	1/1770		遵义	843.9	1/1820
	永安	208.3	1/1780		乌鲁木齐	850.5	1/1800
	广州	6.3	1/1740		贵阳	1071.2	1/1900
	韶关	68.7	1/1760		安顺	1392.9	1/1930
	海口	17.6	1/1740		酒泉	1478.2	1/1890
	柳州	97.6	1/1750		毕节	1510.6	1/1950
	南宁	123.2	1/1750		昆明	1891.3	1/2040
内陆	天津	16.0	1/1670		大理	1990.5	1/2070
	汉口	22.8	1/1610		华山	2064.9	1/2070
	徐州	34.3	1/1660		五台山	2895.8	1/2140
	沈阳	41.6	1/1640		茶卡	3087.6	1/2250
	北京	52.3	1/1620		昌都	3176.4	1/2550
	济南	55.1	1/1610		拉萨	3658	1/2600
	哈尔滨	145.1	1/1630		日喀则	3800	1/2650
	萍乡	167.1	1/1630		五道梁	4612.2	1/2620
	长春	215.7	1/1630				

4.2.2 基本风压

根据风速大小可以用来确定风压，但是各地区地貌不同（即地表建、构筑物类型、密度程度、地势等不同），风速和风压会有较大变化。另外，随着距地表高度的变化，风速和风压也有较大变化。所以应用时必须规定一个标准条件，非标准条件下（不同高度、不同地貌等）的风速和风压可依据一定关系式进行换算。

标准条件下确定的风压称之为基本风压，基本风压通常按以下五条规定来定义。

1. 标准高度的规定

风速随高度而变化。离地面越近，由于地表摩擦耗能大，平均风速越小。

我国《建筑结构荷载规范》（GB 50009—2001）规定以 10m 高为标准高度，并定义标准高度处的最大风速为基本风速。对桥梁结构则规定标准高度为 20m。

2. 标准地貌的规定

同一高度的风速还与地貌或地面粗糙程度有关。例如海岸附近由于能量消耗小，风速较大。大城市市中心，建筑物密集，地面粗糙程度高，风能消耗大，风速则低。显然，地貌粗糙程度影响风速的大小，所以有必要对确定基本风速和基本风压的地貌做统一规定。

我国及世界上大多数国家都规定，基本风速或基本风压按空旷平坦地貌而定。

3. 平均风的时距

由于风速随时间不断变化，具有瞬时性，为方便研究，常取一定时间段内的平均风速作为计算标准，即

$$v_0 = \frac{1}{\tau} \int_0^\tau v(t) \, \mathrm{d}t \tag{4-5}$$

式中　v_0——公称风速（m/s）；

　　$v(t)$——瞬时风速（m/s）；

　　τ——时距（s）。

平均风速与时距的大小有密切关系。若时距取的较大，如 12h，则这一较长时间间隔内大量的小风将被平均进平均风速中，致使平均风速值较低。若时距较小，如 3s，则平均风速可能只反映了这一时域中的较大值，较低风速在平均风速中的作用难以体现，致使平均风速值较高。一般最大时距越大，平均风速越小，反之亦反。

风速记录表明，10min 至 1h 的平均风速基本上是一个稳定值，若时距太短，则易突出风的脉动峰值作用，使风速值不稳定。另外，风对结构产生破坏作用需一定长度的时间或一定次数的往复作用，因此我国《建筑结构荷载规范》（GB 50009—2001）所规定的基本风速的时距为 10min。我国桥梁结构

设计时要进行阵风荷载作用下内力计算，阵风风速确定时采用的时距为 $1\sim3s$。

4. 最大风速的样本时间

样本时间对最大风速值的影响较大。以时距为 10min 的风速为例，样本时间为 1h 的最大风速为 6 个风速样本中的最大值，而样本为 1d 的最大风速，为 144 个样本中的最大值，显然 1d 的最大风速要大于 1h 的最大风速。

通过对风的研究，我们知道台风和季风每年季节性的重复，所以年最大风速最有代表性，包括我国在内的世界各国基本上都取 1 年作为统计最大风速的样本时间。

5. 基本风速的重现期

取年最大风速为样本可以获得各年的最大风速，每年的最大风速存在差异，是随机变量。工程设计中，一般考虑结构在使用的几十年甚至上百年可能遭受的最大风速的影响，并把该时间段内某一最大风速定义为基本风速，而该时间范围可理解为基本风速出现一次需要的时间，即重现期。

设基本风速的重现期为 T_0 年，则 $1/T_0$ 为每年实际风速超过基本风速的概率，因此每年不超过基本风速的概率或保证率 p_0 为：

$$p_0 = 1 - \frac{1}{T_0} \tag{4-6}$$

实际每年的最大风速是不同的，因此可认为年最大风速为一随机变量，其概率分布符合极值 I 型概率分布曲线，如图 4-2 所示。显然，基本风速的重现期越大，其年保证率 p_0 越高，则基本风速越大。

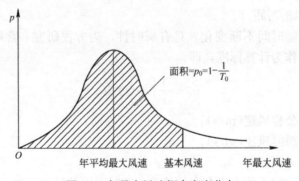

图 4-2 年最大风速概率密度分布

我国《建筑结构荷载规范》（GB 50009—2001）对一般结构基本风速重现期为 50 年，但是由于桥梁是交通命脉，其安全度要高一些，基本风速重现期为 100 年。

综上所述，根据规定的高度、规定的地貌、规定的时距和规定的样本时间所确定的最大风速的概率分布，按规定的重现期（或年保证率）确定的基本风速，然后依据风速与风压的关系即可确定基本风压。我国基本风压分布图如图 4-3 所示。

图 4-3 全国基本风压分布图(单位 kN/m²)

4.2.3 非标准条件下的风速或风压的换算

前述基本风压是按规定的标准条件确定的。由于建(构)筑物具有一定高度且各建(构)筑物高度不同,所处地貌也有差异,而且还有统计时非标准时距和要求的结构安全性不同(即重现期不同)等情况存在,这些在工程结构抗风设计时必须予以考虑。因此,要了解非标准条件与标准条件之间风速和风压的换算关系。

1. 非标准高度换算

(1) 风速换算

在大气边界层中,越接近于地面,风速越小,只有在 300~500m 以上高度的风速,才不受地面粗糙度影响可以自由流动(即所谓梯度风速)。风速沿高度的变化规律称为风剖面,我国规范采用指数型的风剖面,则有

$$\frac{\bar{v}}{\bar{v}_s} = \left(\frac{z}{z_s}\right)^\alpha \tag{4-7}$$

式中 $\bar{v}$、z——任一点的平均风速和高度;

$\bar{v}_s$、z_s——标准高度处的平均风速和高度;

α——与地貌或地面粗糙度有关的指数,地面粗糙程度越大,α 越大,表 4-3 列出了根据实测数据确定的国内外几个主要大城市及其邻近郊区的 α 值。

国内外大城市中心及其近邻的实测 α 值　　　　表 4-3

地区	上海近邻	南京	广州	圣路易斯	蒙特利尔	上海	哥本哈根
α	0.16	0.22	0.24	0.25	0.28	0.28	0.34
地区	东京	基辅	伦敦	莫斯科	纽约	圣彼得堡	巴黎
α	0.34	0.36	0.36	0.37	0.39	0.41	0.45

(2) 风压换算

根据风压与风速的关系式(4-3),在空旷平坦的地貌条件下(设此时的地貌粗糙度指数为 α_s),非标准高度处的风压 $w_a(z)$ 与标准高度处的风压 w_{0a} 间的关系为:

$$\frac{w_a(z)}{w_{0a}} = \frac{\bar{v}^2}{\bar{v}_s^2} = \left(\frac{z}{z_s}\right)^{2\alpha_s} \tag{4-8}$$

式中 $w_a(z)$——空旷平坦地貌条件下,高度 z 处的风压;

w_{0a}——空旷平坦地貌条件下,标准高度处的风压;

α_s——空旷平坦地貌条件下的地面粗糙程度指数。

2. 非标准地貌的换算

基本风压是按空旷平坦地面处所测得的数据求得的。若地貌不同,则由于地面建(构)筑物的阻碍不同,使得该地区 10m 高度处的风压与基本风压不同。

图 4-4 是加拿大风工程专家 Davenport 根据多次观察资料整理出来的不同

标准地貌下平均风速沿高度的变化规律，称为"风剖面"。从图 4-4 中可以看出，若地表建（构）筑物较密集，即地面粗糙度越大，风速变化越慢（α 值越大），而在近海面地区，地表非常平坦，则风速变化越快（α 值越小）。表 4-4 是各种地貌条件下风速变化指数 α 及梯度风高度（达到梯度风速的高度）H_T 的参考值。

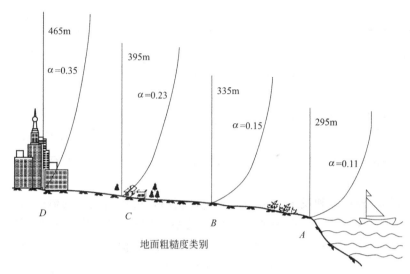

图 4-4　风速随高度的变化

不同地貌的 α 及 H_T 值　　　　　　　　　　　表 4-4

地貌	海面	空旷平坦地面	城市	大城市中心
α	0.1～0.13	0.13～0.18	0.18～0.28	0.28～0.44
H_T(m)	275～325	325～375	375～425	425～500

设标准地貌的基本风速及其测定高度、梯度风高度和风速变化指数分别为 v_{0s}、z_s、H_{Ts}、α_s，另一任意地貌的上述各值分别为 v_{0a}、z_a、H_{Ta}、α_a。由于在同一大气环境中各类地貌梯度风风速应相同，则由式(4-7)可得：

$$v_{0s}\left(\frac{H_{Ts}}{z_s}\right)^{\alpha_s}=v_{0a}\left(\frac{H_{Ta}}{z_a}\right)^{\alpha_a} \tag{4-9}$$

或

$$v_{0a}=v_{0s}\left(\frac{H_{Ts}}{z_s}\right)^{\alpha_s}\left(\frac{H_{Ta}}{z_a}\right)^{-\alpha_a} \tag{4-10}$$

再由式(4-3)，可得任意地貌的标准高度处风压 w_{0a} 与标准地貌的基本风压 w_0 的关系为：

$$w_{0a}=w_0\left(\frac{H_{Ts}}{z_s}\right)^{2\alpha_s}\left(\frac{H_{Ta}}{z_a}\right)^{-2\alpha_a} \tag{4-11}$$

3. 不同时距的换算

平均风速的大小与时距的选取有很大关系，实际上各个国家选用的时距也不相同，因此要了解不同时距之间平均风速的换算。

根据国内外学者所得到的各种不同时距间平均风速的比值，经统计得出各种不同时距与 10min 时距风速的平均比值如表 4-5 所示。

各种不同时距与 10min 时距风速的平均比值 表 4-5

风速时距	1h	10min	5min	2min	1min	0.5min	20s	10s	5s	瞬时
统计比例	0.94	1	1.07	1.16	1.20	1.26	1.28	1.35	1.39	1.50

表 4-5 所列出的是平均比值。实际上有许多因素影响该比值，资料表明，10min 平均风速愈小，比值愈大；天气变化愈剧烈，该比值愈大，雷暴大风天气时的比值是最大的。

4. 不同重现期的换算

重现期不同，最大风速的保证率将不同，相应的最大风速值也就不同。由于不同结构的重要性不同，当要求的结构可靠度不同时，就有可能采用不同重现期的基本风压。

根据国外规范和我国各地的风压统计资料，可得出风压的概率分布，然后再根据重现期与超越概率或保证率的关系式(4-6)可得出不同重现期的风压，由此得出不同重现期与常规 50 年重现期风压比值 μ_r 的计算公式为：

$$\mu_r = 0.336 \lg T_0 + 0.429 \qquad (4-12)$$

为了便于应用，上式也可列成表格，如表 4-6 所示。

不同重现期风压与 50 年重现期风压的比值 表 4-6

重现期 T_0(年)	100	50	30	20	10	5	3	1	0.5
μ_r	1.114	1.00	0.916	0.849	0.734	0.619	0.535	0.353	0.239

【例题 4-1】 某标准条件如下：$z_a = 10m$，$H_{Ts} = 350m$，$\alpha_s = 0.15$；而某地区 $H_{Ta} = 400m$，$\alpha_a = 0.25$。试求该地区 $z_s = 10m$ 高度的风压与标准条件下基本风压的换算关系。

【解】 由式(4-11)可知

$$w_{0a} = w_0 \left(\frac{H_{Ts}}{z_s}\right)^{2\alpha_s} \left(\frac{H_{Ta}}{z_a}\right)^{-2\alpha_a}$$

$$= w_0 \left(\frac{350}{10}\right)^{0.3} \left(\frac{400}{10}\right)^{-0.5} = 0.4594 w_0$$

4.3 结构抗风计算的几个重要概念

4.3.1 结构的风力与风效应

作用于结构上的风可对结构产生三种力(图 4-5)，即顺风向风力 P_D、横风向风力 P_L 和扭风力矩 P_M。

由风力产生的结构位移、速度和加速度
响应称为结构的风效应。对于平面不对称的
结构,任一方向的风力都可引起上述三个方
向的风效应。

对桥梁结构还要考虑自然界的风不一定
都是水平的,风可能有$+3°\sim-3°$攻角范围的
微小变化,因此需要考虑风对桥梁结构的竖
向作用分量,即升力。

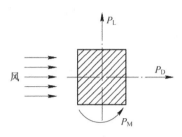

图 4-5　作用于结构上的风力

4.3.2　顺风向平均风与脉动风

根据大量风的实测资料可以看出,在风的顺风向风速时程曲线中,包括
两种成分(图 4-6):一种是长周期成分,其值一般在 10min 以上;另一种是短
周期成分,一般只有几秒左右。根据上述两种成分,应用上常把顺风向的风
分解为平均风(即稳定风)和脉动风(也称阵风脉动)来加以分析。

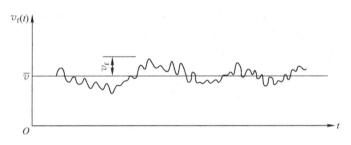

图 4-6　平均风速$\bar{v}$和脉动风速v_{f}

平均风相对稳定,由于其较长的周期远大于一般结构的自振周期,所以
尽管平均风本质上是动力的,但其对结构的动力影响很小,可以忽略,可将
其等效为静力侧向荷载。

脉动风是由于风的不规则性引起的,其强度随时间随机变化。由于脉动
风周期较短,与工程结构的自振周期较接近,将使结构产生动力响应。所以,
脉动风是引起结构顺风向振动的主要原因。桥梁设计计算时还常将脉动风分
为两部分,即背景分量和惯性力分量。

资料表明,在地面粗糙度大的上空,平均风速小,脉动风的幅值大且频
率高;反之在地面粗糙度小的上空,平均风速大,脉动风的幅值小且频率低。

4.3.3　横风向风振

大多数情况下,横风向风力较顺风向风力小得多,当结构对称时横风向
风力更是可以忽略。然而,对于一些细长的柔性结构,例如超高层建筑、烟
囱、高耸塔架等,虽然最大水平风力或位移出现在顺风方向,但引起人可感
觉的运动,甚至不舒服的最大加速度可能发生在垂直于风的方向,即横风向。
这是因为横向风力由于不稳定的空气动力特性,可能会产生很大的动力效应,
即风振。此时,横风向风效应应引起足够的重视。

横风向风振是由于不稳定的空气动力特性形成的，在空气流动中，对流体质点起着重要作用的是两种力，即惯性力和黏性力。雷诺在19世纪80年代，通过大量实验，首先给出了以惯性力与黏性力之比为参数的动力相似定律，该参数被命名为雷诺数。横风向风振与结构截面形式和雷诺数有关。雷诺数可用下式表达：

$$Re = 69000vB \quad 或 \quad Re = 69000vD \tag{4-13}$$

式中　v——来流风平均速度(m/s)；

　　　B——垂直于风速方向物体截面的最大尺寸(m)；

　　　D——圆截面物体的截面直径(m)。

当雷诺数很小时，如小于$1/1000$，则惯性力与黏性力相比可以忽略，即意味着高黏性行为。相反，如果雷诺数很大，如大于1000，则意味着黏性力影响很小，空气流体的作用一般是这种情况，即惯性力起主要作用。

当空气流绕过圆形截面柱体时(图4-7)，沿上风面AB速度逐渐增大，到B点压力达到最低值，再沿下风面BC速度又逐渐降低，压力又重新增大。但实际上由于在边界层内气流对柱体表面的摩擦要消耗部分能量，因此气流实际上是在BC中间某点S处速度停滞，旋涡就在S点生成，并在外流的影响下，以一定的周期脱落，这种现象称为旋涡脱落或卡门涡道。

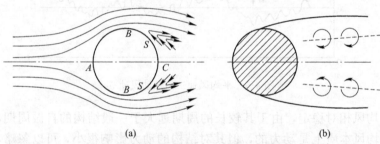

(a)　　　　　　　　　　　　(b)

图 4-7　圆形截面柱体旋涡的产生和脱落

矩形柱体(如高层建筑)有另一种旋涡脱落现象(图4-8)。在低风速时，由于脱落在建筑物两侧同时发生，不会引起建筑物的横向振动，仅有平行于风方向的振动。在较高风速时，旋涡依次从两侧脱落。此时，除顺风方向有冲击力外，在横向还有冲击力。此横向冲击是左一次右一次轮流作用，其频率恰是顺风向冲击频率的一半。

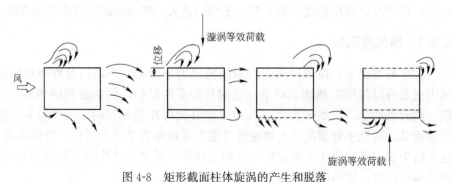

图 4-8　矩形截面柱体旋涡的产生和脱落

设脱落频率为 f_s，则 f_s 可表示为 $f_s = \dfrac{v \times St}{D}$。式中，$v$ 为建筑物顶部的平均风速；St 为与体形有关的无量纲参数，亦称斯脱罗哈数；D 为结构截面的直径。

试验表明，气流旋涡脱落频率或斯脱罗哈数 St 与气流的雷诺数 Re 有关。当 $3 \times 10^2 \leqslant Re < 3.0 \times 10^5$ 时，旋涡的形成很有规则，作周期性旋涡脱落运动；当 $3 \times 10^5 \leqslant Re < 3.5 \times 10^6$ 时，脱落具有随机性，St 的离散性很大；而当 $Re \geqslant 3.5 \times 10^6$ 时，脱落又重新出现大致的规则性。当气流旋涡脱落频率 f_s 与结构横向自振频率接近时，结构会发生剧烈的共振，即产生横风向风振。

对于其他截面结构，也会产生横风向振动效应，但斯特罗哈数有所不同，表 4-7 显示一些常见直边截面的斯特罗哈数。

常见截面的斯特罗哈数　　　　　　　　表 4-7

截面	St
→ □　—　⌐　⊢　⊣　⊥	0.15
→ ○　 $3 \times 10^2 \leqslant Re < 3.0 \times 10^5$	0.2
$3.0 \times 10^5 \leqslant Re < 3.5 \times 10^6$	0.2~0.3
$Re \geqslant 3.5 \times 10^6$	0.3

工程上雷诺数 $Re < 3 \times 10^2$ 极少遇到。因而根据上述气流旋涡脱落的三段现象，划分三个临界范围，即：亚临界范围，$3 \times 10^2 \leqslant Re < 3.0 \times 10^5$，此时也有可能发生横风向共振，但由于风速小，对结构的作用不如跨临界范围严重，通常可以采用构造方法加以处理；超临界范围，$3.0 \times 10^5 \leqslant Re < 3.5 \times 10^6$，由于不会产生共振响应，且风速也不大，因此工程上常不作横风向的专门处理；跨临界范围，$Re \geqslant 3.5 \times 10^6$，发生横风向风振，是结构抗风设计应该特别注意的问题。

4.4　顺风向结构风效应

4.4.1　顺风向平均风效应

1. 风荷载体型系数

式(4-3)所给出的风速与风压基于自由空气流动因建(构)筑物阻碍而完全停滞条件下得出的，实际建(构)筑物不能完全阻止空气的流动，而是气流经某种方式从其表面绕过。因此，建(构)筑物所受实际风压不能直接按式(4-3)计算。

风在建(构)筑物表面引起的实际压力或吸力($w_{实际}$)与按式(4-3)计算的来流风的速度($w_{计算}$)的比值称为风荷载体型系数 μ_s，用下式表示：

$$\mu_s = \frac{w_{实际}}{w_{计算}} \tag{4-14}$$

它描述的是建(构)筑物表面在稳定风压作用下的静态压力的分布规律，主要与建(构)筑物的体型和尺度有关，也与周围环境和地面粗糙度有关。风

71

荷载体型系数一般由试验确定，主要有两种方法。一种是将建(构)筑物缩小比例建一个模型进行风洞试验，另一种是在实际建(构)筑物上测量风压分布。一般常用风洞试验来确定实际风压的分布和大小。各个面上的风压分布不是均匀的。但为便于设计计算，实际用时将同一部位的 μ_s 值进行平均，作为该部位的风荷载体型系数代表值。表 4-8 所示为建筑结构中常见结构体型的风荷载体型系数值。表中＋号为压力，－号为吸力。

常见结构体型的风荷载体型系数值　　　　　　表 4-8

项次	类别	体型以及体型系数 μ_s		
1	封闭式落地双坡屋面	图示	α / μ_s: 0° / 0；30° / +0.2；≥60° / +0.8 中间值按插入法计算	
2	封闭式双坡屋面	图示	α / μ_s: ≤15° / −0.6；30° / 0；≥60° / +0.8 中间值按插入法计算	
3	封闭式拱形屋面	图示	f/l / μ_s: 0.1 / −0.8；0.2 / 0；0.5 / +0.6 中间值按插入法计算	
4	封闭式带天窗双坡屋面	图示 带天窗的拱形屋面可按本图采用		
5	封闭式双跨双坡屋面	图示 迎风坡面的 μ_s 按第 2 项采用		

项次	类别	体型以及体型系数 μ_s
6	封闭式不等高不等跨的双跨双坡屋面	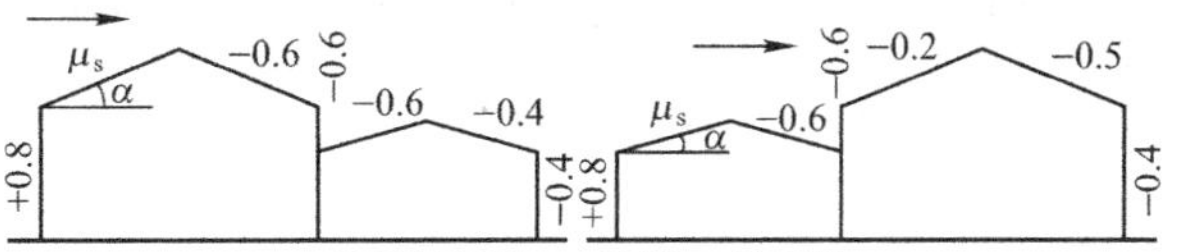 迎风坡面的 μ_s 按第 2 项采用
7	封闭式不等高不等跨的三跨双坡屋面	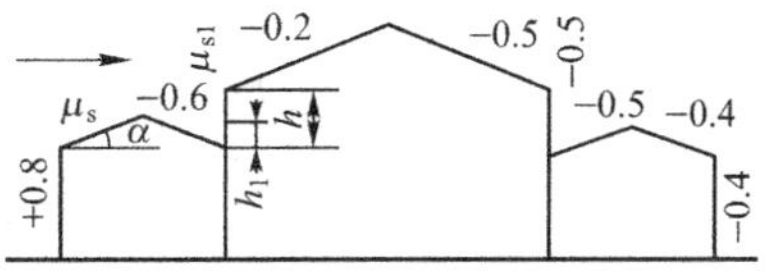 迎风坡面的 μ_s 按第 2 项采用 中跨上部迎风墙面的 μ_{sl} 按下式采用 $\mu_{sl}=0.6(1-2h_1/h)$　但当 $h_1=h$ 时，取 $\mu_{sl}=-0.6$
8	封闭式带天窗带双坡的双坡屋面	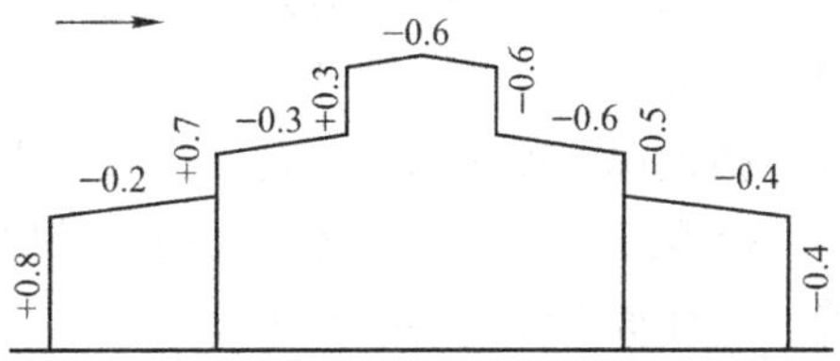
9	封闭式房屋和构筑物	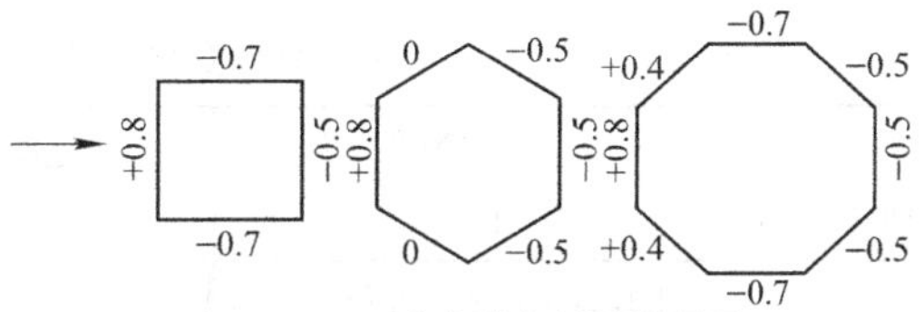 (a) 正多边形(包括矩形)平面 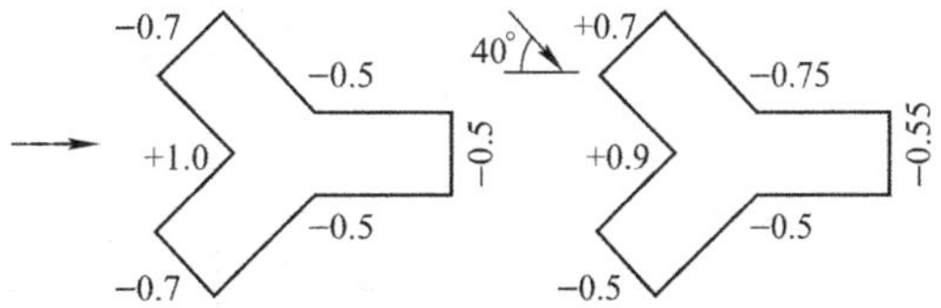 (b) Y形平面 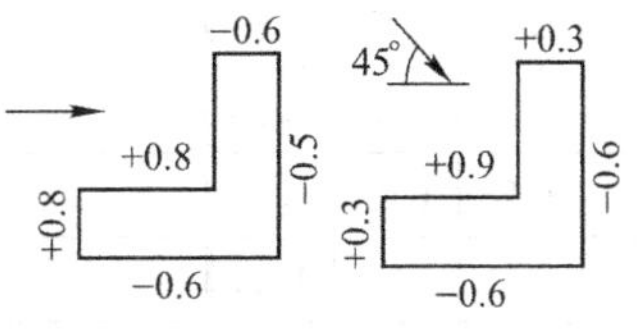 (c) L形平面 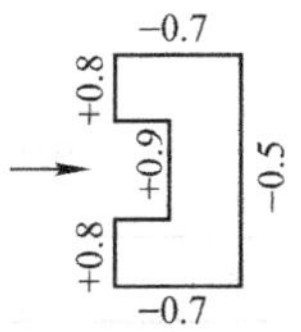　(d) Π形平面 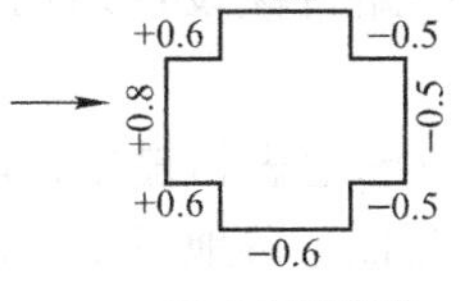 (e) 十字形平面 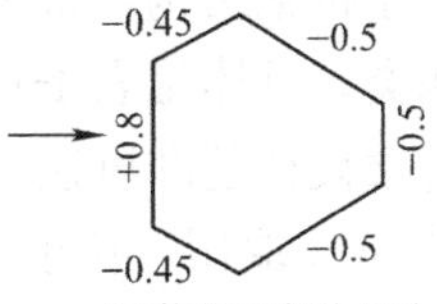　(f) 截角三边形平面

73

4.4 顺风向结构风效应

2. 风压高度变化系数

地面高度变化对风速影响较大，离地面越高，风速越大，风压也就越大。设任意粗糙度任意高度处的风压为 $w_a(z)$，将它与标准粗糙度下标准高度（一般为 10m）处的基本风压之比定义为风压高度变化系数 μ_z，即

$$\mu_z(z) = \frac{w_a(z)}{w_0} \tag{4-15}$$

将式(4-8)、式(4-11)代入式(4-15)，可得：

$$\mu_z(z) = \left(\frac{H_{Ts}}{z_s}\right)^{2\alpha_s} \left(\frac{H_{Ta}}{z_a}\right)^{-2\alpha_a} \left(\frac{z}{z_a}\right)^{2\alpha_a} \tag{4-16}$$

式(4-16)在确定了梯度风高度和粗糙度指数后，便可求得风压高度变化系数。

《建筑结构荷载规范》(GB 50009—2001)为方便设计人员使用，用风压高度变化系数 μ_z 综合考虑不同高度和不同地貌情况的影响（表 4-9）。其中地貌（地面粗糙度）分为 A、B、C、D 四类。

A 类：指近海海面和海岛、海岸、湖岸及沙漠地区；

B 类：指田野、乡村、丛林、丘陵以及房屋比较稀疏的乡镇和城市郊区；

C 类：指有密集建筑群的城市市区；

D 类：指有密集建筑群且房屋较高的城市市区。

风压高度变化系数 μ_z　　　　　　　　　　　　　　表 4-9

离地面或海平面高度(m)	地面粗糙度类别				离地面或海平面高度(m)	地面粗糙度类别			
	A	B	C	D		A	B	C	D
5	1.17	1.00	0.74	0.62	90	2.34	2.02	1.62	1.19
10	1.38	1.00	0.74	0.62	100	2.40	2.09	1.70	1.27
15	1.52	1.14	0.74	0.62	150	2.64	2.38	2.03	1.61
20	1.63	1.25	0.84	0.62	200	2.83	2.61	2.30	1.92
30	1.80	1.42	1.00	0.62	250	2.99	2.80	2.54	2.19
40	1.92	1.56	1.13	0.73	300	3.12	2.97	2.75	2.45
50	2.03	1.67	1.25	0.84	350	3.12	3.12	2.94	2.68
60	2.12	1.77	1.35	0.93	400	3.12	3.12	3.12	2.91
70	2.20	1.86	1.45	1.02	≥450	3.12	3.12	3.12	3.12
80	2.27	1.95	1.54	1.11					

对于桥梁结构，根据《公路桥涵设计通用规范》(JTG D60—2004)地表分为四类，具体见表 4-10。

桥梁设计基准风速，要考虑地表粗糙度影响进行适当修正，其修正系数按照表 4-11 取用。位于山间盆地、谷地或峡谷口、山口等特殊场合的桥梁上、下部结构的风速高度变化修正系数 k_2 按 B 类地表取值。

地面粗糙程度	地表状况
A	海面、海岸、开阔水面
B	田野、乡村、丛林及低层建筑物稀少地区
C	树木及低层建筑物等密集地区、中高层建筑物稀少地区、平缓的丘陵地
D	中高层建筑物密集地区、起伏较大的丘陵地

风速高度变化修正系数 k_2　　　　　表 4-11

离地面或海平面高度(m)	地面粗糙度类别				离地面或海平面高度(m)	地面粗糙度类别			
	A	B	C	D		A	B	C	D
5	1.08	1.00	0.86	0.79	90	1.53	1.42	1.27	1.09
10	1.17	1.00	0.86	0.79	100	1.55	1.45	1.30	1.13
15	1.23	1.07	0.86	0.79	150	1.62	1.54	1.42	1.27
20	1.28	1.12	0.92	0.79	200	1.73	1.62	1.52	1.39
30	1.34	1.19	1.00	0.85	250	1.73	1.67	1.59	1.48
40	1.39	1.25	1.06	0.85	300	1.77	1.72	1.66	1.57
50	1.42	1.29	1.12	0.91	350	1.77	1.77	1.71	1.64
60	1.46	1.33	1.16	0.96	400	1.77	1.77	1.77	1.71
70	1.48	1.36	1.20	1.01	≥450	1.77	1.77	1.77	1.77
80	1.51	1.40	1.24	1.05					

3. 平均风作用下结构的等效静风压

平均风对结构的作用可等效为静力荷载。由前面的讨论可知，不同高度不同地貌的平均风风压可采用风压高度变化系数对基本风压修正的方式确定，而该高度结构所受的实际平均风风压，可采用风荷载体型系数对平均风风压修正的方式确定。因此，平均风作用下结构的等效静风压 $\bar{w}(z)$ 可由下式计算：

$$\bar{w}(z)=\mu_s\mu_z(z)w_0 \tag{4-17}$$

4.4.2　顺风向脉动风效应

顺风向脉动风是一种随机动力作用，其对结构产生的效应需按照随机振动理论进行分析。

对常见的工程结构如高耸结构(烟囱、塔架等)、房屋结构等，结构一般对称，结构在风作用下的位移反应只沿高度 z 方向变化；对桥梁结构而言，则必须考虑沿跨度(水平)方向的变化。在脉动风作用下，结构主要按第一振型振动，则相应的惯性力(或等效风作用力)为：

$$P_d(z)=\xi u\phi_1(z)m(z)w_0 \tag{4-18}$$

式中　ξ——脉动增大系数；

　　　u——考虑空间相关性后单位基本风压下第一振型广义脉动风力与广义质量的比值，亦称脉动影响系数；

$\phi_1(z)$——第一振型函数，以弯曲变形为主的高耸结构：

$$\phi_1(z)=\frac{6z^2H^2-4z^3H+z^4}{3H^4}；对高层建筑，当以剪力墙的工作性$$

能为主时，可按弯剪型考虑，$\phi_1(z)=\tan\left[\frac{\pi}{4}\left(\frac{z}{H}\right)^{0.7}\right]$；对低层建

筑以剪切变形为主的可采用 $\phi_1(z)=\sin\dfrac{\pi z}{2H}$；

w_0——考虑当地地面粗糙度后的基本风压。

1. 脉动增大系数 ξ 的计算

脉动增大系数根据随机振动理论计算并经过一定简化后，可得到：

$$\xi=\sqrt{1+\frac{x^2\dfrac{\pi}{6\zeta}}{(1+x^2)^{4/3}}} \tag{4-19}$$

式中 $x=\dfrac{1200f_1}{v_0}\approx\dfrac{30}{\sqrt{w_0T_1^2}}$；

ζ——结构的阻尼比，对钢结构取 0.01，对有墙体材料填充的房屋钢结构取 0.02，对钢筋混凝土及砖石砌体结构取 0.05；

w_0——考虑当地地面粗糙度后的基本风压；

T_1——结构的基本自振周期。

为方便使用，脉动增大系数 ξ 可按表 4-12 选用。

脉动增大系数 ξ 表 4-12

$w_0T_1^2(\mathrm{kN_s^2/m^2})$	0.01	0.02	0.04	0.06	0.08	0.10	0.20	0.40	0.60
钢结构	1.47	1.57	1.69	1.77	1.83	1.88	2.04	2.24	2.36
有填充墙的房屋钢结构	1.26	1.32	1.39	1.44	1.47	1.50	1.61	1.73	1.81
混凝土及砌体结构	1.11	1.14	1.17	1.19	1.21	1.23	1.28	1.34	1.38
$w_0T_1^2(\mathrm{kN_s^2/m^2})$	0.80	1.00	2.00	4.00	6.00	8.00	10.00	20.00	30.00
钢结构	2.46	2.53	2.80	3.09	3.28	3.42	3.54	3.91	4.14
有填充墙的房屋钢结构	1.88	1.93	2.10	2.30	2.43	2.52	2.60	2.85	3.01
混凝土及砌体结构	1.42	1.44	1.54	1.65	1.72	1.77	1.82	1.96	2.06

注：计算 $w_0T_1^2$ 时，对地面粗糙度 B 类地区可直接代入基本风压，而对 A 类、C 类和 D 类地区应按当地的基本风压分别乘以 1.38、0.62 和 0.32 后代入。

2. 脉动影响系数 u 的计算

脉动影响系数可改写成 $u=v\dfrac{\mu_s l_x}{m}$，这里假定建(构)筑物迎风面宽度 l_x 不变，显然 v 的特性与 u 相同，因此也称 v 为脉动影响系数。脉动影响系数主要反映了风脉动相关性对结构的影响，同样涉及随机振动理论，为方便使用，《建筑结构荷载规范》(GB 50009—2001)结合我国实测数据与工程设计经验总结，给出高耸结构和高层建筑考虑外形、质量分布等因素时的脉动影响系数 v 的数值。

(1)结构迎风面宽度远小于其高度的情况(如高耸结构等)：

① 若外形、质量沿高度比较均匀，脉动影响系数可按表4-13确定。

脉动影响系数 v　　　　　　　　　　　　　　表4-13

总高 H(m)	10	20	30	40	50	60	70	80	90	100	150	200	250	300	350	400	450
粗糙度类别 A	0.78	0.83	0.86	0.87	0.88	0.89	0.89	0.89	0.89	0.89	0.87	0.84	0.82	0.79	0.79	0.79	0.79
B	0.72	0.79	0.83	0.85	0.87	0.88	0.89	0.89	0.90	0.90	0.89	0.88	0.86	0.84	0.83	0.83	0.83
C	0.64	0.73	0.78	0.82	0.85	0.87	0.88	0.90	0.91	0.91	0.93	0.93	0.92	0.91	0.90	0.89	0.91
D	0.53	0.65	0.72	0.77	0.81	0.84	0.87	0.89	0.91	0.92	0.97	1.00	1.01	1.01	1.00	1.00	1.00

② 当结构迎风面和侧风面的宽度沿高度按直线或接近直线变化，而质量沿高度按连续规律变化时，表4-13中的脉动影响系数应再乘以修正系数 θ_B 和 θ_v。θ_B 为构筑物迎风面在 z 高度处的宽度 B_z 与底部宽度 B_0 的比值；θ_v 可按表4-14确定。

修正系数 θ_v　　　　　　　　　　　　　　表4-14

B_H/B_0	1	0.9	0.8	0.7	0.6	0.5	0.4	0.3	0.2	≤0.1
θ_v	1.00	1.10	1.20	1.32	1.50	1.75	2.08	2.53	3.30	5.60

注：B_H、B_0 分别为构筑物迎风面在顶部和底部的宽度。

（2）结构迎风面宽度较大时，应考虑宽度方向风压空间相关性的情况（如高层建筑等）：若外形、质量沿高度比较均匀，脉动影响系数可根据总高度 H 及其与迎风面宽度 B 的比值，按表4-15确定。

脉动影响系数 v　　　　　　　　　　　　　　表4-15

H/B	粗糙度类别	总高度 H(m)							
		≤30	50	100	150	200	250	300	350
≤0.5	A	0.44	0.42	0.33	0.27	0.24	0.21	0.19	0.17
	B	0.42	0.41	0.33	0.28	0.25	0.22	0.20	0.18
	C	0.40	0.40	0.34	0.29	0.27	0.23	0.22	0.20
	D	0.36	0.37	0.34	0.30	0.27	0.25	0.24	0.22
1.0	A	0.48	0.47	0.41	0.35	0.31	0.27	0.26	0.24
	B	0.46	0.46	0.42	0.36	0.36	0.29	0.27	0.26
	C	0.43	0.44	0.42	0.37	0.34	0.31	0.29	0.28
	D	0.39	0.42	0.42	0.38	0.36	0.33	0.32	0.31
2.0	A	0.50	0.51	0.46	0.42	0.38	0.35	0.33	0.31
	B	0.48	0.50	0.47	0.42	0.40	0.36	0.35	0.33
	C	0.45	0.49	0.48	0.44	0.42	0.38	0.38	0.36
	D	0.41	0.46	0.48	0.46	0.46	0.44	0.42	0.39
3.0	A	0.53	0.51	0.49	0.42	0.41	0.38	0.38	0.36
	B	0.51	0.50	0.49	0.46	0.43	0.40	0.40	0.38
	C	0.48	0.49	0.49	0.48	0.46	0.43	0.43	0.41
	D	0.43	0.46	0.49	0.49	0.48	0.47	0.46	0.45
5.0	A	0.52	0.53	0.51	0.49	0.46	0.44	0.42	0.39
	B	0.50	0.53	0.52	0.50	0.48	0.45	0.44	0.42
	C	0.47	0.50	0.52	0.52	0.50	0.48	0.47	0.45
	D	0.43	0.48	0.52	0.53	0.53	0.52	0.51	0.50
8.0	A	0.53	0.54	0.53	0.51	0.48	0.46	0.43	0.42
	B	0.51	0.53	0.54	0.52	0.50	0.49	0.46	0.44
	C	0.48	0.51	0.54	0.53	0.52	0.52	0.50	0.48
	D	0.43	0.48	0.54	0.53	0.55	0.55	0.54	0.53

4.4.3 顺风向总风效应

1. 高层建筑顺风向风荷载

设结构为线弹性体系，顺风向的总风效应为顺风向平均风效应与脉动风效应的线性组合，或将顺风向平均风压（静风压）$\bar{w}(z)$ 与脉动风压（动风压）$w_d(z)$ 之和表达为顺风向总风压 $w(z)$，即

$$w(z) = \bar{w}(z) + w_d(z) = \bar{w}(z) + \frac{P_d(z)}{l_x(z)} \tag{4-20}$$

将式(4-17)和式(4-18)代入上式得：

$$w(z) = \beta(z)\mu_s(z)\mu_z(z)w_0 \tag{4-21}$$

式中 $\beta(z)$ 称为风振系数，按下式计算：

$$\beta(z) = 1 + \frac{\xi u m(z)\phi_1(z)}{\mu_s(z)\mu_z(z)l_x(z)} \tag{4-22}$$

再将 $u = \nu\dfrac{\mu_s l_x}{m}$ 代入式(4-22)，可得：

$$\beta(z) = 1 + \xi v\frac{\phi_1(z)}{\mu_z(z)} \tag{4-23}$$

至此，脉动增大系数 ξ、脉动影响系数 v、振型函数 $\phi_1(z)$、风荷载体型系数 $\mu_s(z)$、风压高度变化系数 $\mu_z(z)$ 均可求出或查表得出，所以顺风向总风压 $w(z)$ 就可得出。

【例题 4-2】 某矩形钢筋混凝土高层建筑，高 $H = 150\text{m}$，宽 $B = 30\text{m}$，B 沿高度不变，顶层层高 4m。与风有关基本参数为：地面粗糙度类别 B 类，基本风压 $w_0 = 0.45\text{kN/m}^2$，结构基本自振周期 $T_1 = 2\text{s}$。求作用于结构顶层的风力。

【解】 由表 4-9 可得，风压高度变化系数 $\mu_z = 2.38$。

由表 4-8 可得，风荷载体型系数 $\mu_s = 1.3$（迎风面、背风面叠加），则

$$\phi_1(148) = \tan\left[\frac{\pi}{4}\left(\frac{148}{150}\right)^{0.7}\right] = 0.9854$$

由表 4-15 可得，脉动影响系数 $v = 0.50$，则

$$w_0 T_1^2 = 0.45 \times 2^2 = 1.8$$

由表 4-12 可得，脉动增大系数 $\xi = 1.52$。

所以风振系数为：

$$\beta(z) = 1 + \xi v\frac{\phi_1(z)}{\mu_z(z)} = 1 + 1.52 \times 0.5 \times \frac{0.9854}{2.38} = 1.314$$

顶层的风力为：

$$F = \beta(z)\mu_s(z)\mu_z(z)w_0 \times 30 \times 4$$
$$= 1.314 \times 1.3 \times 2.38 \times 0.45 \times 30 \times 4 = 219.65\text{kN}$$

2. 桥梁工程风荷载

风荷载也是公路桥梁工程设计时考虑的活荷载之一，作用在桥梁上的风

荷载可分为垂直桥轴方向的横桥向风荷载、顺桥向风荷载以及竖向风荷载。《公路桥涵设计通用规范》(JTG D60—2004)介绍了风荷载标准值的计算规定。

(1) 桥梁横桥向风荷载计算

横桥向风荷载假定水平地垂直于桥梁各部分迎风面积的形心上,其标准值为横桥向风压乘以迎风面积,按照以下公式:

$$F_{wh} = k_0 k_1 k_3 w_0 A_{wh} \tag{4-24}$$

式中 F_{wh}——横桥向风荷载标准值(kN);

k_0——设计风速重现期换算系数,对于单孔跨径的特大桥和大桥的桥梁,$k_0 = 1.0$;对于其他桥梁,$k_0 = 0.9$;对施工架设期桥梁,$k_0 = 0.75$;当桥梁位于台风多发地区时,可根据实际情况适当提高 k_0 值;

k_1——风载阻力系数;

k_3——地形、地理条件系数,按照表 4-16 取用;

A_{wh}——横向迎风面积(m^2),按桥跨结构各部分的实际尺寸计算;

w_0——基本风压(kN/m^2)。

地形、地理条件系数 k_3 　　　　　　　　　　表 4-16

地形、地理条件	地形、地理条件系数 k_3
一般地区	1.00
山间盆地、谷地	0.75~0.85
峡谷口、山口	1.20~1.40

1) 基本风压

基本风压可以按照下式计算:

$$w_0 = \frac{1}{2} \frac{\gamma}{g} V_d^2 \tag{4-25}$$

$$V_d = k_2 k_5 V_{10} \tag{4-26}$$

$$\gamma = 0.012017 e^{-0.0001z} \tag{4-27}$$

式中 V_d——高度 z 处的设计基准风速(m/s);

V_{10}——设计基本风速(m/s);按平坦空旷地面,离地高出 10m,重现期为 100 年的 10min 平均最大风速计算确定;

γ——单位体积空气重力(kN/m^3);

k_2——风速高度变化修正系数,具体见表 4-10;

k_5——阵风风速系数,地表分类具体见表 4-10,对 A、B 类地表,$k_5 = 1.38$;C、D 类地表,$k_5 = 1.70$。

2) 风载阻力系数 k_1

风载阻力系数是表示稳定风压在结构截面上的分布状况,实际上是风对结构表面的实际压力(或吸力)与根据原始风速所算得的理论风压的比值,此值主要与结构物的体型、尺寸有关。普通实腹桥梁上部结构的风载阻力系数 k_1 可按下式计算。其他类型结构的风载阻力系数 k_1 可参见规范。

$$k_1=\begin{cases} 2.1-0.1\left(\dfrac{B}{H}\right) & 1\leqslant\dfrac{B}{H}<8 \\ 1.3 & \dfrac{B}{H}\geqslant8 \end{cases} \tag{4-28}$$

式中　B——桥梁宽度(m)；

　　　H——梁高(m)。

(2) 顺桥向风荷载计算

顺桥向的纵向风荷载与横桥向风荷载的计算方法相同。但纵向风力因上部构造、墩台和路堤的阻挡，较横向风力小，常按照折减后的横向风压或风速来计算。桥梁顺桥向可不计桥面系及上承式梁所受的风荷载，下承式桁架顺桥向风荷载按其所受横桥向风压的 40% 乘以桁架迎风面积计算。桥墩上的顺桥向风荷载标准值可按横桥向风压的 70% 乘以桥墩面积计算。

桥梁上部结构所承受顺桥向的竖向风荷载，可假定其沿桥长垂直作用于结构水平投影面积的形心上，其值按下式计算：

$$F_{wv}=k_0k_4k_3\frac{\rho v_d^2}{2}A_{wv} \tag{4-29}$$

式中　k_4——风荷载升力系数，板式或桁架式桥梁上部结构超高角为 1°~5° 时，取 $k_4=0.75$；T 形组合桥梁的上部结构超高角小于 1° 时，取 $k_4=1.0$，上部结构超高角大于 5° 时，风荷载升力系数 k_4 应由风洞试验确定；

　　　A_{wv}——桥梁上部受载面积，应取结构或构件以及桥面系的水平投影主面实体面积。

4.5　横风向结构风效应

4.5.1　作用于物体的风力

速度为 v 的风对物体将产生三个力，即物体单位长度上的顺风向力 P_D、横风向力 P_L 以及扭力矩 P_M。根据风速与风压的关系(式 4-3)，上述三个力可分别表达为：

$$P_D=\mu_D\frac{1}{2}\rho v^2 D \tag{4-30}$$

$$P_L=\mu_L\frac{1}{2}\rho v^2 D \tag{4-31}$$

$$P_M=\mu_M\frac{1}{2}\rho v^2 D \tag{4-32}$$

式中　D——结构的截面尺寸，取为垂直于风向的最大尺寸；

μ_D——顺风向风力系数，为迎风面和背风面风荷载体型系数的总和；

μ_L、μ_M——分别为横风向风力和扭转力系数。

4.5.2 结构横风向风力

由 4.3 节中可知，在亚临界范围和跨临界范围结构的旋涡脱落是有周期性的，即横向风作用有周期性，所以可将该范围内横向风作用力表达成下式：

$$P_L(z,t) = \frac{1}{2}\rho v^2(z)D(z)\mu_L \sin w_s t \qquad (4-33)$$

式中 $P_L(z,t)$——高度 z 处 t 时刻结构横风向风力；

$v(z)$——高度 z 处风速；

$D(z)$——高度 z 处结构迎风最大宽度；

w_s——风旋涡脱落圆频率。

由 4.3 节可得

$$w_s = 2\pi f_s = \frac{2\pi St v(z)}{D(z)} \qquad (4-34)$$

由式(4-33)和式(4-34)可知，结构横向风作用力与旋涡脱落频率和风速有关。

实验发现，当旋涡脱落频率接近结构横向自振基本频率时，结构将产生横向共振。但当风速继续增大时，旋涡脱落频率并不继续增大，而是保持为常数，即结构自振频率控制了旋涡脱落频率，这一现象被称为锁定。当风速大于结构共振风速的1.3倍左右时，旋涡脱落频率才继续按式(4-34)增加，如图4-9所示。

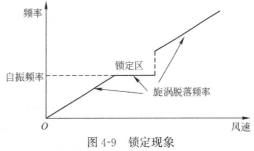

图 4-9　锁定现象

根据以上的讨论可知，对较高的建筑物，沿高度方向结构横向将受到三种不同性质的横风向风作用力，如图4-10所示。

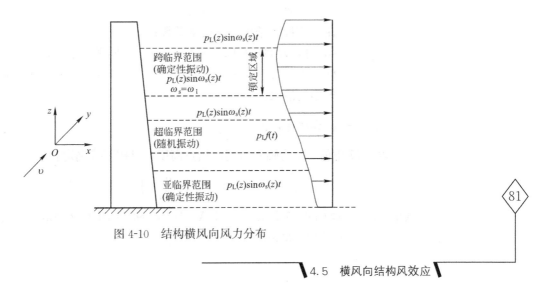

图 4-10　结构横风向风力分布

4.5.3 结构横风向风效应

结构横风向风力系数 μ_L 比结构顺风向风力系数 μ_D 小很多，一般情况下横风向风效应可以忽略，但是当横风向风作用能够引起结构的共振效应时，横风向风效应不能忽略，有时横风向风效应甚至对结构抗风设计起控制作用。

1. 圆形截面结构的横风向风振

《建筑结构荷载规范》（GB 50009—2001）对圆形截面作用计算或验算有如下规定：

（1）当 $Re < 3.0 \times 10^5$ 时，且结构顶部风速 v_H 超过临界风速 v_{cr} 时可发生亚临界的微风共振，可按下列公式确定：

$$v_{cr} = \frac{D}{T_1 St} \tag{4-35}$$

$$v_H = \sqrt{\frac{2000 \cdot \mu_H \cdot w_0}{\rho}} \tag{4-36}$$

式中 T_i——结构振型 i 的自振周期，验算亚临界微风振时取基本自振周期 T_1；

St——斯脱罗哈数，对圆形截面结构取 0.2；

w_0——基本风压。

μ_H——结构顶部风压高度变化系数；

ρ——空气密度。

当结构顶部风速超过临界风速时，可在构造上采取防振措施，或控制结构的临界风速不小于 15m/s。

（2）当 $3.0 \times 10^5 \leqslant Re < 3.5 \times 10^6$，风速处于亚临界范围内，可不进行处理。

（3）当 $Re \geqslant 3.5 \times 10^6$ 且结构顶部风速 v_H 的 1.2 倍大于临界风速 v_{cr} 时，可发生跨临界的强风共振，其引起的在 z 高度处振型 j 的等效横风荷载由下列公式确定：

$$\omega_{czj}(z) = |\lambda_j| v_{cr}^2 \phi_{zj} / (12800 \zeta_j) \tag{4-37}$$

式中 λ_j——计算系数，按表 4-17 确定；

ϕ_{zj}——在 z 高度处结构的 j 振型系数；

ζ_j——第 j 振型的阻尼比；对第 1 振型分不同类型结构，按 4.4.2 节同样方法取值；对高振型的阻尼比，若无实测资料，可近似按第 1 振型的值取用；

v_{cr}——临界风速，$v_{cr} = \dfrac{D}{T_1 St}$。

表 4-17 中的 H_1 为临界风速起始点高度，可按下式确定：

$$H_1 = H \times \left(\frac{v_{cr}}{1.2 v_H}\right)^{1/\alpha} \tag{4-38}$$

式中 α——地面粗糙度指数，对 A、B、C 和 D 四类分别取 0.12、0.16、0.22 和 0.30；

v_H——结构顶部风速(m/s)。

校核横风向风振时所考虑的高振型序号一般不大于4,对一般悬臂型结构,可只取第1或前两阶振型。

λ_j 计算用表   表 4-17

结构	振型序号	H_1/H										
		0	0.1	0.2	0.3	0.4	0.5	0.6	0.7	0.8	0.9	1.0
高耸结构	1	1.56	1.55	1.54	1.49	1.42	1.31	1.15	0.94	0.68	0.37	0
	2	0.83	0.82	0.76	0.60	0.37	0.09	−0.16	−0.33	−0.38	−0.27	0
	3	0.52	0.48	0.32	0.06	−0.19	−0.30	−0.21	0.00	0.20	0.23	0
	4	0.30	0.33	0.02	−0.20	−0.23	0.03	0.16	0.15	−0.05	−0.18	0
高层建筑	1	1.56	1.56	1.54	1.49	1.41	1.28	1.12	0.91	0.65	0.35	0
	2	0.73	0.72	0.63	0.45	0.19	−0.11	−0.36	−0.52	−0.53	−0.36	0

2. 非圆形截面结构的横风向风振

对非圆形截面结构,横风向风振的等效风荷载宜通过空气弹性模型的风洞试验确定或参考有关资料确定。

4.5.4 结构总风效应

结构横风向共振时,同时还作用有顺风向风力,因此应将结构横风向风效应与顺风向风效应叠加,计算结构总风效应,以此进行结构抗风设计。

风的荷载总效应可将横风向风荷载效应 S_C 与顺风向风荷载效应 S_A 按下式组合后确定:

$$S=\sqrt{S_C^2+S_A^2} \tag{4-39}$$

式中　S_C——横风向风载产生的效应;

　　　S_A——顺风向风载产生的效应。

小结及学习指导

1. 风是空气相对于地面的运动,它是空气从气压(大气压力)大的地方向气压小的地方流动而形成的。风压是风以一定的速度向前运动时,对阻碍物产生的压力。

2. 标准条件下确定的风压称之为基本风压。在进行工程结构抗风设计计算时,必须考虑非标准条件和标准条件下基本风压的换算。

3. 作用于结构上的风压沿表面积分可得到顺风向风力、横风向风力和扭风力矩三种力。结构的风效应包括顺风向效应、横风向效应、共振效应和空气动力失稳三个方面。

4. 垂直于高层建筑表面风荷载标准值可按照 $w(z)=\beta(z)\mu_s(z)\mu_z(z)w_0$ 计算,当雷诺系数 $Re \geqslant 3.5\times10^6$ 且结构顶部风速 v_H 的 1.2 倍大于临界风速

v_{cr} 时，可发生跨临界的强风共振，需要考虑横风向风振效应。

5. 桥梁上的风荷载可分为垂直桥轴方向的横桥向风荷载、顺桥向风荷载以及竖向风荷载。横桥向风荷载假定水平地垂直于桥梁各部分迎风面积的形心上，其标准值为横桥向风压乘以迎风面积，按照 $F_{wh} = k_0 k_1 k_3 w_0 A_{wh}$ 计算。顺桥向纵向风荷载与横桥向风荷载的计算方法相同。但纵向风力因上部构造、墩台和路堤的阻挡，较横向风力小，常按照折减后的横向风压或风速来计算。

6. 进行结构抗风设计时，应将结构横风向风效应与顺风向风效应叠加，计算结构总风效应。

思考题

4-1 简述风的形成原因。

4-2 简述风速和风压的关系。

4-3 基本风压是如何规定的？

4-4 非标准条件下如何换算风压？

4-5 简述顺风向平均风、脉动风以及横风向风振的概念。

4-6 什么是风荷载体型系数、风压高度变化系数和风振系数？

4-7 何时需考虑横风向结构风效应？该怎样考虑？

4-8 怎样计算结构的总风效应？

4-9 试比较建筑结构与桥梁结构风荷载计算的异同。

习题

4-1 已知一矩形平面钢筋混凝土高层建筑，平面沿高度保持不变。$H = 100mm$，$B = 35mm$，底面粗糙度为 A 类，基本风压 $w_0 = 0.42kN/m^2$。结构的基本自振周期 A。求风产生的建筑底部弯矩。（注：为简化计算，将建筑沿高度划分为 5 个计算区段，每个区段 20m 高，取其中点位置的风荷载值作为该区段的平均风载值。）

第5章
地 震 作 用

本章知识点

【知识点】

地震的类型和成因，地震的分布，震级与烈度，地震波，地震作用的概念，抗震设防目标与标准，建筑结构、桥梁和水工建筑物地震作用计算的基本方法。

【重点】

理解地震作用的概念，熟悉桥梁和水工建筑物地震作用计算的方法，掌握建筑结构地震作用计算的振型分解反应谱法和底部剪力法。

【难点】

理解反应谱的建立过程，能熟练运用振型分解反应谱法和底部剪力法计算地震作用。

5.1 概述

地震是一种突发式的自然灾害，除造成人身伤亡外，还会导致房屋破坏、交通生产中断，以及水灾、火灾、疾病等次生灾害。为尽量减少地震带来的损失，切实有效的措施是对工程结构进行抗震设计。在进行结构抗震设计时，需进行地震反应分析。

地震反应分析属于结构动力学的范畴，它决定于地震动和结构特性。随着人们对这两方面认识的深入而不断提高，结构地震反应分析的发展主要经历了静力分析、反应谱分析、动力分析三个阶段，在动力分析阶段中又可分为弹性分析与非弹性(或非线性)分析两种方法，随机振动与确定性振动是这一阶段中并列出现的两种分析方法。

本章首先介绍地震的基本知识，然后介绍建筑结构、桥梁结构和水工建筑物地震作用计算的基本方法。

5.2 地震基本知识

5.2.1 地震的类型和成因

地震按其成因可分为：构造地震、火山地震、陷落地震和诱发地震四种。

86

其中，构造地震主要由地壳运动挤压地壳岩层使其薄弱部位发生断裂错动而引起的；火山地震是由火山爆发引起的；陷落地震是由于地表或地下岩层突然发生大规模的陷落或崩塌引起的；诱发地震是由水库蓄水或深井注水等引起的。在这四种类型的地震中，构造地震分布最广，危害最大，约占地震总量的90％以上；虽然火山地震造成的破坏性也较大，但在我国不常见；其他两种类型的地震一般震级较小，破坏性也不大。

用来解释构造地震成因的最主要学说是断层说和板块构造说。

断层说认为，组成地壳的岩层时刻处于变动状态，产生的地应力也在不停变化。当地应力较小时，岩层尚处于完整状态，仅能发生褶皱。随着作用力不断增强，当地应力引起的应变超过某处岩层的极限应变时，该处的岩层将产生断裂和错动(图5-1)。而承受应变的岩层在其自身的弹性应力作用下将发生回跳，迅速弹回到新的平衡位置。一般情况下，断层两侧弹性回跳的方向是相反的，岩层构造变动过程中积累起来的应变能，在回弹过程中得以释放，并以弹性波的形式传至地面，从而引起地面的振动，这就是地震。

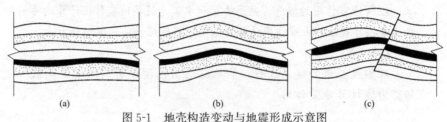

图5-1 地壳构造变动与地震形成示意图
(a)岩层原始状态；(b)受力后发生褶皱变形；(c)岩层断裂产生振动

板块构造学说认为，地球的表面岩层是由六大板块构成，即美洲板块、太平洋板块、澳洲板块、南极板块、欧亚板块和非洲板块(图5-2)。这些板块

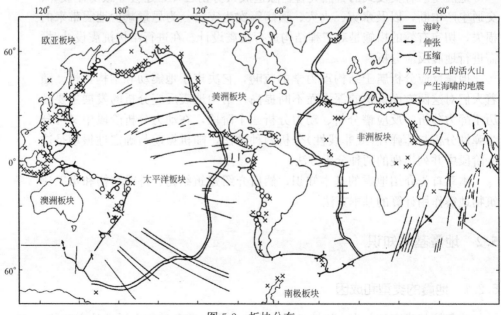

图5-2 板块分布

在相对缓慢地运动着，在边界处相互挤压和顶撞，从而致使板块边缘附近岩石层脆性断裂而引发地震。地球上大多数地震就发生在这些板块的交界处，从而使地震在空间分布上表现出一定的规律，即形成地震带。

5.2.2　地震分布

1. 世界地震分布

20 世纪初，科学家们在遍访各大洲进行宏观地震资料调查的基础上，编制了世界地震活动图。随后，又根据各地震台的观测数据编出了较精确的世界地震分布图。从这些图中可以清楚地看到，小震几乎到处都有，大震则主要发生在某些地区，即地球上的 4 个主要地震带(图 5-3)。

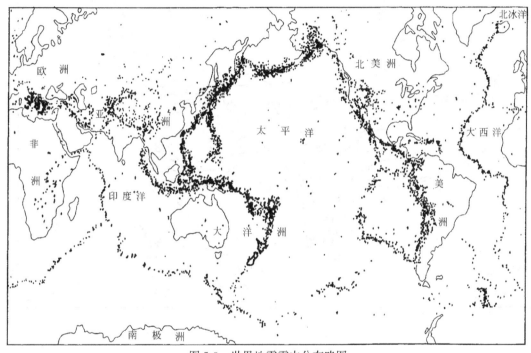

图 5-3　世界地震震中分布略图

（1）环太平洋地震带：全球约 80％的浅源地震和 90％的中深源地震以及几乎所有的深源地震都集中在这一地带。它沿南北美洲西海岸、阿留申群岛，转向西南到日本列岛，再经过我国台湾省，到达菲律宾、新几内亚和新西兰。

（2）欧亚地震带：除分布在环太平洋地震活动带的中深源地震以外，几乎所有其他中深源地震和一些大的浅源地震都发生在这一地震活动带，这一活动带内的震中分布大致与山脉的走向一致。它西起大西洋的亚速岛，经意大利、土耳其、伊朗、印度北部、我国西部和西南地区，过缅甸至印度尼西亚与上述环太平洋地震带相衔接。

（3）沿北冰洋、大西洋和印度洋中主要山脉的狭窄浅震活动带：北冰洋、大西洋地震带是从勒拿河口地震较稀少的地区开始，经过一系列海底山脉和冰岛，然后顺着大西洋底的隆起带延伸。印度洋地震带始于阿拉伯之南，沿海底隆起延伸，以后朝南走向南极。

（4）地震相当活跃的断裂谷：如东非洲和夏威夷群岛等。

其中，前两者为世界地震的主要活动地带。

2. 我国地震分布

我国东临环太平洋地震带，南接欧亚地震带，地震分布相当广泛。图 5-4 为我国境内 6 级和 6 级以上地震震中分布及其主要地震带。可以看出，我国的主要地震带有以下两条：

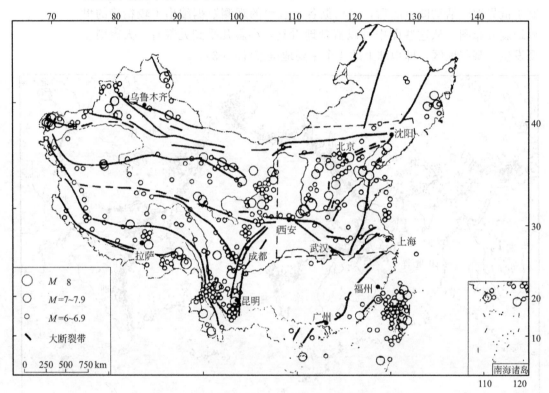

图 5-4　我国境内震级大于或等于 6 级的震中分布

（1）南北地震带：北起贺兰山，向南经六盘山，穿越秦岭沿川西至云南省东北，纵贯南北。地震带宽度各处不一，大致在数十至百余公里左右，分界线是由一系列规模很大的断裂带和断陷盆地组成，构造相当复杂。

（2）东西地震带：主要的东西构造带有两条，北面的一条沿陕西、山西、河北北部向东延伸，直至辽宁北部的千山一带；南面的一条自帕米尔起，经昆仑山、秦岭，直到大别山。

据此，我国大致可划分成 6 个地震活动区：①台湾及其附近海域；②喜马拉雅山活动区；③南北地震带；④天山地震活动区；⑤华北地震活动区；⑥东南沿海地震活动区。

从历史上的地震情况来看，我国除个别省份（如浙江）外，绝大部分地区都发生过较强烈的破坏性地震，并且有不少地区的现代地震活动还相当严重，如我国台湾省大地震最多，新疆、西藏次之，西南、西北、华北和东南沿海地区也是破坏性地震较多的地区。

5.2.3 震级与地震烈度

1. 震级

震级是用来反映地震强度大小的指标，它表示一次地震释放能量的多少。国际上较通用的是里氏震级，它是由里克特(C. F. Richter)在 1935 年首先提出的，即在离震中 100km 处标准地震仪(摆的自振周期为 0.8s，阻尼系数 0.8，放大倍数为 2800 倍)所记录到的最大水平位移 A(单振幅，单位为微米：$1\mu m = 10^{-6} m$)的常用对数 M：

$$M = \lg A \tag{5-1}$$

当震中距不是 100km 时，则需按修正公式进行计算：

$$M = \lg A - \lg A_0 \tag{5-2}$$

式中 A_0——被选为标准的某一特定地震的最大振幅。

根据地震震级的大小，可计算得到该次地震释放能量的大小：

$$\lg E = 1.5M + 11.8 \tag{5-3}$$

式中 E——地震释放的能量，单位为 erg($1 erg = 10^{-7} J$)。

计算表明，一个 6 级地震释放的能量相当于一个 2 万吨级的原子弹。M 每增加一级释放的能量将增加 32 倍。

一般来说，小于 2 级的地震是感觉不到的，称为微震；2~4 级的地震称为有感地震；5 级以上的地震可引起不同程度的破坏，称为破坏性地震；7 级以上的地震称为强震或大震；8 级以上的地震称为特大地震。

2. 烈度

(1) 地震烈度

地震烈度是指某一地区的地面和各类建筑物、构筑物遭受到一次地震影响的强弱程度，也是用来反映地震强度大小的指标。对于一次地震，其释放的能量是一个定值，因此只有一个震级，但由于各地区距震中的距离不同，地质情况不同，所以各个地区所遭受的地震破坏程度也不同。因此，一次地震对于不同的地区有多个地震烈度。

我国根据房屋建筑震害指数、地表破坏程度及地面运动加速度指标将地震烈度分为 12 度，制定了《中国地震烈度表》(表 5-1)。

中国地震烈度表(GB/T 17742—2008)　　　　　表 5-1

地震烈度	在地面上人的感觉	房屋震害程度			其他震害现象	水平地面运动	
		类型	震害现象	平均震害指数		峰值加速度(m/s²)	峰值速度(m/s)
I	无感觉	—		—		—	—
II	室内个别静止中的人有感觉	—		—		—	—
III	室内少数静止中的人有感觉	—	门、窗轻微作响	—	悬挂物微动	—	—

续表

地震烈度	在地面上人的感觉	房屋震害程度			其他震害现象	水平地面运动	
		类型	震害现象	平均震害指数		峰值加速度(m/s²)	峰值速度(m/s)
Ⅳ	室内多数人、室外少数人有感觉，少数人梦中惊醒	—	门、窗作响	—	悬挂物明显摆动，器皿作响	—	—
Ⅴ	室内绝大多数、室外多数人有感觉，多数人梦中惊醒		门窗、屋顶、屋架颤动作响，灰土掉落，个别房屋墙体抹灰出现细微裂缝，个别屋顶烟囱掉砖		悬挂物大幅度晃动，不稳定器物摇动或翻倒	0.31 (0.22~0.44)	0.03 (0.02~0.04)
Ⅵ	多数人站立不稳，少数人惊逃户外	A	少数中等破坏，多数轻微破坏和/或基本完好	0.00~0.11	家具和物品移动；河岸和松软土出现裂缝，饱和砂层出现喷砂冒水；个别独立砖烟囱轻度裂缝	0.63 (0.45~0.89)	0.06 (0.06~0.09)
		B	个别中等破坏，少数轻微破坏，多数基本完好				
		C	个别轻微破坏，大多数基本完好	0.00~0.08			
Ⅶ	大多数人惊逃户外，骑自行车的人有感觉，行驶中的汽车驾乘人员有感觉	A	少数毁坏和/或严重破坏，多数中等破坏和/或轻微破坏	0.09~0.31	物体从架子上掉落；河岸出现塌方，饱和砂层常出现喷水冒砂，松软土地上地裂缝较多；大多数独立砖烟囱中等破坏	1.25 (0.90~1.77)	0.13 (0.10~0.18)
		B	少数中等破坏，多数轻微破坏和/或基本完好				
		C	少数中等和/或轻微破坏，多数基本完好	0.07~0.22			
Ⅷ	多数人摇晃颠簸，行走困难	A	少数毁坏，多数严重和/或中等破坏	0.29~0.51	干硬土上亦出现裂缝，饱和砂层绝大多数喷砂冒水；大多数独立砖烟囱严重破坏	2.50 (1.78~3.53)	0.25 (0.19~0.35)
		B	个别毁坏，少数严重毁坏，多数中等和/或轻微破坏				
		C	少数严重和/或中等破坏，多数轻微破坏	0.20~0.40			
Ⅸ	行动的人摔倒	A	多数严重破坏或/和毁坏	0.49~0.71	干硬土上多处出现裂缝，可见基岩裂缝、错动、滑坡、塌方常见；独立砖烟囱多数倒塌	5.00 (3.64~7.07)	0.50 (0.38~0.71)
		B	少数毁坏，多数严重和/或中等破坏				
		C	少数毁坏和/或严重破坏，多数中等和/或轻微破坏	0.38~0.60			
Ⅹ	骑自行车的人会摔倒，处不稳状态的人会摔离原地，有抛起感	A	绝大多数毁坏	0.69~0.91	山崩和地震断裂出现，基岩上拱桥破坏；大多数独立砖烟囱从根部破坏或倒毁	10.00 (7.08~14.14)	1.00 (0.72~1.41)
		B	大多数毁坏				
		C	多数毁坏和/或严重破坏	0.58~0.80			

地震烈度	在地面上人的感觉	房屋震害程度			其他震害现象	水平地面运动	
		类型	震害现象	平均震害指数		峰值加速度(m/s²)	峰值速度(m/s)
XI	—	A	绝大多数毁坏	0.89～1.00	地震断裂延续很长；大量山崩滑坡	—	—
		B					
		C		0.78～1.00			
XII	—	A	几乎全部毁坏	1.00	地面剧烈变化，山河改观	—	—
		B					
		C					

注：1. 表中给出的"峰值加速度"和"峰值速度"是参考值，括弧内给出的是变动范围。

2. 表中的数量词："个别"为10%以下；"少数"为10%～50%；"多数"为50%～70%；"大多数"为"60%～90%"；"绝大多数"为80%以上。

3. 评定地震烈度时，Ⅰ度—Ⅴ度应以地面上以及底层房屋中的人的感觉和其他震害现象为主；Ⅵ度—Ⅹ度应以房屋震害为主，参照其他震害现象，当用房屋震害程度与平均震害指数评定结果不同时，应以震害程度评定结果为主，并综合考虑不同类型房屋的平均震害指数；Ⅺ度和Ⅻ度应综合房屋震害和地表震害现象。

4. 以下三种情况的地震烈度评定结果，应作适当调整：
① 当采用高楼上人的感觉和器物反应评定地震烈度时，适当降低或提高评定值；
② 当采用低于或高于Ⅶ度抗震设计房屋的震害程度和平均震害指数评定地震烈度时，适当降低或提高评定值；
③ 当采用建筑质量特别差或特别好的房屋的震害程度和平均震害指数评定地震烈度时，适当降低或提高评定值。

5. 当计算的平均震害指数位于表5-1中地震烈度对应的平均震害指数重叠搭接区间时，可参照其他判别标准和震害现象综合判定地震烈度。

一般来说，地震烈度随着震中距的增加而递减。我国根据153个等震线资料统计出的烈度(I)、震级(M)、震中距(R)的经验关系式为：

$$I=0.92+1.63M-3.49\lg R \tag{5-4}$$

（2）基本烈度

地震基本烈度，指某地区在今后一定时间（我国取50年）内，在一般场地条件下，按一定的超越概率（我国取10%）可能遭受的最大地震烈度，它是一个地区进行抗震设防的依据。我国是对45个城镇的历史震灾记录以及地震地质构造等资料进行统计并依据烈度递减规律进行预估，得到的50年内超越概率为10%的烈度。

（3）抗震设防烈度

抗震设防烈度是按国家规定的权限批准，用来作为一个地区抗震设防依据的地震烈度。一般情况下取50年内超越概率为10%的基本烈度。但还须根据建筑物所在城市的大小，建筑物的类别、高度以及当地的抗震设防小区规划进行确定。

5.2.4　地震波

当地震产生时，地下储存的变形能以弹性波的形式从震源向四周传播，这就是地震波。它包含在地球内部传播的体波和只限于在地球表面传播的面波。

1. 体波

体波包括纵波和横波两种。

(1) 纵波(P 波),其介质质点的振动方向与波的前进方向一致,使介质不断地压缩和疏松,故又称压缩波或疏密波。其特点是周期短、振幅小。

纵波的波速为:

$$v_p = \sqrt{\frac{E(1-\mu)}{\rho(1+\mu)(1-2\mu)}} \qquad (5-5)$$

式中　E——介质的弹性模量;

　　　ρ——介质密度;

　　　μ——介质的泊松比。

(2) 横波(S 波),其介质质点的振动方向与波的前进方向相垂直,故又称剪切波或等容波。其特点是周期较长、振幅大。

横波的波速为:

$$v_s = \sqrt{\frac{G}{\rho}} \qquad (5-6)$$

式中　$G = \dfrac{E}{2(1+\mu)}$,称为介质的切变模量。

2. 面波

当体波从基岩传播到上层土时,经地质界面的多次反射和折射,在地表面形成一种次生波,这就是面波,它主要由两种成分组成:(1)瑞雷波(R 波);(2)洛夫波(L 波)。

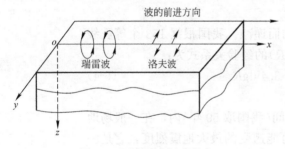

图 5-5 为面波质点的振动形式,可以看出,瑞雷波传播时,质点在竖向平面内作椭圆形运动,呈滚动形式。洛夫波传播时,质点在地平面内作与波传播方向垂直的水平振动,呈蛇形运动形式。

和体波相比,面波的振幅大,周期长,只能在地表附近传播,比体波衰减慢,故能传播到很远的地方。

图 5-5　面波质点振动形式

总之,地震波的传播速度以纵波最快,横波次之,面波最慢。故对于任意一次记录的地震波曲线,地震波到达的先后顺序依次是纵波、横波和面波。

5.3　地震作用及工程结构抗震设防

5.3.1　地震作用的概念

地震释放的能量以地震波的形式传至地面,从而使建筑物上部结构因基础运动而产生受迫振动,从而引起地震反应。结构的地震反应主要是指其产生的位移、速度与加速度。其中,地震作用则是指与加速度密切相关的惯性力。现以单自由度体系为例进行说明，如图 5-6 所示。

设地面发生的位移为 $x_0(t)$，质点对地面的相对位移为 $x(t)$，则质点的总位移为 $x_0(t)+x(t)$，取质点的绝对加速度为 $\ddot{x}_0(t)+\ddot{x}(t)$，作用于质点上的惯性力为 $-m[\ddot{x}_0(t)+\ddot{x}(t)]$。根据达朗贝尔原理，在物体运动的任一瞬时，作用在物体上的外力和惯性力互相平衡。

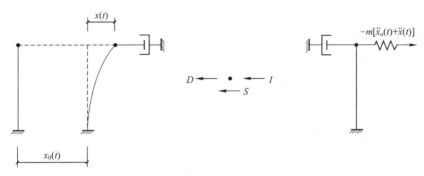

图 5-6　地震时单质点弹性体系的运动状态

所以

$$-m[\ddot{x}_0(t)+\ddot{x}(t)]-c\dot{x}(t)-kx(t)=0 \tag{5-7}$$

其中　　c——阻尼系数；

$-c\dot{x}(t)$——阻尼力，根据黏滞阻尼理论计算得出，其中负号表示阻尼力方向与质点运动方向相反；

$-kx(t)$——弹性恢复力，其中 k 是支持质点的弹性杆的刚度，负号表示恢复力方向与位移方向相反。

经移项得 $-m[\ddot{x}_0(t)+\ddot{x}(t)]=c\dot{x}(t)+kx(t)$，式中的阻尼项 $c\dot{x}(t)$ 相对于弹性恢复力项 $kx(t)$ 是一个可略去的微量，故

$$-m[\ddot{x}_0(t)+\ddot{x}(t)]\approx kx(t) \tag{5-8}$$

这样，在地震作用下，质点任一时刻的相对位移 $x(t)$ 将与该时刻的瞬时惯性力 $-m[\ddot{x}_0(t)+\ddot{x}(t)]$ 成正比。因此可以认为这一位移是在惯性力的作用下引起的，虽然惯性力并不是真实作用于质点上的力，但惯性力对结构体系的作用和地震对结构体系的作用效果相当，所以是一种反映地震影响的等效力，这样就可以将复杂的动力计算问题转化为静力计算问题。

质点的绝对加速度可由式(5-8)确定，即

$$a(t)=\ddot{x}_0(t)+\ddot{x}(t)=-\frac{k}{m}x(t)=-\omega^2 x(t) \tag{5-9}$$

由杜哈梅积分得：

$$x(t)=-\frac{1}{\omega}\int_0^t \ddot{x}_0(\tau)e^{-\zeta\omega(t-\tau)}\sin\omega(t-\tau)\mathrm{d}\tau \tag{5-10}$$

将地震位移反应 $x(t)$ 的表达式即式(5-10)代入式(5-9)，可得：

$$a(t)=\omega\int_0^t \ddot{x}_0(\tau)e^{-\zeta\omega(t-\tau)}\sin\omega(t-\tau)\mathrm{d}\tau \tag{5-11}$$

93

由于地面运动的加速度 $\ddot{x}_0(\tau)$ 是随时间而变化的，故为了求得结构在地震持续过程中所经受的最大地震作用，就必须计算出质点的最大绝对加速度，即

$$S_a = |a(t)|_{max} = \omega \left| \int_0^t \ddot{x}_0(\tau) e^{-\zeta\omega(t-\tau)} \sin\omega(t-\tau)d\tau \right|_{max}$$

$$= \frac{2\pi}{T} \left| \int_0^t \ddot{x}_0(\tau) e^{-\zeta\frac{2\pi}{T}(t-\tau)} \sin\frac{2\pi}{T}(t-\tau)d\tau \right|_{max} \qquad (5\text{-}12)$$

由上式可知，质点的绝对最大加速度 S_a 取决于地震时的地面运动加速度 $\ddot{x}_0(\tau)$、结构的自振周期 T 以及结构的阻尼比 ζ。

S_a 与质点质量的乘积即为水平地震作用的绝对最大值，即

$$F = mS_a \qquad (5\text{-}13)$$

5.3.2 抗震设防目标与标准

抗震设防是对可能发生的地震灾害采取以防为主的措施。即在现有科学技术水平和经济条件下，通过结构的抗震设计来减轻地震破坏，避免人员伤亡，减少经济损失，同时便于震后对结构进行修复。地震作用的计算与结构的抗震设防目标和标准相关。

1. 抗震设防目标

(1) 建筑抗震设防目标

我国《建筑抗震设计规范》(GB 50011—2010)中抗震设防的目标可概括为："小震不坏，中震可修，大震不倒"。具体表述如下：

1) 在遭受低于本地区设防烈度(基本烈度)的多遇地震影响时，建筑物一般不受损坏或不需修理仍可继续使用；

2) 在遭受本地区规定的设防烈度的地震影响时，建筑物(包括结构和非结构部分)可能有一定损坏，但不致危及人民生命和生产设备的安全，经一般修理或不需修理仍可继续使用；

3) 在遭受高于本地区设防烈度的罕遇地震影响时，建筑物不致倒塌或发生危及生命的严重破坏。

在《建筑抗震设计规范》中，对于一般建筑，取"众值烈度"(小震烈度)的地震参数计算结构的弹性地震作用标准值和响应的地震效应，采用《建筑结构可靠度设计统一标准》(GB 50068)规定的分项系数设计表达式进行结构构件的截面承载力计算，以满足"小震不坏，中震可修"的要求；通过概念设计和抗震构造措施满足"大震不倒"的要求。这就是通常所说的"二阶段三水准"的抗震设计法。

(2) 铁路、公路抗震设防目标

《铁路工程抗震设计规范》(GB 50111)规定的抗震目标为：经抗震设防后的铁路工程，当遭受相当于基本烈度的地震影响时，Ⅰ、Ⅱ级铁路的损坏部分稍加整修后即可正常使用；Ⅲ级铁路经过短期抢修后即能恢复通车。

《公路工程抗震设计规范》(JTJ 004)规定的抗震目标为：经抗震设防后，

在发生与之相当的基本烈度地震影响时，位于一般地段的高速公路、一级公路工程，经一般整修即可正常使用；位于一般地段的二级公路工程及位于软弱黏性土层或液化土层上的高速公路、一级公路工程，经短期抢修即可恢复使用；三、四级公路工程和位于抗震危险地段、软弱黏性土层或液化土层上的二级公路以及位于抗震危险地段的高速公路、一级公路工程，保证桥梁、隧道及重要的构造物不发生严重破坏。

2. 抗震设防标准

（1）建筑抗震设防标准

根据建筑使用功能的重要性，按其受地震破坏时产生的后果，将建筑分为四类。重大建筑工程和遭遇地震破坏时可能发生严重次生灾害的(如产生放射性物质的污染、大爆炸等)建筑称为甲类建筑；地震时使用功能不能中断或需尽快恢复的建筑称为乙类建筑，如城市生命线工程建筑和地震时救灾需要的建筑等；抗震次要建筑称为丁类建筑，如遭遇地震破坏，不易造成人员伤亡和较大经济损失的建筑等；除甲、乙、丁类以外的一般建筑称为丙类建筑，如大量的一般工业与民用建筑等。

《建筑工程抗震设防分类标准》（GB 50223）对各抗震设防类别建筑规定了不同的设防标准，具体要求如下：

甲类建筑：地震作用应高于本地区抗震设防烈度的要求，其值应按批准的地震安全性评价结果确定；当抗震设防烈度为6～8度时，其抗震措施应符合本地区抗震设防烈度提高一度的要求，当抗震设防烈度为9度时，应符合比9度抗震设防更高的要求。

乙类建筑：地震作用应符合本地区抗震设防烈度的要求。当抗震设防烈度为6～8度时，一般情况下，其抗震措施应符合本地区抗震设防烈度提高一度的要求，当抗震设防烈度为9度时，应符合比9度抗震设防更高的要求；地基基础的抗震措施，应符合有关规定。对较小的乙类建筑，当其结构改用抗震性能较好的结构类型时，应允许仍按本地区抗震设防烈度的要求采用抗震措施。

丙类建筑：地震作用和抗震措施均应符合本地区抗震设防烈度的要求。

丁类建筑：一般情况下，地震作用应符合本地区抗震设防烈度的要求；抗震措施应允许比本地区抗震设防烈度的要求适当降低，但抗震设防烈度为6度时不应降低。

抗震设防烈度为6度时，除另有规定外，对乙、丙、丁类建筑可不进行地震作用计算。

（2）铁路、公路的抗震设防标准

《铁路工程抗震设计规范》（GB 50111）规定：建筑物的设防烈度，除国家有特殊规定外，应采用所在地区的基本烈度；跨越铁路的跨线桥、天桥等建筑物应按不低于该处铁路工程的设计烈度进行抗震设计。

《公路工程抗震设计规范》（JTJ 004）规定：构造物一般应按基本烈度采取抗震措施。对于高速公路和一级公路上的抗震重点工程，可比基本烈度提高一度采取抗震措施，但基本烈度为 9 度的地区，提高一度的抗震措施应专门研究；对于四级公路上的一般工程，可不考虑或采用简易抗震措施。立体交叉的跨线工程，其抗震设计不应低于线下工程的要求等。

5.4 建筑结构的地震作用计算

5.4.1 简述

地震作用的计算方法主要有振型分解反应谱法、底部剪力法和时程分析法，应合理选择；地震作用主要包括水平地震作用与竖向地震作用，但并非所有结构都需计算竖向地震作用；此外，地震作用计算时尚需分析是否考虑扭转效应、土结相互作用等情况。《建筑抗震设计规范》(GB 50011)关于建筑结构地震作用计算的一般规定如下。

1. 计算方法的选择

对高度不超过 40m，以剪切变形为主且质量和刚度沿高度分布比较均匀的结构，以及近似于单质点体系的结构，可采用底部剪力法；不满足上述条件的建筑结构，宜采用振型分解反应谱法；时程分析法目前主要是对特别不规则的建筑、甲类建筑和表 5-2 所列高度范围的高层建筑进行多遇地震下的补充计算。

采用时程分析的房屋高度范围表　　　　　　　　表 5-2

烈度、场地类别	房屋高度范围(m)
8 度 I、II 类场地和 7 度	>100
8 度类场地 III、IV	>80
9 度	60

2. 水平地震作用方向的选择

一般情况下，应至少在两个主轴方向分别计算水平地震作用，各方向的水平地震作用应由该方向抗侧力构件承担，如该构件带有翼缘、翼墙等，还应包括翼缘、翼墙的抗侧力作用。此外，由于地震可能来自任意方向，因此对有斜交抗侧力构件的结构，应考虑对各构件的最不利方向的水平地震作用，一般即与该构件平行的方向。当相交角度大于 15°时，应分别计算各抗侧力构件方向的水平地震作用。

3. 扭转效应的考虑

质量和刚度分布明显不对称的结构，应计入双向水平地震作用下的扭转影响；其他情况，可采用调整地震作用效应的方法计入扭转影响。

4. 竖向地震作用的考虑

对于较高的高层建筑，其竖向地震作用产生的轴力在结构上部是不可忽略的，因此 9 度区的高层建筑需考虑竖向地震作用；关于大跨度和长悬臂结构，在 8 度、9 度时也应计算竖向地震作用。

5. 土结相互作用的考虑

一般情况下，在计算地震作用时可不考虑地基与结构的相互作用。但对于建造在 8 度和 9 度、Ⅲ类或Ⅳ类场地上，采用箱形基础、刚性较好的筏形基础或桩箱联合基础的钢筋混凝土高层建筑，当结构的基本周期处于特征周期的 1.2～5 倍范围内时，可考虑地基与结构动力相互作用的影响。

本节主要介绍建筑结构水平地震作用计算的振型分解反应谱法与底部剪力法。

5.4.2 反应谱

1. 地震反应谱

地震反应谱是指地震时结构质点的最大反应与结构自振周期的关系。如果已知地震时地面运动的加速度记录 $\ddot{x}_0(\tau)$ 和体系的阻尼比 ζ，从理论上就可以根据式(5-12)计算出质点的最大加速度反应 S_a 与体系自振周期 T 的一条关系曲线。但由于地面加速度 $\ddot{x}_0(\tau)$ 不是一个确定的函数，而是一系列随时间变化的随机脉冲，对式(5-12)只有采用数值分析方法才能够求解。将强震记录下来的某一水平分量的加速度曲线先进行数字化处理，即按照某一种(或两种)时间间隔划分地震加速度为一组离散的数字列(变曲线为折线)，然后逐个时段地计算，从而求出体系的绝对加速度时程反应，并取其最大反应值。如果以质点最大绝对加速度反应 S_a 为纵坐标，以周期 T 为横坐标，在某一具体记录的地震加速度同时作用于阻尼比 ζ 相同、自振周期 T 各不相同的单质点体系时，通过式(5-12)可以得到一条 S_a-T 曲线。当 ζ 值不同，得出的 S_a-T 曲线就不相同。这类 S_a-T 曲线就是加速度反应谱，也称为地震反应谱。根据反应谱曲线，对于任何一个单自由度弹性体系，如果已知其自振周期 T 和阻尼比 ζ，就可以从曲线中查得该体系在特定地震记录下的最大加速度 S_a，进而计算得到水平地震作用。图 5-7 描述了从输入地震记录、通过结构反应计算到形成反应谱曲线这一全过程。

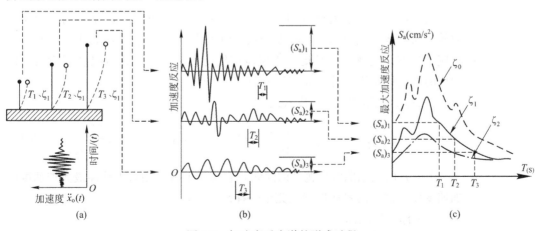

图 5-7　加速度反应谱的形成过程

(a)阻尼比相同而固有周期不同的单质点体系群；(b)反应波形；(c)加速度反应谱

很显然，图 5-7 的反应谱是针对某一次具体的地震加速度记录计算得到的。若要通过实际地震记录形成的反应谱计算将来发生的地震对结构的地震作用，这种地震记录的数目就应该是大量的，且能包括各种影响因素。

2. 标准反应谱

为便于应用，引入能反映地面运动强弱的地面运动最大加速度 $|\ddot{x}_0(t)|_{\max}$，给出质点所受的最大水平地震力 F，则式(5-13)变为下列形式：

$$F = mS_a = mg\left(\frac{|\ddot{x}_0(t)|_{\max}}{g}\right)\left(\frac{S_a}{|\ddot{x}_0(t)|_{\max}}\right) = Gk\beta \tag{5-14}$$

式中 $G=mg$ 为重力，而 k 和 β 分别称为地震系数和动力系数。

(1) 地震系数

地震系数 k 为：

$$k = \frac{|\ddot{x}_0(t)|_{\max}}{g} \tag{5-15}$$

它表示地面运动的最大加速度与重力加速度之比。一般地，地面运动加速度愈大，则地震烈度愈高，故地震系数与地震烈度之间存在着一定的对应关系。

根据统计分析，烈度每增加一度，地震系数值将大致增加一倍。我国《建筑抗震设计规范》规定的对应于各地震基本烈度(即抗震设防烈度)的 k 值如表 5-3 所示。

地震系数 k 与地震烈度的关系　　　　　　　　　　　　　表 5-3

抗震设防烈度	6	7	8	9
地震系数 k	0.05	0.10(0.15)	0.20(0.30)	0.40

(2) 动力系数

动力系数 β 为：

$$\beta = \frac{S_a}{|\ddot{x}_0(t)|_{\max}} \tag{5-16}$$

它表示单质点最大绝对加速度与地面最大加速度之比，反映的是由于动力效应而导致的质点加速度放大倍数。由于当 $|\ddot{x}_0(t)|_{\max}$ 增大或减小时，S_a 相应随之增大或减小，因此 β 值与地震烈度无关，这样就可以利用所有不同烈度的地震记录进行计算和统计分析。

将 S_a 的表达式(5-12)代入式(5-16)，得：

$$\beta = \frac{2\pi}{T} \frac{1}{|\ddot{x}_0(t)|_{\max}} \left| \int_0^t \ddot{x}_0(\tau) e^{-\zeta\frac{2\pi}{T}(t-\tau)} \sin\frac{2\pi}{T}(t-\tau)\mathrm{d}\tau \right|_{\max} \tag{5-17}$$

β 与 T 的关系曲线称为 β 谱曲线，它实质上就是相对于地面最大加速度的加速度反应谱，两者在形状上完全一样。

(3) 标准反应谱

地震是一种随机振动，因此每条地面加速度记录对应的加速度反应谱曲线均不相同。为便于应用，我们从大量加速度反应谱曲线中统计出最有代表性的平均曲线作为设计依据，这种曲线就是标准反应谱曲线。

统计分析表明，场地土的特性、震级以及震中距等都对反应谱曲线有比较明显的影响。在平均反应谱曲线中，当阻尼比 $\zeta = 0.05$ 时，β_{max} 平均为 2.25，在曲线中此峰值所对应的结构自振周期，大致与该结构所在场地的卓越周期(也即场地的自振周期)相同。也就是说，结构的自振周期与场地的卓越周期接近时，结构的地震反应最大，即产生共振现象。因此，抗震设计时，应使结构的自振周期远离场地的卓越周期。此外，对于土质松软的场地，β 谱曲线的主要峰点偏于较长的周期，而土质坚硬时则一般偏于较短的周期。同时，场地土愈松软，并且该松软土层愈厚时，β 谱的谱值就愈大。另外，震级和震中距对 β 谱的特性也有一定影响。一般地，在烈度基本相同的情况下，震中距较远时加速度反应谱的峰值点偏于较长的周期，震中距较近时则偏于较短的周期。因此，在离大地震震中较远的地方，高柔结构因其周期较长所受到的地震破坏将比在同等烈度下较小或中等地震的震中区所受到的破坏更严重，这与刚性结构的地震破坏情况相反。

3. 设计反应谱

为便于计算，《建筑抗震设计规范》(GB 50011)采用相对于重力加速度的单质点绝对最大加速度，即 S_a/g 与体系自振周期 T 之间的关系作为设计用反应谱，并称 S_a/g 为地震影响系数，用 α 表示。因此，设计反应谱又称为地震影响系数曲线。

由式(5-14)可知：

$$\alpha = \frac{S_a}{g} = k\beta \tag{5-18}$$

则式(5-14)还可写成：

$$F = \alpha G \tag{5-19}$$

因此，α 实际上就是作用于单质点弹性体系上的最大水平地震力与结构重力之比。

地震影响系数 α 应根据地震烈度、场地类别、设计地震分组和结构自振周期以及阻尼比按图 5-8 确定。由图 5-8 可知，α 曲线由 4 部分组成：在 $T < 0.1s$ 范围内，为一线性上升段；在 $0.1s \leqslant T \leqslant T_g$ 范围内，采用一水平线，即取最

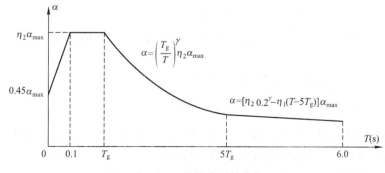

图 5-8 地震影响系数曲线

5.4 建筑结构的地震作用计算

大值 $\eta_2\alpha_{max}$；在 $T_g<T\leqslant 5T_g$ 范围内，采用式(5-20)所示的曲线下降段；在 $5T_g<T\leqslant 6.0s$ 范围内，采用式(5-21)所示的直线下降段。但应注意，当 $T>6.0s$ 时，此设计反应谱已超出其适用范围，此时结构的地震影响系数应专门研究。

$$\alpha=\left(\frac{T_g}{T}\right)^\gamma \eta_2\alpha_{max} \tag{5-20}$$

$$\alpha=[\eta_2 0.2^\gamma-\eta_1(T-5T_g)]\alpha_{max} \tag{5-21}$$

式中 γ——曲线下降段的衰减指数，应按式(5-22)确定；

η_1——直线下降段的下降斜率调整系数，应按式(5-23)确定，且当 $\eta_1<0$ 时，取 $\eta_1=0$；

η_2——阻尼调整系数，应按式(5-24)确定，且当 $\eta_2<0.55$ 时，取 $\eta_2=0.55$；

T——结构自振周期(s)；

T_g——特征周期，它是对应于反应谱峰值区拐点处的周期，可根据场地类别及设计地震分组按表 5-4 采用，但在计算罕遇地震作用时，其特征周期应增加 0.05s。

特征周期值(s)   表 5-4

设计地震分组	场地类别				
	I_0	I_1	II	III	IV
第一组	0.20	0.25	0.35	0.45	0.65
第二组	0.25	0.30	0.40	0.55	0.75
第三组	0.30	0.35	0.45	0.65	0.90

$$\gamma=0.9+\frac{0.05-\zeta}{0.3+6\zeta} \tag{5-22}$$

$$\eta_1=0.02+\frac{0.05-\zeta}{4+32\zeta} \tag{5-23}$$

$$\eta_2=1+\frac{0.05-\zeta}{0.08+1.6\zeta} \tag{5-24}$$

其中 ζ 为结构的阻尼比，一般结构可取 0.05，相应的 γ、η_1、η_2 分别为 0.9、0.02 和 1.0。当阻尼比 ζ 按有关规定不等于 0.05 时，应按上述三式计算确定。

图 5-8 中水平地震影响系数的最大值 α_{max} 为：

$$\alpha_{max}=k\beta_{max} \tag{5-25}$$

《建筑抗震设计规范》(GB 50011)取动力系数的最大值 $\beta_{max}=2.25$，相应的地震系数 k，在多遇地震时取为基本烈度时(表 5-3)的 0.35 倍，在罕遇地震时取为基本烈度时的 2 倍左右，故可得 α_{max} 值如表 5-5 所示。

地震影响	设防烈度			
	6 度	7 度	8 度	9 度
多遇地震	0.04	0.08(0.12)	0.16(0.24)	0.32
罕遇地震	0.28	0.50(0.72)	0.90(1.20)	1.40

注：括号中数值分别用于设计基本地震加速度为 0.15g 和 0.30g 的地区。

此外，在图 5-8 中，当结构的自振周期 $T=0$ 时，结构为一刚体，其加速度将与地面加速度相等，即此时的 α 为：

$$\alpha = k = \frac{k\beta_{max}}{\beta_{max}} = \frac{\alpha_{max}}{2.25} = 0.45\alpha_{max} \tag{5-26}$$

5.4.3 振型分解反应谱法

振型分解反应谱法，即将多质点体系的振动分解成各个振型的组合，而每个振型又是一个广义的单自由度体系，利用反应谱便可求出每一个振型的地震作用，经过内力分析，计算出每一个振型相应的结构内力，按照一定的方法进行相应的内力组合。

我国《建筑抗震设计规范》（GB 50011）规定：采用振型分解反应谱法时，对不需进行扭转耦联计算的结构，应按下列规定计算其地震作用和作用效应。

1. 振型的最大地震作用

结构 j 振型 i 质点的水平地震作用标准值，应按下列公式确定：

$$F_{ji} = \alpha_j \gamma_j X_{ji} G_i \quad (i=1, 2, \cdots, n; j=1, 2, \cdots, m) \tag{5-27}$$

$$\gamma_j = \sum_{i=1}^{n} X_{ji} G_i / \sum_{i=1}^{n} X_{ji}^2 G_i \tag{5-28}$$

式中　F_{ji}——j 振型 i 质点的水平地震作用标准值；

　　　α_j——相应于 j 振型自振周期 T_j 的地震影响系数，按图 5-8 确定；

　　　γ_j——j 振型的参与系数；

　　　X_{ji}——j 振型 i 质点的水平相对位移，即振型位移；

　　　G_i——集中于 i 质点的重力荷载代表值。

2. 振型组合

求出 j 振型 i 质点上的地震作用 F_{ji} 后，就可计算结构的地震作用效应 S_j。利用振型分解反应谱法可以确定多自由度体系各质点相应于每一振型的最大地震作用，但是相应的各振型的最大地震作用不会同一时刻出现。通过科学的振型组合，《建筑抗震设计规范》（GB 50011）规定，当相邻振型的周期比小于 0.85 时，可近似地采用"平方和开平方"的方法来确定地震作用效应，即

$$S_{Ek} = \sqrt{\sum S_j^2} \tag{5-29}$$

式中　S_{Ek}——水平地震作用标准值的效应；

　　　S_j——j 振型水平地震作用标准值的效应，可只取前 2~3 个振型，当基本自振周期大于 1.5s 或房屋高宽比大于 5 时，振型个数应适当增加。

一般地，各个振型在地震总反应中的贡献，总是以频率较低的前几个振型为大，高振型的影响将随着其频率的增加而迅速减小，故频率最低的几个振型控制着结构的最大地震反应。因此在实际计算中，一般采用前 2～3 个振型即可达到预期的效果，而且还能减少计算工作量。但考虑到周期较长结构的各个自振频率比较接近，《建筑抗震设计规范》（GB 50011）规定，当基本自振周期大于 1.5s 或房屋高宽比大于 5 时，振型个数应适当增加。

【例题 5-1】 某三层框架结构如图 5-9 所示，假定横梁的刚度为无限大，每层层高 4m，各层质量分别为 $m_1=2561t$，$m_2=2545t$，$m_3=559t$；建造在设防烈度为 9 度的 I_0 类场地，第二组，阻尼比 $\zeta=0.05$。试用振型分解反应谱法计算该框架的层间地震剪力。已求得该结构的主振型及自振周期如下：

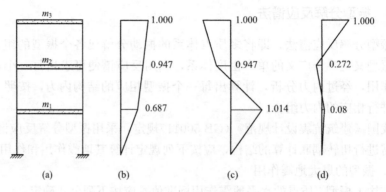

图 5-9 例 5-1 示意图

(a)结构体系；(b)第一振型；(c)第二振型；(d)第三振型

$$\begin{Bmatrix} X_{11} \\ X_{12} \\ X_{13} \end{Bmatrix}=\begin{Bmatrix} 0.687 \\ 0.947 \\ 1.000 \end{Bmatrix},\quad \begin{Bmatrix} X_{21} \\ X_{22} \\ X_{23} \end{Bmatrix}=\begin{Bmatrix} 1.014 \\ -0.501 \\ -1.000 \end{Bmatrix},\quad \begin{Bmatrix} X_{31} \\ X_{32} \\ X_{33} \end{Bmatrix}=\begin{Bmatrix} 0.080 \\ -0.272 \\ 1.000 \end{Bmatrix}$$

$$T_1=0.707s,\quad T_2=0.231s,\quad T_3=0.145s$$

【解】 （1）各振型的地震影响系数

由表 5-4 查得：I_0 类场地第二组，$T_g=0.25s$

由表 5-5 查得：9 度多遇地震，$\alpha_{\max}=0.32$

第一振型，$T_1=0.707s$，$T_g<T_1<5T_g$，则

$$\alpha_1=\left(\frac{T_g}{T_1}\right)^{0.9},\quad \alpha_{\max}=\left(\frac{0.25}{0.707}\right)^{0.9}\times0.32=0.126$$

第二振型，$T_2=0.231s$，$0.1s<T_1<T_g$，$\alpha_2=\alpha_{\max}=0.32$

第三振型，$T_3=0.145s$，$0.1s<T_1<T_g$，$\alpha_3=\alpha_{\max}=0.32$

（2）各振型的振型参与系数

$$\gamma_1=\frac{\displaystyle\sum_{i=1}^{3}m_iX_{1i}}{\displaystyle\sum_{i=1}^{3}m_iX_{1i}^2}=\frac{2561\times0.687+2545\times0.947+559\times1.000}{2561\times0.687^2+2545\times0.947^2+559\times1.000^2}=1.168$$

$$\gamma_2 = \frac{\sum\limits_{i=1}^{3} m_i X_{2i}}{\sum\limits_{i=1}^{3} m_i X_{2i}^2} = \frac{2561 \times 1.014 + 2545 \times (-0.501) + 559 \times (-1.000)}{2561 \times 1.014^2 + 2545 \times (-0.501)^2 + 559 \times (-1.000)^2} = 0.199$$

$$\gamma_3 = \frac{\sum\limits_{i=1}^{3} m_i X_{3i}}{\sum\limits_{i=1}^{3} m_i X_{3i}^2} = \frac{2561 \times 0.080 + 2545 \times (-0.272) + 559 \times 1.000}{2561 \times 0.080^2 + 2545 \times (-0.272)^2 + 559 \times 1.000^2} = 0.094$$

（3）相应于不同振型的各楼层水平地震作用

第 j 振型第 i 楼层的水平地震作用可由下式确定：

$$F_{ji} = \alpha_j \gamma_j X_{ji} G_i$$

第一振型　　$F_{11} = 0.126 \times 1.168 \times 0.687 \times 2561 \times 9.8 = 2537.5\text{kN}$

　　　　　　$F_{12} = 0.126 \times 1.168 \times 0.947 \times 2545 \times 9.8 = 3476.0\text{kN}$

　　　　　　$F_{13} = 0.126 \times 1.168 \times 1.000 \times 559 \times 9.8 = 806.2\text{kN}$

第二振型　　$F_{21} = 0.32 \times 0.119 \times 1.014 \times 2561 \times 9.8 = 1620.6\text{kN}$

　　　　　　$F_{22} = 0.32 \times 0.119 \times (-0.501) \times 2545 \times 9.8 = -795.7\text{kN}$

　　　　　　$F_{23} = 0.32 \times 0.119 \times (-1.000) \times 559 \times 9.8 = -348.9\text{kN}$

第三振型　　$F_{31} = 0.32 \times 0.094 \times 0.080 \times 2561 \times 9.8 = 60.4\text{kN}$

　　　　　　$F_{32} = 0.32 \times 0.094 \times (-0.272) \times 2545 \times 9.8 = -204.1\text{kN}$

　　　　　　$F_{33} = 0.32 \times 0.094 \times 1.000 \times 559 \times 9.8 = 164.8\text{kN}$

（4）各振型层间剪力

相应于各振型的水平地震作用及地震剪力如图 5-10 所示。

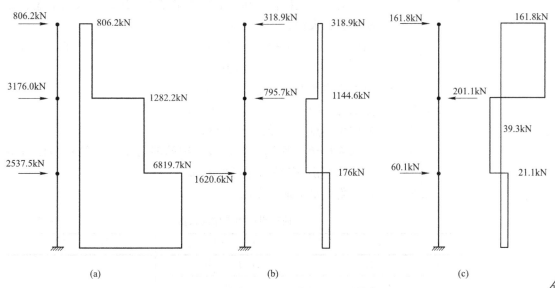

图 5-10　各振型的地震作用及地震剪力

(a)相应于第一振型的水平地震作用及地震剪力；(b)相应于第二振型的水平地震作用及地震剪力；

(c)相应于第三振型的水平地震作用及地震剪力

（5）各层层间剪力

按式（5-29）进行组合，可求得各层层间地震剪力：

$$V_1 = \sqrt{6819.7^2 + 476^2 + 21.1^2} = 6836.3 \text{kN}$$

$$V_2 = \sqrt{4282.2^2 + (-1144.6)^2 + (-39.3)^2} = 4432.7 \text{kN}$$

$$V_3 = \sqrt{806.2^2 + (-348.9)^2 + 164.8^2} = 893.8 \text{kN}$$

5.4.4 底部剪力法

底部剪力法，即利用反应谱理论确定结构最大加速度值，乘以结构的总质量，则得到结构所承受的总水平地震作用（即结构底部总剪力），然后按每一楼层的高度和重量，将总的水平地震作用分配到各个楼层处。它的优点是计算简单，便于手算，缺点是没有考虑高振型的影响。

采用底部剪力法时，各楼层可仅取一个自由度，结构的水平地震作用标准值，应按下列公式确定：

$$F_{Ek} = \alpha_1 G_{eq} \tag{5-30}$$

$$F_i = \frac{G_i H_i}{\sum\limits_{j=1}^{n} G_j H_j} F_{Ek}(1-\delta_n) \quad (i=1,\ 2,\ \cdots,\ n) \tag{5-31}$$

$$\Delta F_n = \delta_n F_{Ek} \tag{5-32}$$

式中　F_{Ek}——结构总水平地震作用标准值；

α_1——相应于结构基本自振周期的水平地震影响系数值，按图 5-8 确定，对于多层砌体房屋、底部框架砌体房屋，宜取水平地震影响系数最大值；

G_{eq}——结构等效总重力荷载，单质点应取总重力荷载代表值，多质点可取总重力荷载代表值的 85%；

F_i——质点 i 的水平地震作用标准值；

G_i，G_j——分别为集中于质点 i、j 的重力荷载代表值；

H_i，H_j——分别为质点 i、j 的计算高度；

δ_n——顶部附加地震作用系数，多层钢筋混凝土和钢结构房屋可按表 5-6 采用，其他房屋可采用 0.0；

ΔF_n——顶部附加水平地震作用。

顶部附加地震作用系数　　　　　　　　　　　　　　　　表 5-6

T_g(s)	$T_1 > 1.4 T_g$	$T_1 \leqslant 1.4 T_g$
$T_g \leqslant 0.35$	$0.08 T_1 + 0.07$	
$0.35 < T_g \leqslant 0.55$	$0.08 T_1 + 0.01$	0.0
$T_g > 0.55$	$0.08 T_1 - 0.02$	

注：T_1 为结构基本自振周期。

当房屋顶部有突出屋面的小建筑物时，上述附加集中水平地震作用 ΔF_n 应置于主体房屋的顶层而不应置于小建筑物的顶部，但小建筑物顶部的地震作用仍可按式(5-31)计算。此外，当建筑物有突出屋面的附属小建筑物，如电梯间、女儿墙和烟囱等时，由于该部分的质量和刚度突然变小，高振型影响较大，地震时将产生边端效应，使得突出屋面小建筑的地震反应特别强烈。为简化计算，《建筑抗震设计规范》(GB 50011)规定，当采用底部剪力法计算这类小建筑的地震作用效应时，宜乘以增大系数3。所规定的增大系数是针对突出屋面的附属小建筑物强度验算采用的，在验算建筑物本身的抗震强度时仍采用底部剪力法的结果进行计算，也就是说屋面突出物的局部放大作用不往下传。

【**例题 5-2**】 图 5-11 所示框架结构，每层的层高为 3.6m，建造在设防烈度为 8 度的 Ⅱ 类场地上，该地区设计基本地震加速度值为 $0.20g$，设计地震分组为第二组，结构的阻尼比为 $\xi=0.05$，结构的基本自振周期 $T_1=0.346s$，试用底部剪力法计算该框架的层间地震剪力。

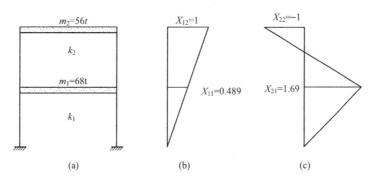

图 5-11 框架结构振型图

(a)框架；(b)第一振型；(c)第二振型

(1) 结构总水平地震作用

由表 5-4 查得：Ⅱ 类场地第二组，$T_g=0.40s$

由表 5-5 查得：8 度多遇地震，$\alpha_{max}=0.16$

第一振型 $T_1=0.346s$，$0.1s<T_1<T_g$，

$$\alpha_1=\eta_2\alpha_{max}=1\times0.16=0.16$$

根据式(5-30)，结构总水平地震作用为：

$$F_{Ek}=\alpha_1 G_{eq}$$

上式中的 α_1 已经算出，其值为 $\alpha_1=0.16$；G_{eq} 按下式计算，其值为：

$$G_{eq}=0.85\sum_{i=1}^{n} m_i g=0.85\times(68+56)\times9.8=1032.92kN$$

故 $F_{Ek}=0.16\times1032.92=165.27kN$

(2) 各质点的地震作用

按式(5-31)，质点 i 的水平地震作用为：

$$F_i = \frac{G_i H_i}{\sum_{j=1}^{n} G_j H_j} F_{Ek}(1 - \delta_n)$$

因 $T_1 = 0.346s < 1.4T_g = 1.4 \times 0.40 = 0.56s$，按表 5-6，则

$$\delta_n = 0$$

故

$$F_1 = \frac{G_1 H_1}{\sum_{j=1}^{2} G_j H_j} F_{Ek}$$

$$= \frac{68 \times 9.8 \times 3.6}{68 \times 9.8 \times 3.6 + 56 \times 9.8 \times (3.6 + 3.6)} \times 165.27 = 62.4kN$$

$$F_2 = \frac{G_2 H_2}{\sum_{j=1}^{2} G_j H_j} F_{Ek}$$

$$= \frac{56 \times 9.8 \times (3.6 + 3.6)}{68 \times 9.8 \times 3.6 + 56 \times 9.8 \times (3.6 + 3.6)} \times 165.27 = 102.8kN$$

框架水平地震作用及层间剪力图如图 5-12 所示。

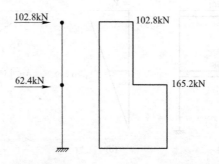

图 5-12 用底部剪力法计算的水平地震作用及剪力图

5.5 桥梁的地震作用计算

桥梁按用途可分为铁路桥和公路桥，虽然其地震作用计算主要都是采用反应谱法，但由于《铁路工程抗震设计规范》（GB 50111）与《公路工程抗震设计规范》（JTJ 004）由不同部门编制，其地震作用计算公式的符号、表达形式也不尽相同。因此，本节有必要对铁路桥梁和公路桥梁的地震作用分别进行介绍。

5.5.1 铁路桥梁的地震作用

1. 桥梁抗震计算的力学模型

梁式桥的抗震计算常采用单墩力学模型，见图 5-13。其中，δ_{11} 为柔度系数，等于基底或承台底作用单位水平力时，基础底面产生的水平位移（m/kN），岩石地基 $\delta_{11} = 0$；δ_{22} 为柔度系数，等于基底或承台底作用单位弯矩时，基础

底面产生的转角[rad/(kN·m)];岩石地基$\delta_{22}=0$;m_b为桥墩顶换算质点的质量(t),顺桥向$m_b=m_d$,横桥向$m_b=m_1+m_d$;m_d为桥墩顶梁体质量(t),等跨桥墩顺桥向、横桥向和不等跨桥墩横桥向均为相邻两孔梁及桥面质量之和的一半,不等跨桥墩的顺桥向为较大一跨梁及桥面质量之和;m_1为桥墩顶活荷载反力换算的质量(t);L_b为m_b的质心距桥墩顶高度(m);m_i为桥墩第i段的质量。

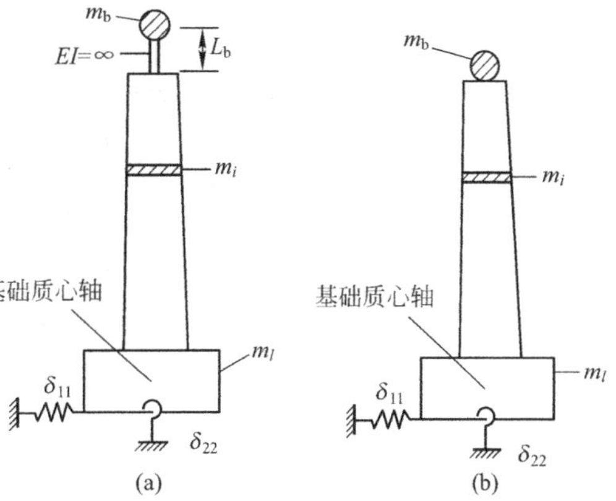

2. 水平地震作用计算

根据上述模型,《铁路工程抗震设计规范》的地震作用计算式为:

$$F_{ijE}=C_i\alpha\beta_j\gamma_j x_{ij}m_i \tag{5-33}$$

$$M_{ijE}=C_i\alpha\beta_j\gamma_j k_{ij}J_f \tag{5-34}$$

图 5-13 单墩力学模型
(a)横桥向;(b)顺桥向

式中　F_{ijE}——j振型i点的水平地震力(kN);

M_{ijE}——非岩石地基的基础或承台质心处j振型地震力矩(kN·m);

C_i——桥梁的重要性系数;

α——水平地震基本加速度,α的取值见表5-7;

β_j——j振型动力放大系数,按自振周期查当地场地土对应的反应谱曲线(图5-14)得到;

x_{ij}——j振型在第i段桥墩质心处的振型坐标;

k_{fj}——j振型基础质心角变位的振型函数(1/m);

J_f——基础对其质心轴的转动惯量;

m_i——桥墩第i段的质量;

γ_j——j振型参与系数,按下式计算:

$$\gamma_j=\frac{\sum_i m_i x_{ij}+m_f x_{fj}}{\sum m_i x_{ij}^2+m_f x_{fj}^2+J_f k_{fj}^2} \tag{5-35}$$

x_{fj}——j振型基础质心处的振型坐标;

m_f——基础的质量(t);

x_{ij}——j振型在第i段桥墩质心处的振型坐标;

J_f——基础对质心轴的转动惯量(t·m²)。

不同水准地震作用下,水平地震基本加速度 α　　　　　　表 5-7

设防烈度	6 度	7 度		8 度		9 度
设计地震 A_g	0.05g	0.1g	0.15g	0.2g	0.3g	0.4g
多遇地震	0.02g	0.04g	0.05g	0.07g	0.10g	0.14g
罕遇地震	0.11g	0.21g	0.32g	0.38g	0.57g	0.64g

注:g——重力加速度(m/s²)。

5.5　桥梁的地震作用计算

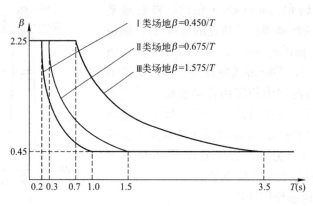

图 5-14 反应谱曲线

3. 竖向地震作用计算

目前，计算竖向地震作用的方法大致有三种：

（1）假定竖向地震作用等于结构重力的某一百分数。该方法虽然简单方便，但计算结果比较粗糙。

（2）按求水平地震作用的方法求竖向地震作用，此方法虽然比较合理，但需要计算结构竖向振动的周期和振型，比较麻烦。

（3）假定结构竖向地震作用等于水平地震作用的某个百分数，这个方法不太合理，因为两者没有必然联系。

我国铁路桥梁设计中采用的是第一种方法，在设防烈度为 9 度的地震区，取总重量的 7% 作为竖向地震作用计算值，此时活载按最不利情况考虑。同时，大跨度桥梁按水平地震作用和竖向地震作用同时作用的最不利情况进行验算。

5.5.2 公路桥梁的地震作用

《公路工程抗震设计规范》（JTJ 004）规定，地震作用的计算方法，一般情况下桥墩应采用反应谱法计算，只考虑第一振型的贡献。对于结构特别复杂、桥墩高度超过 30m 的特大桥梁，可采用时程反应分析法。

公路桥墩的计算模型如图 5-15 所示。

公路梁桥桥墩顺桥向和横桥向的水平地震作用计算公式如下：

$$E_{ihp} = C_i C_z K_h \beta_1 \gamma_1 X_{li} G_i \tag{5-36}$$

式中　E_{ihp}——作用于梁桥桥墩质点 i 的水平地震荷载（kN）；

　　　　C_i——重要性修正系数，按表 5-8 采用；

　　　　C_z——综合影响系数，按表 5-9 采用；

　　　　K_h——水平地震系数，设计烈度为 7 度时取 0.1，8 度时取 0.2，9 度时取 0.4；

　　　　β_1——相应于桥墩顺桥向或横桥向的基本周期的动力放大系数，按图 5-16 反应谱曲线确定；

X_{li}——桥墩基本振型在第 i 分段重心处的相对水平位移；对于实体

桥墩，当 $H/B \geq 5$ 时，$X_{li} = X_f + \dfrac{1-X_f}{H} H_i$（一般适用于顺桥

向）；当 $H/B < 5$ 时，$X_{li} = X_f + \left(\dfrac{H_i}{H}\right)^{\frac{1}{3}} (1-X_f)$（一般适用于

横桥向）；

γ_1——桥墩顺桥向或横桥向的基本振型参与系数，按式(5-37)计算；

G_i——$i = 0$ 时，表示梁桥上部结构重力(kN)，对于简支梁桥，计算
顺桥向地震作用时为相应于墩顶固定支座的孔梁的重力，计算
横桥向地震作用时为相邻两孔梁重力的一半；$i = 1$，2，3…
时，表示桥墩身各分段的重力(kN)。

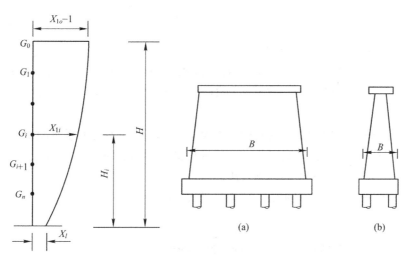

图 5-15　公路桥墩计算模型

(a)横桥向；(b)顺桥向

重要性修正系数　　　　　　　　　　　　　表 5-8

路线等级及构造物	重要性修正系数 q
高速公路和一级公路的抗震重点工程	1.7
高速公路和一级公路的一般工程、二级公路上的 抗震重点工程、二级公路上桥梁的梁端支座	1.3
二级公路的一般工程、三级公路上抗震重点 工程、四级公路上桥梁的梁端支座	1.0
三级公路的一般工程、四级公路上的抗震重点工程	0.6

注：1. 位于基本烈度为 9 度地区的高速公路和一级公路上的抗震重点工程，其重要性修正系数也
　　　可采用 1.5；

　　2. 抗震重点工程系指特大桥、大桥、隧道和破坏后修复(抢修)困难的路基、中桥和挡土墙等
　　　工程；

　　3. 一般工程系指非重点的路基、中小桥和挡土墙等工程。

综合影响系数 表 5-9

桥梁和墩、台类型		桥墩计算高度 H(m)		
		$H<10$	$10\leqslant H<20$	$20\leqslant H<30$
梁桥	柔性桥墩	柱式桥墩、排架桩墩、薄壁桥墩	0.30	0.33	0.35
	实体墩	天然基础和沉井基础上的实体桥墩	0.20	0.25	0.30
		多排桩基础上的桥墩	0.25	0.30	0.35
	桥台		0.35		
拱桥			0.35		

$$\gamma_1 = \frac{\sum_{i=0} X_{li}G_i}{\sum_{i=0} X_{li}^2 G_i} \qquad (5\text{-}37)$$

式中　X_l——考虑地基变形时，顺桥向作用于支座顶面或横桥向作用于上部结构质量重心上的单位水平力在一般冲刷线或基础顶面引起的水平位移与支座顶面或上部结构质量重心处的水平位移之比值；

H_i——一般冲刷线或基础顶面至墩身各分段重心处的垂直距离(m)；

H——桥墩计算高度，即一般冲刷线或基础顶面至支座顶面或上部结构质量重心的垂直距离(m)；

B——顺桥向或横桥向的墩身最大宽度(m)。

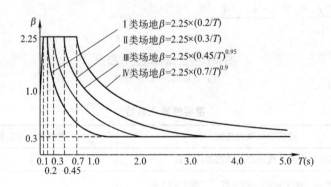

图 5-16　反应谱曲线

5.6　水工建筑物的地震作用计算

水工建筑物的地震作用主要包括建筑物自重以及其上的设备自重所产生的地震惯性力、地震动水压力和动土压力，可不考虑扬压力、坝前泥沙压力和浪压力的影响。水工建筑物地震作用的计算方法主要包括拟静力法和动力分析法。

5.6.1 拟静力法

1. 地震惯性力

当采用拟静力法计算地震作用效应时沿建筑物高度作用于质点 i 的水平向地震惯性力应按下式计算：

$$F_i = a_h \xi G_{Ei} a_i / g \tag{5-38}$$

式中　F_i——作用在质点 i 的水平向地震惯性力；

　　　ξ——地震作用的效应折减系数，取 0.25；

　　　G_{Ei}——集中在质点 i 的重力；

　　　a_i——质点 i 的动态分布系数，按不同的建筑物类型由《水工建筑物抗震设计规范》(DL 5073) 选用；

　　　a_h——水平向设计地震加速度，按表 5-10 查取；

　　　g——重力加速度。

当同时考虑水平和竖向地震作用时，取竖向设计地震加速度 $a_v = 2a_h/3$，竖向地震惯性力还应乘以 0.5 的遇合系数。

水平向设计地震加速度　　　　　　　　表 5-10

设计烈度	7	8	9
a_h	$0.1g$	$0.2g$	$0.4g$

注：g——重力加速度。

2. 地震动水压力

地震时，水对建筑物产生的激荡力称为地震动水压力。当采用拟静力法计算地震作用效应时，地震动水压力的计算因建筑物的类型不同而不同，重力坝与水闸的地震动水压力计算可按下式进行：

$$p_w(h) = a_h \xi \rho_w H_0 \psi(h) \tag{5-39}$$

式中　$p_w(h)$——作用在直立迎水面水深 h 处的地震动水压力强度；

　　　$\psi(h)$——水深 h 处的地震动水压力分布系数，按表 5-11 选取；

　　　ρ_w——水体质量密度；

　　　H_0——水深。

地震动水平压力分布系数　　　　　　　　表 5-11

h/H_0	0	0.1	0.2	0.3	0.4	0.5	0.6	0.7	0.8	0.9	1.0
$\psi(h)$	0	0.43	0.58	0.68	0.74	0.76	0.76	0.75	0.71	0.68	0.67

单位宽度的总地震动水压力为：

$$F_0 = 0.65 a_h \xi \rho_w H_0^2 \tag{5-40}$$

其作用点位于水面以下 $0.54H_0$ 处。

当建筑物迎水面与水平面夹角为 θ 时，上面计算的地震动水压力应乘以 $\theta/90°$ 的折减系数。当迎水面有折坡时，若水面以下直立部分的高度等于或大于 $H_0/2$，可近似取作直立面，否则应取水面点与坡脚点连线代替坡度。

5.6.2 动力分析法

动力分析方法包括时程分析法和振型分解法。时程分析法是直接采用差分法来求解运动方程；振型分解法是将一个 n 维自由度结构的强迫振动分析简化为对 n 个单自由度结构的强迫振动分析，然后将计算结果组合为整体的分析方法。在此对其具体方法不作讲述。

按动力法计算地震作用效应时，设计反应谱 β 值应根据结构自振周期 T 按图 5-17 采用。设计反应谱最大值 $\beta_{\max}$ 应根据建筑物类型按表 5-12 采用，其下限值 $\beta_{\min}$ 应不小于 $\beta_{\max}$ 的 20%；特征周期 T_g 应根据场地类别按表 5-13 采用，对于设计烈度不大于 8 度的基本自振周期大于 1.0s 的结构，T_g 宜延长 0.05s。

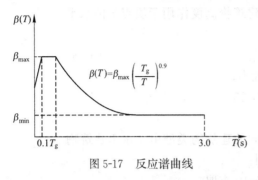

图 5-17 反应谱曲线

$$\beta(T)=\beta_{\max}\left(\frac{T_g}{T}\right)^{0.9}$$

设计反应谱最大值　　　　　　　　　　　　表 5-12

建筑物类型	重力坝	拱坝	水闸、进水塔及其他混凝土建筑物
$\beta_{\max}$	2.0	2.5	2.25

特 征 周 期　　　　　　　　　　　　表 5-13

场地类型	Ⅰ	Ⅱ	Ⅲ	Ⅳ
$T_g(s)$	0.20	0.30	0.40	0.65

5.6.3 地震动土压力

地震主动动土压力可按下式计算：

$$F_E=\left[q_0\frac{\cos\psi_1}{\cos(\psi_1-\psi_2)}H+\frac{1}{2}\gamma H^2\right]\left(1-\frac{\zeta a_v}{g}\right)C_e \tag{5-41}$$

其中　　　　$$C_e=\frac{\cos^2(\varphi-\theta_e-\psi_1)}{\cos\theta_e\cos^2\psi_1\cos(\delta+\psi_1+\theta_e)(1\pm\sqrt{Z})^2}$$

$$Z=\frac{\sin(\delta+\varphi)\sin(\varphi-\theta_e-\psi_1)}{\cos(\delta+\theta_e+\psi_1)\cos(\psi_2-\psi_1)}$$

$$\theta_e=\arctan\frac{\zeta a_h}{g-\zeta a_v}$$

式中　F_E——地震主动动土压力；

　　　q_0——土表面单位长度的荷重；

　　　ψ_1——挡土墙面与垂直面夹角；

　　　ψ_2——土表面与水平面夹角；

　　　H——土的高度；

γ——土的重度；

φ——土的内摩擦角；

θ_e——地震系数角；

δ——挡土墙面与土之间的摩擦角；

ζ——计算系数，动力法计算地震作用效应时取 1.0，拟静力法计算地震作用效应时取 0.25，对钢筋混凝土结构取 0.35。

计算 C_e 时应取其计算式中"＋""－"号计算结果中的大值。

小结及学习指导

1. 地震按其成因可分为构造地震、火山地震、陷落地震和诱发地震四种。震级与烈度都是用来反映地震强度大小的指标。

2. 地震释放的能量以地震波的形式传至地面，从而使上部结构因基础运动而产生受迫振动，引起地震反应。结构的地震反应主要是指其产生的位移、速度与加速度。其中，地震作用则是指与加速度密切相关的惯性力。

3. 抗震设防是对可能发生的地震灾害采取以防为主的措施，主要通过抗震设防目标与标准来体现。

4. 建筑结构地震作用的计算方法主要有振型分解反应谱法、底部剪力法和时程分析法，应合理选择；地震作用主要包括水平地震作用与竖向地震作用，但并非所有结构都需计算竖向地震作用；此外，地震作用计算时尚需分析是否考虑扭转效应、土结相互作用等情况。

5. 桥梁按用途可分为铁路桥和公路桥，其地震作用计算主要都是采用反应谱法，但其地震作用计算公式的符号、表达形式不尽相同。

6. 水工建筑物的地震作用主要包括建筑物自重以及其上的设备自重所产生的地震惯性力、地震动水压力和动土压力，可不考虑扬压力、坝前泥沙压力和浪压力的影响。水工建筑物地震作用的计算方法主要包括拟静力法和动力分析法。

思考题

5-1 简述地震的类型及成因。

5-2 简述地震波的类型及特点。

5-3 试比较烈度、基本烈度和抗震设防烈度的异同。

5-4 什么是地震作用？为什么可以把惯性力看作是一种反映地震影响的等效力？

5-5 建筑结构、桥梁及水工建筑物的抗震设防目标和标准各是什么？

5-6 简述反应谱的建立过程，并说明地震反应谱、标准反应谱和设计反应谱的区别。

5-7 简述振型分解反应谱法的计算步骤。

5-8 简述建筑结构底部剪力法的适用条件和计算步骤。

5-9 简述桥梁地震作用的计算方法，并说明铁路桥与公路桥地震作用计算的区别。

5-10 简述水工建筑物地震作用计算的一般方法。

习题

5-1 某单层厂房结构，抗震设计时可简化成单质点体系，集中于柱顶标高处的结构质量 $m=36000\text{kg}$，刚度 $k=1200\text{kN/m}$。已知该结构处于设防烈度为 8 度的 II 类场地土上，设计地震分组为第二组，阻尼比 $\zeta=0.05$。计算该体系的自振周期和多遇地震下的水平地震作用标准值 $T_1=0.530\text{s}$。

5-2 某三层钢筋混凝土框架结构，结构层高和各层结构质量如图 5-18 所示，已知该结构处于设防烈度为 8 度的类场地土上，设计地震分组为第一组，结构的基本自振周期为 $T_1=0.530\text{s}$，阻尼比 $\zeta=0.05$。取一榀框架进行分析，分别用底部剪力法和振型分解法计算各层水平地震作用标准值并绘出内力图。

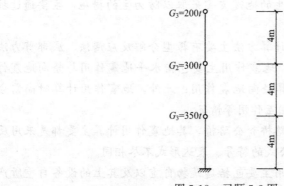

图 5-18 习题 5-2 图

第6章
其 他 作 用

本章知识点

【知识点】

温度作用的原理、温度应力及变形的计算，变形作用的概念及计算，爆炸作用的原理及计算，浮力作用的概念及计算，预加力的概念及方法，汽车制动力的概念及计算，吊车制动力的概念及计算，汽车冲击力的概念及计算，汽车撞击力的概念及计算，船只或者漂浮物撞击力的概念及计算，离心力的概念及计算。

【重点】

掌握各种作用的计算方法。

【难点】

温度应力及变形的计算，爆炸作用原理及其荷载计算。

6.1 温度作用

6.1.1 基本概念及原理

当某一结构或构件的温度发生变化时，体内任一点(单元体)的热变形(膨胀或收缩)由于受到周围相邻单元体的约束(内约束)或其边界受到其他结构或构件的约束(外约束)，使体内该点产生一定的应力，这种应力称为温度应力，或称热应力。因而从广义上来说，温度变化也是一种荷载作用。

土木工程结构中会遇到大量诸如水化热、气温变化、生产热和太阳辐射等温度作用问题，因而对它的研究具有十分重要的意义。各类建筑的屋面板，由于外界温度的变化，混凝土内部存在温差，从而产生温度应力和温度变形。各类结构温度伸缩缝的宽度和间距设置，也必须建立在对温度应力和变形的准确计算基础上。还有如板壳的热应力和热应变及相应的翘曲和稳定问题；温度变化下断裂问题的分析计算；浇筑如连续墙式结构、地下构筑物和高层建筑筏形基础等大体积混凝土结构时，水化热升温和降温散热引起贯穿裂缝；烟囱、水池、容器、贮仓的温度应力及边缘效应影响等。

钢结构的焊接过程也是一个不均匀的温度变化过程。在施焊时，焊件上产生不均匀的温度场，焊缝及附近温度最高，可以达 1600℃ 以上，其邻近区

115

域则温度急剧下降。不均匀的温度场使材料产生不均匀的膨胀。高温处的钢材膨胀最大，由于受到两侧温度较低、膨胀较小的钢材的限制，产生了热状态塑性压缩。焊缝冷却时，被塑性压缩的焊缝区趋于缩得比原始长度稍短，这种缩短变形受到两侧钢材的约束，使焊缝区产生纵向拉应力，这就是焊接残余应力（纵向）。在低碳钢和低合金钢中，这种拉应力通常很高，甚至达到钢材的屈服强度。焊接残余应力对结构的静力强度、刚度、压杆稳定、低温冷脆及疲劳强度等都有不同程度的影响。

火灾对于工程结构来说也会产生危害较大的温度作用，它对人们的生命财产安全，甚至是环境的破坏都是巨大的。火灾发生时，房屋室内构件受室内可燃物、火焰、热气层（及顶棚射流）、壁面和通风口等因素的影响，它们之间存在复杂的相互作用。一般火灾可分为三个阶段，即火灾的初期增长阶段、充分发展阶段和衰减阶段。在前两个阶段之间，有一个温度急剧上升的区间，称为轰燃区。室内发生轰燃后，释热速率会很快增大到相当大的值，造成室内往往出现 1000℃ 以上的高温。由于热应力的作用，某些结构构件将被破坏，而部分构件的破坏还可能引起建筑物更严重的毁坏，如墙壁、顶棚的坍塌等，并让火区迅速蔓延到建筑物的其他部分。

火灾作用也可看作是一种荷载作用。火灾荷载可表示为：

$$q_1 = \frac{W_0}{A_F} \tag{6-1}$$

式中　q_1——火灾荷载；

　　　W_0——火灾区域纤维类燃料的重力；

　　　A_F——火灾区域的地板面积。

6.1.2　温度应力和变形的计算

温度变化对结构内力和变形的影响，应根据不同的结构形式分别加以考虑。对于静定结构，由于温度变化引起的材料膨胀和收缩变形是自由的，即结构能够自由地产生符合其约束条件的位移，故在结构上不引起内力，其变形可由虚功原理导出，按下式计算：

$$\Delta_{Kt} = \sum (\pm) \overline{N} \alpha t_0 l + \sum (\pm) \alpha \frac{\Delta t}{h} \omega_{\overline{M}} \tag{6-2}$$

式中　Δ_{Kt}——由温度变化引起的结构上任一点 K 点沿某一方向的分位移；

　　　$\overline{N}$——虚拟状态下虚拟单位力产生的各杆件的轴向力；

　　　$\omega_{\overline{M}}$——杆件 $\overline{M}$ 图的面积，$\overline{M}$ 为虚拟状态下各杆件的弯矩分布图的面积；

　　　α——材料的线膨胀系数；

　　　l——杆件长度；

　　　h——杆件截面高度；

　　　Δt——杆件上下侧温度差；

t_0——杆件形心轴处的温度升高值，若设杆件上侧温度升高 t_1，下侧温度升高 t_2，h_1 和 h_2 分别表示杆件形心轴至上、下边缘的距离，并设温度沿截面高度 h 按直线变化，则在发生变形后，截面仍保持为平面。则杆件形心轴处的温度升高值可由比例关系得到 $t_0 = \dfrac{t_1 h_2 + t_2 h_1}{h}$，当杆件截面对称于形心轴时，$h_1 = h_2 = \dfrac{h}{2}$，$t_0 = \dfrac{t_1 + t_2}{2}$。

应用上式时，其正负号（±）可按如下方法确定，即比较虚拟状态的变形与实际状态由于温度变化引起的变形，若二者变形方向相同，取正（＋）号，反之，则取负（一）号。相应地，式中 t_0 及 Δt 均只取绝对值。

对超静定结构，由于存在赘余约束，由温度变化引起的杆件变形不是自由的，必然受到约束，从而在结构内产生内力，此内力尚与结构的刚度大小有关，这也是超静定结构不同于静定结构的特征之一。超静定结构中的温度作用效应，一般可根据变形协调条件，按弹性理论方法计算。

【例题 6-1】 如图 6-1 所示的两端固定梁，承受一均匀的温升 T，已知材料的线膨胀系数和弹性模量分别为 α 和 E。试求梁内产生的约束应力。

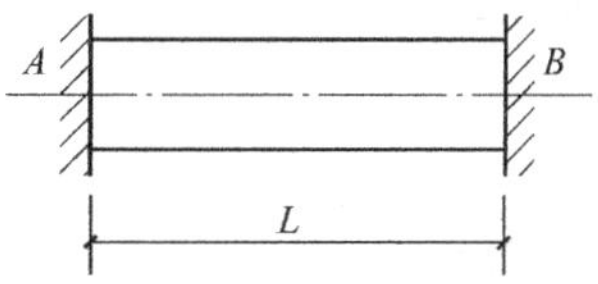

【解】 设梁的截面积为 A。

由于梁的两端固定，则梁的温度变形受到阻碍，不能发生位移，梁内便产生约束应力，其大小可由以下两个过程叠加而得，即

图 6-1　两端固定梁在温度作用下的约束应力

（1）假定梁一端自由，则梁端变形 $\Delta L = \alpha T L$；

（2）施加一外力 F，将自由变形梁压缩至原位，产生的应力即为约束应力。

根据虎克定律，位移 $\Delta L = \dfrac{FL}{EA}$，可得：

$$F = \frac{EA \Delta L}{L}$$

故约束应力为：

$$\sigma = -\frac{F}{A} = -\frac{EA \Delta L}{LA} = -\frac{EA \alpha T L}{LA} = -E\alpha T$$

【例题 6-2】 如图 6-2(a) 所示刚架，已知刚架外侧温度降低 5℃，内侧温度升高 15℃，EI 和 h 都是常数，试求 BC 杆中点 D 的竖向位移 Δ_{Dv}。

【解】 取基本结构如图 6-2(b) 所示，力法典型方程为：

$$\delta_{11} X_1 + \Delta_{1t} = 0$$

计算 $\overline{N}_1$（图 6-2c）并绘制 $\overline{M}_1$ 图（图 6-2d），各系数和自由项如下：

$$\delta_{11} = \frac{1}{EI}\left(l^2 \times l + \frac{l^2}{2} \times \frac{2l}{3}\right) = \frac{4l^3}{3EI}$$

$$\Delta_{1t} = -1 \times \alpha \times \frac{15-5}{2} \times l - \alpha \times \frac{15-(-5)}{h} \times \left(l^2 + \frac{l^2}{2}\right) = -5\alpha l \left(1 + \frac{6l}{h}\right)$$

$$X_1 = -\frac{\Delta_{1t}}{\delta_{11}} = \frac{15\alpha EI}{4l^2}\left(1 + \frac{6l}{h}\right)$$

由 X_1 乘以 $\overline{M}_1$ 图，即得最后弯矩图，如图 6-2(e) 所示。欲求 BC 杆中点 D 的竖向位移，只要将图 6-2(e) 与图 6-2(f) 进行图乘，即

$$\Delta_{Dv} = \frac{1}{EI}\left(\frac{1}{2} \times \frac{l}{2} \times \frac{l}{2} \times \frac{5}{6} \times \frac{15\alpha EI}{4l} + \frac{l}{2} \times l \times \frac{15\alpha EI}{4l}\right) \times \left(1 + \frac{6l}{h}\right)$$

$$= \frac{145\alpha l}{64}\left(1 + \frac{6l}{h}\right)$$

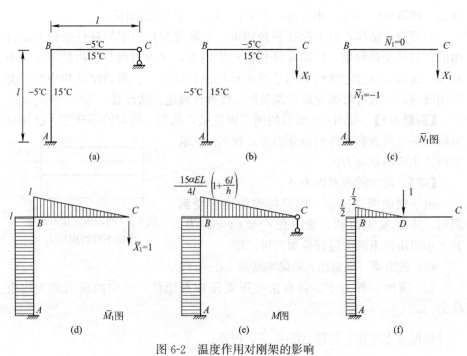

图 6-2 温度作用对刚架的影响

6.2 变形作用

这里的变形是指由于外界因素的影响，如结构或构件的支座移动或地基发生不均匀沉降等，使得结构物被迫产生的变形。如果结构为静定结构，则允许构件产生符合其约束条件的位移，此时结构内不产生应力和应变。若结构为超静定结构，则多余约束将束缚结构的自由变形，从而产生应力和应变。因而从广义上讲，这种变形作用也是荷载作用。

由于实际工程中大量的结构都属超静定结构，当这类结构由变形作用引起的内力足够大时，可能引起诸如房屋开裂、影响结构正常使用甚至倒塌等问题，因此在结构的设计计算中必须加以考虑。

常见的一种变形作用就是由地基的不均匀变形引起的变形，这包括如软

土、杂填土、冲沟、古河道等本身地基的不均匀变形，或者地基土发生冻融、冻胀、湿陷等现象，也包括地基虽然比较均匀，但是上部结构荷载相差过大，刚度悬殊，发生差异沉降，这些变形都会引起结构内力。地基不均匀沉降会引起砌体结构房屋开裂，例如建筑物中下部外墙、内横隔墙常出现八字形裂缝，这主要是由于结构中部沉降大，两端沉降小，使得中下部受拉、端部受剪，墙体由于剪力引起的主拉应力超过极限值而破裂。又如地基的变形、地基反力和窗间墙对窗台墙的作用，使窗台墙向上弯曲，在墙的 1/2 跨度附近出现弯曲拉应力，导致上宽下窄的竖向裂缝。同时，又由于窗间墙对窗台墙的压挤作用，在窗角处产生较大的剪应力集中，引起下窗角的开裂。

对于钢筋混凝土结构，存在着两种特殊的变形作用，即混凝土的收缩和徐变。

混凝土的收缩就是混凝土在空气中结硬时体积减小的现象。它主要是由于水泥胶体的凝缩和干燥失水以及碳化作用引起的。混凝土在不受力情况下的这种自发变形，如果受到外部支承条件或内部钢筋的约束，会在混凝土中产生拉应力，从而加速裂缝的产生和发展，影响构件的耐久性和疲劳强度等性能。如钢筋混凝土楼面和梁柱等构件，在受荷之前，由于钢筋限制了混凝土的部分收缩，使构件的收缩变形比混凝土的自由收缩要小些。当混凝土的收缩较大，构件中配筋又较多时，就可能产生收缩裂缝。此外，在预应力混凝土结构中，混凝土的收缩导致预应力损失，降低构件抗裂性，并使某些对跨度变化比较敏感的超静定结构(如拱结构)产生不利内力。公路桥梁设计时，可将混凝土收缩影响作为相应于温度的降低来考虑。

混凝土的徐变则是在荷载的长期作用下，混凝土的变形随时间而增长的现象。徐变的一个主要原因是混凝土受力后产生的水泥凝胶体的黏性流动要持续一个较长的时间，同时还有混凝土内部微裂缝的不断发展。在钢筋混凝土结构中，由于钢筋与混凝土之间存在粘结力，二者能够共同工作，协调变形，混凝土的徐变将使构件中钢筋的应力或应变增加，混凝土应力减小，因此内力发生重分布，这有利于防止和减小结构物裂缝的形成，降低大体积混凝土内的温度应力。但是混凝土的徐变对结构也有不利影响，如在长期荷载作用下的受弯构件，由于压区混凝土的徐变，可使挠度增大 $1 \sim 2$ 倍。长细比较大的偏心受压构件，由徐变引起的附加偏心距增大，会使构件的强度降低约 20%。在预应力混凝土结构中，徐变引起预应力损失，有时可达总损失的 50%，在高应力长期作用下，甚至导致构件破坏。徐变也可使修筑于斜坡上的混凝土路面发生开裂，而且过度的变形影响到路面的平整度。

大体积混凝土结构在温度作用下的应力宜根据徐变应力分析理论的有限单元法计算。t 时刻混凝土的徐变温度应力 $\sigma^*(t)$ 可按下式计算：

$$\sigma^*(t) = \sum_{i=1}^{n} \Delta\sigma_i K_r(t, \tau_i) \tag{6-3}$$

其中　　t——计算时刻的混凝土龄期；

τ_i——混凝土在第 i 时段中点的龄期；

$\Delta\sigma_i$——第 i 时段（$\Delta\tau_i$）内弹性温度应力的增量；

$K_r(t,\tau_i)$——混凝土应力松弛系数。对大型工程结构，应由试验推算确定。

对于变形作用引起的结构内力和位移计算，只需遵循力学的基本原理，即根据静力平衡条件和变形协调条件进行求解。

【例题 6-3】 如图 6-3（a）所示刚架，其支座 A 发生位移，水平向右移动 a，竖向向下移动 b。各杆件 EI 为常数。试绘出结构弯矩图。

【解】 解除多余约束，得基本结构如图 6-3（b）所示。力法典型方程为：

$$\begin{cases} \delta_{11}X_1 + \delta_{12}X_2 + \Delta_{1\Delta} = 0 \\ \delta_{21}X_1 + \delta_{22}X_2 + \Delta_{2\Delta} = 0 \end{cases}$$

其中

$$\delta_{11} = \frac{1}{EI}\left(\frac{l^2}{2}\times\frac{2l}{3} + \frac{l^2}{2}\times\frac{2l}{3}\right) = \frac{2l^3}{3EI}$$

$$\delta_{12} = \delta_{21} = -\frac{1}{EI}\left(\frac{l^2}{2}\times\frac{2}{3} + \frac{l^2}{2}\times 1\right) = -\frac{5l^2}{6EI}$$

$$\delta_{22} = \frac{1}{EI}\left(\frac{l}{2}\times\frac{2}{3} + l\times 1\right) = \frac{4l}{3EI}$$

$$\Delta_{1\Delta} = -(1\times a - 1\times b) = -a + b$$

$$\Delta_{2\Delta} = -\left(\frac{1}{l}\times b\right) = -\frac{b}{l}$$

则

$$\begin{cases} \dfrac{2l^3}{3EI}X_1 - \dfrac{5l^2}{6EI}X_2 - a + b = 0 \\ -\dfrac{5l^2}{6EI}X_1 + \dfrac{4l}{3EI}X_2 - \dfrac{b}{l} = 0 \end{cases}$$

解得

$$\begin{cases} X_1 = \dfrac{6(8a-3b)EI}{7l^3} \\ X_2 = \dfrac{6(5a-b)EI}{7l^2} \end{cases}$$

最后弯矩图即由 $M = X_1\overline{M}_1 + X_2\overline{M}_2$ 求得，如图 6-3（g）所示。

对于地下结构，存在着一种特殊的变形作用，即弹性抗力，它是由于外荷载作用下结构发生变形，同时受到周围地层的约束所引起的。在地下结构的变形导致地层发生与之协调的变形时，地层就对地下结构产生了反作用力。这一反作用力的大小同地层变形的大小有关，一般都假定二者成线性弹性关系，并把这一反作用力称为弹性抗力。它的存在是地下结构区别于地面结构的显著特征之一，因为地面结构在外力作用下可以自由变形而不受介质的约束。

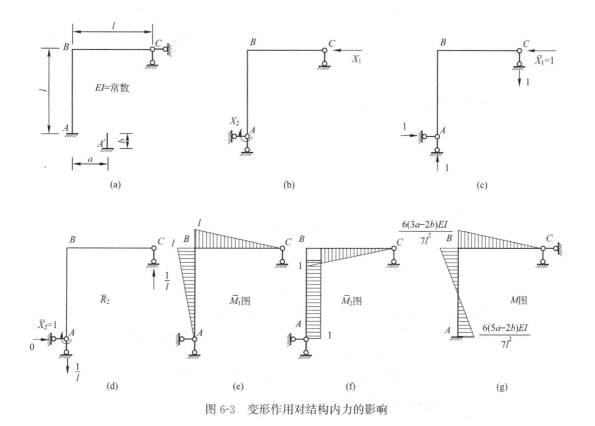

图 6-3 变形作用对结构内力的影响

在计算地下结构的各种方法中，如何确定弹性抗力的大小及其作用范围
（抗力区），历来有两种理论：一种是局部变形理论，认为弹性地基上某点处
施加的外力只会引起该点的变形（沉陷）；另一种是共同变形理论，认为作用
于弹性地基上一点的外力，不仅使该点发生沉陷，还会引起附近的地基也发
生沉陷。一般来说，后一种理论较为合理，但由于局部变形理论的计算方法
比较简单，而且尚能满足工程设计的基本要求，所以至今仍多采用局部变形
理论来计算地层弹性抗力。

在局部变形理论中，以文克尔（E. Winkler）假定为基础，认为地层的弹
性抗力与结构变形成正比，即

$$\sigma = k\delta \tag{6-4}$$

式中 σ——弹性抗力应力；

   k——地层弹性抗力系数；

   δ——衬砌朝地层方向的变形值。

在计算中，通常认为地层与地下结构之间只可能产生压应力，如果两者
相脱离，就没有应力作用。但是，地下结构与地层之间在抗力分布区内有可
能产生摩擦力，因而地下结构周边有时会有沿外表面作用的切应力。由于喷
射混凝土和压力灌浆等施工技术的应用，切应力的影响显著增大，这在计算
中应引起重视。

值得指出的是，按弹性假定计算抗力的方法是较为粗糙的，因为它没有

考虑地层的力学性质呈现高度非线性的特征。随着电子计算机及相关计算技术的发展，应当采用按岩土的非线性应力应变关系来计算地层抗力和结构内力的新的计算方法。

6.3 爆炸作用

6.3.1 爆炸的概念及分类

爆炸就是物质运动急剧增速，由一种状态迅速转变成另一种状态，并将其内含的能量，在瞬时集中释放的现象。

结构工程中遇到的爆炸主要有四类：

(1) 燃料爆炸。就是汽油和燃气等燃料以及易燃化工产品在一定条件下起火爆炸。

(2) 工业粉尘爆炸。即诸如面粉厂、纺织厂等生产车间充斥着颗粒极细的粉尘，在一定的温度和压力条件下突然起火爆炸。

(3) 武器爆炸。它包括战争期间的常规武器和核武器的轰击、汽车炸弹的袭击以及军火仓库的爆炸。

(4) 定向爆破。它是专为拆除现有结构而设计的爆炸。

6.3.2 爆炸的破坏作用

当爆炸发生在等介质的自由空间时，从爆炸的中心点起，在一定范围内，破坏力能均匀地传播出去，并使在这个范围内的物体粉碎、飞散，使结构进入塑性屈服状态，产生较大的变形和裂缝，甚至局部损坏或倒塌。爆炸的破坏作用大体有以下几个方面：

(1) 震荡作用。在遍及破坏作用的区域内，有一个能使物体震荡、使之松散的力量。

(2) 冲击波作用。随爆炸的出现，冲击波最初出现正压力，而后又出现负压力。负压力就是气压下降后的空气振动，称为吸引作用。

(3) 碎片的冲击作用。爆炸如产生碎片，会在相当大范围内造成危害。碎片飞散范围通常是 100～500m，甚至更远。碎片的体积越小，飞散的速度越大，危害越严重。

(4) 热作用(火灾)。爆炸温度一般在 2000～3000℃左右，通常爆炸气体扩散只发生在极其短促的瞬时，对一般可燃物质来说，不足以造成起火燃烧，而且有时冲击波还能起到灭火作用。但建筑物内遗留大量的热，会把从破坏设备内部不断流出的可燃气体或易燃、可燃蒸气点燃，使建筑物内的可燃物全部起火，加重爆炸的破坏程度。

6.3.3 爆炸作用的原理与荷载计算

结构承受的爆炸荷载都是偶然性瞬间作用，图 6-4 给出了核爆炸地面空气冲击波的超压波形和简化波形。如前所述，当爆炸冲击波与结构物相遇时，会引起压力、密度、温度和质点速度迅速变化，对结构物施加荷载，此荷载是入射冲击波特性（超压、动压、衰减和持续时间等）以及结构特性（大小、形状、方位等）的函数。入射冲击波与物体间的相互作用是一个复杂的过程。一般来说，爆炸产生的空气冲击波对地上结构和地下结构的作用特性和强度存在较大差别，因此这里将爆炸作用分为对地面结构和地下结构两种情况来说明。

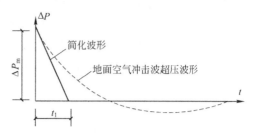

图 6-4　核爆炸地面冲击波实际
波形和简化波形

1. 爆炸对地面结构的作用

当爆炸发生后，爆心的反应区在瞬时内会产生很高的压力，并大大超过周围空气的正常压力（p_0）。于是，形成一股高压气流，从爆心很快地向四周推进，其前沿犹如一道压力墙面，称为波阵面。经过时间 t_z，波阵面到达距爆心 R_z 处，压力为 P_z。此时，波阵面处的超压值（$\Delta P_z = P_z - P_0$）最高，由波阵面往里逐渐降低，称为压缩区（$\Delta P_z > 0$）。再往里，由于气体运动的惯性，以及爆心区得不到能量的补充，形成了空气稀疏区，压力低于正常气压（$\Delta P_z < 0$），称为负压区。前后连接的压缩区和稀疏区构成了爆炸的空气冲击波，它从爆心往外推进，运动速度超过了声速。随着时间的延续，压缩区和稀疏区的长度（面积）不断增大，波阵面的压力峰值逐渐降低。经过一定时间后，波阵面距爆心已远，爆心附近转为正常气压（P_0）。

冲击波对于结构物作用的过程如图 6-5 所示。当冲击波碰到房屋正面（前墙）时会发生反射作用，压力迅速增长，正反射压力值可按下式计算：

$$K_f = \frac{\Delta P_R}{\Delta P_1} = 1 + 7\frac{\Delta P_1 + 1}{\Delta P_1 + 7} \tag{6-5}$$

式中　ΔP_R——最大反射超压（kPa）；

ΔP_1——入射波波阵面的超压幅值（kPa）；

K_f——反射系数，一般为 2～8。如果考虑高温高压条件下空气分子的离介和电离效应，此值可达 20 左右。

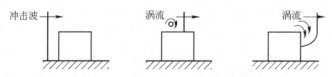

图 6-5　爆炸冲击波对结构的作用过程

然后冲击波绕过目标前进（绕射），对目标的侧面和顶部产生压力，最后绕到目标的背面，对后表面产生压力，这样，目标便陷入冲击波的包围之中。

在前墙面上形成的反射压力大于顶部和各侧面处的冲击波压力，因而很快被稀疏波削弱，结构物顶部和侧面的荷载随着冲击波的向前移动也逐渐累积至入射超压的数值，在正面边缘处由于冲击波的绕射形成涡流，造成短暂的低压区,使荷载作用有所削弱,涡流消失后压力又回到入射超压的状态。

背面的荷载也与顶部和侧面的过程大致相同,压力需经过一定时间(升压时间)才能达到大致稳定的数值,可以认为绕射过程结束,这时作用于结构各个面上的荷载分别等于各个面上的超压和拖曳压的代数和,即

$$\Delta P_{\mathrm{m}}(t) = \Delta P(t) + C_{\mathrm{d}} q(t) \tag{6-6}$$

式中　$\Delta P_{\mathrm{m}}(t)$——总压力(kPa);

　　　$\Delta P(t)$——超压(kPa);

　　　C_{d}——拖曳系数,它等于拖曳压力(由波阵面后瞬时风引起)和动压(由冲击波波阵面后空气质点本身的运动引起)的比值,随物体的形状而异,由风洞实验确定;根据其表面形状及与冲击波波阵面所处的方位,各个面的 C_{d} 可能为正,也可能为负;

　　　$q(t)$——动压(kPa)。

应当指出,上述关于矩形目标的受载过程也适用于其他形状的目标,只是具体数值有所差异。

除了考虑结构各个表面上的荷载之外,还应注意作用于整个结构物上的净水平荷载,它等于正面的荷载减去背面的荷载。在绕射过程中,净水平荷载数值是很大的,因为开始时,结构物正面的压力是反射压力,而背面并没有荷载。当绕射过程完成时,作用于正面和背面的超压荷载基本相当,此时净水平荷载的数值相对较小。

由入射波超压绕射所造成的净水平动载取决于物体的大小,而动压引起的拖曳荷载的大小则取决于物体的形状和入射冲击波的作用时间,因此对于受持续时间很短的冲击波作用的大型房屋来说,在绕射过程中的净水平荷载比拖曳荷载更重要。而当结构较小时,或者当冲击波作用时间较长时,拖曳荷载就显得更重要。实际上,所有结构物都是被整个荷载(即超压与动压荷载的总和)所破坏,而不是被冲击波荷载的某一种所破坏。

2. 爆炸对地下结构的作用

处于地下的结构物,由于避免了空气冲击波的直接作用,从而其防护性能大大提高,但由此使作用于结构上的荷载特性发生重大变化。首先,冲击波在岩土介质中的传播将发生波形与强度的变化;其次,作用于土中结构上的外荷是与结构的运动相关联的,因此应当考虑结构与介质的相互作用。但这样的处理在实际应用时是很困难的,需要对土体作许多假定才有可能获得解析表达式。除了数值计算方法外,目前对地下结构常用的是以下几种近似计算法:

(1) 现行的地下抗爆结构计算法。它是在对土中压缩波的动力荷载作某些简化处理后,以等效静载法为基础建立的一种近似计算法。

(2) 相互作用系数法。它是以一维平面波理论为基础的,应用等效静载法确定相互作用系数的一种近似计算法。

以上两种方法都是将结构或构件视为等效单自由度体系后,求出相应的动力系数与荷载系数,从而直接确定等效静载,结构的计算就成了静力问题。

（3）结构周边动荷的简化确定法。它是以结构本身作为示力对象，对结构的运动作某些简化后，如将其视为刚体，即不考虑其变形而仅考虑其整体运动，根据一维平面波理论可求出作用于结构周边的相互作用力及惯性力。再将此动荷作用于结构上作动力分析。这种分析虽然对结构与介质的相互作用作了近似处理，但较前两种方法将结构视为等效单自由度体系则更进了一步。

下面主要介绍一下现行的地下抗爆结构计算法。假设结构上的动荷与自由场中的土中压缩波的波形是一致的，即为有升压时间的平台荷载，如图 6-6 所示，据此对动荷仅需确定动荷峰值与升压时间两个参量。由于结构各部的埋深不同及对压缩波的传播方向的差异，故对结构的顶盖、侧墙、底板规定了不同的计算系数。

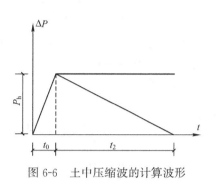

图 6-6　土中压缩波的计算波形

（1）顶盖动荷载。考虑土中压缩波在顶盖上反射等因素的综合影响，取顶盖上的动荷峰值为自由场的峰值乘以一个综合反射系数 K_f，即

$$P_1 = K_f P_h \tag{6-7}$$

式中　P_1——顶盖动荷峰值(kPa)；

P_h——顶盖埋深处的自由场压力峰值(kPa)；可按下式计算：

$$P_h = \Delta P_m e^{-\alpha h} \tag{6-8}$$

h——所考虑处的自由场的深度(m)；

α——衰减系数；

ΔP_m——地面空气冲击波超压(kPa)；

K_f——综合反射系数，它与顶盖的埋深和所处的土壤性质以及结构顶盖的尺寸有关。根据《人民防空地下室设计规范》（GB 50038—2005），考虑核爆动时 K_f 可按下列规定取用：

① 覆土厚度 h 为 0 时，$K_f = 1.0$；

② 覆土厚度 h 大于或等于结构不利覆土厚度 h_m 时，非饱和土的 K_f 值可按表 6-1 确定，饱和土的 K_f 值可按以下规定确定：

（ⅰ）当空气冲击波最大超压值 Δp_m（单位：MPa）>20α_1 时，平顶结构取 $K_f = 2.0$，非平顶结构取 $K_f = 1.8$；其中 α_1 为饱和土的含气量，可根据饱和度 S_r、孔隙度 n，按式 $\alpha_1 = n(1 - S_r)$ 计算确定，当无实测资料时，可取 $\alpha_1 = 1\%$；

（ⅱ）当 $\Delta P_m < 16\alpha_1$ 时，K_f 值可按非饱和土确定；

（ⅲ）当 $16\alpha_1 \leqslant \Delta P_m \leqslant 20\alpha_1$ 时，K_f 可按线性内插确定。

③ 结构顶盖覆土厚度 h 小于结构不利覆土厚度 h_m 时，K_f 可按线性内插确定。对主体结构，当结构顶盖覆土厚度 h 不大于 0.5m 时，取 $K_f = 1.0$。

$h \geqslant h_m$ 时非饱和土的综合反射系数 K_f 值　　　　　表 6-1

抗力等级	覆土厚度 h(m)						
	1	2	3	4	5	6	7
5级、6级	1.45	1.40	1.35	1.30	1.25	1.22	1.20
4B级、4级	1.52	1.47	1.42	1.37	1.31	1.28	1.26

注：1. 双层结构综合反射系数 K_f 取表中数值的 1.05 倍；

　　2. 非平顶结构综合反射系数 K_f 取表中数值的 0.9 倍。

(2) 侧墙动荷载。侧墙各点的埋深是不同的，简化地以侧墙中点的埋深为基准，且认为侧墙上的动荷是均布的，其峰值按侧墙中点的自由场峰值压力乘以侧压系数，即

$$P_2 = \xi P_h \tag{6-9}$$

式中　P_2——侧墙上动荷的峰值(kPa)；

　　　ξ——侧压系数，可按表 6-2 取值；

　　　P_h——侧墙中点埋深处的自由场峰值压力(kPa)。

侧　压　系　数　　　　　表 6-2

土壤类别		ξ
碎石土		0.15~0.25
砂土	地下水位以上	0.25~0.35
	地下水位以下	0.70~0.90
粉土		0.33~0.43
黏土	坚硬、硬塑	0.20~0.40
	可塑	0.40~0.70
	软塑、流塑	0.70~1.00

根据《人民防空地下室设计规范》(GB 50038—2005)给出的核爆炸时 P_h 的计算方法如下：

$$P_h = \left[1 - \frac{h}{v_1 t_2}(1-\delta) \right] \Delta P_{ms} \tag{6-10}$$

式中　h——土的计算深度，计算顶盖时，取顶盖的覆土厚度；计算侧墙时，取侧墙中点至室外地面的深度；

　　　v_1——土的峰值压力波速；

　　　t_2——地面空气冲击波按等冲量简化的等效作用时间，可按表 6-3 采用；

　　　δ——土的应变恢复比，当无实测资料时，可按表 6-4 和如下规定采用：

　　　　① 地面超压 $\Delta P_m < 16\alpha_1$ 时，δ 按非饱和土取值；

　　　　② $\Delta P_m > 20\alpha_1$ 时，取 $\delta = 1$；

　　　　③ $16\alpha_1 \leqslant \Delta P_m \leqslant 20\alpha_1$ 时，δ 取线性内插值。

　　ΔP_{ms}——空气冲击波超压计算值，当不计入地面建筑物影响时，取地面超压值 ΔP_m。

当土的计算深度小于或等于 1.5m 时，P_h 可近似取 ΔP_{ms}。

地面空气冲击波按等冲量简化的等效作用时间 t_2 值 表6-3

抗力等级	6	5	4B	4
t_2(s)	1.46	1.17	0.91	0.78

非饱和土的 δ 值 表6-4

土的类别	碎石土	砂土				粉土	黏性土				湿陷性黄土	淤泥质土
		粗砂	中砂	细砂	粉砂		粉质黏土	黏土	老黏土	红黏土		
δ	0.9	0.8	0.5	0.4	0.3	0.2	0.1	0.1	0.3	0.2	0.1	0.1

（3）底板动荷载。底板上的压力是由于结构顶部受荷后结构运动产生的，因此其压力峰值为：

$$P_3 = \eta P_1 \tag{6-11}$$

式中　P_3——底板上的动荷峰值（kPa）；

η——底压系数，对于非饱和土取 $\eta = 0.5 \sim 0.75$，土壤含水量大时取大值；对于饱和土，取 $\eta = 0.8 \sim 1.0$。

在确定动荷参量后，采用等效静载法将动荷转换成等效静载。由于等效静载法原则上只适用于单个构件，因此对于多构件的结构应拆成独立构件，分别计算其自振频率与升压时间等参数，以确定动力系数或荷载系数。

6.4 浮力作用

水浮力为作用于建筑物基底面由下向上的水压力，等于建筑物排开同体积的水重力。地表水或地下水通过土体孔隙连通并传递水压力。水是否能渗入基底是产生水浮力的前提条件，因此水浮力与地基土的透水性、地基与基础的接触状态以及水压大小（水头高低）和漫水时间等因素有关。

水浮力对处于地下水中的结构的受力和工作性能有明显影响。例如当贮液池底面位于地下水位以下时，如果贮液池为空载情况，浮力可能会使整个贮液池或底板局部上移，以致底板和顶盖被顶裂，因此对贮液池应进行整体抗浮和局部抗浮验算。

对于存在静水压力的透水性土，如砂类土、碎石类土、黏砂土等，因其孔隙存在自由水，均应计算水浮力。对桥梁墩台，由于水浮力对墩台的稳定性不利，故在验算墩台稳定时，应采用设计水位计算。当验算地基应力及基底偏心时，仅按低水位计算浮力，或不计浮力，这样考虑比较安全、合理。

当基础嵌入不透水性地基，如黏土地基的桥梁墩台，可不计算水的浮力。完整岩石（包括节理发育的岩石）上的基础，当基础与基底岩石之间灌注混凝土且接触良好时，水浮力可以不计。但遇破碎的或裂隙严重的岩石，则应计入水浮力。作用在桩基承台底面的水浮力，应按全部底面积计算，但桩嵌入岩层并灌注混凝土者，在计算承台底面浮力时，应扣除桩的截面面积。此外，管桩亦不计水的浮力。

计算水浮力时，基础襟边上的土重力应采用浮重力密度，且不计襟边上水柱重力。浮重力密度 γ' 可按下式计算：

$$\gamma' = \frac{1}{1+e}(\gamma_e - 1) \tag{6-12}$$

式中 e——土的孔隙比；

γ_e——土的固体颗粒重力密度，一般采用 27kN/m^3。

基底不透水且不计浮力时，襟边上的土重力应视其是否透水采用天然重力密度或饱和重力密度计算；另外，还应计入常水位至水底的水柱重力。

6.5 预加力

6.5.1 预加应力的概念

预加应力又称为预应力，实际中有很多利用预加应力的情况，既可利用预压应力来抵抗结构承受的拉应力或弯矩，又可用预拉应力来抵抗结构承受的压应力。木桶是预加压应力抵抗拉应力的一个典型例子，木锯是利用预拉应力抵抗压应力的典型例子。其他的如拧紧的螺栓、辐条收紧的自行车车轮的钢圈，以及为稳定烟囱、电线杆、桅杆的拉索等都利用了预加应力的原理。对工程应用最为广泛的混凝土结构来说，预加应力就是在构件承受外荷载之前，对混凝土预先施加压力，使构件截面中产生压应力，使之全部或部分抵消由于外荷载产生的拉应力。这样，预压应力与外荷载引起的应力叠加后，可使构件上不出现拉应力，或拉应力很小，不致引起构件开裂。在预应力混凝土结构中，通常是以预拉的高强钢筋的弹性回缩力对混凝土结构施加一个预设的应力，使混凝土在荷载作用下以最适合的应力状态工作，从而克服混凝土性能的弱点，充分发挥材料强度，达到结构轻型、大跨、高强、耐久的目的。

6.5.2 预加应力的方法

1. 外部预加力和内部预加力

在预应力混凝土结构中建立预加应力，按结构上加力方式的不同，主要分为外部预加力法和内部预加力法。当结构杆件中的预加力来自结构之外时，所加的预加力称为外部预加力，对混凝土拱桥的拱顶用千斤顶施加水平预压力，在连续梁的支点处用千斤顶施加反力即属此类，它常用于对结构的内力进行调整。目前，在大多数工程实践中采用的是内部（自平衡）预加力法，即预应力筋与混凝土结构构成一个整体。

内部预加力法主要通过张拉预应力筋并锚固在混凝土构件上来实现，这时钢筋的内拉力将为混凝土的内压力平衡。张拉的方式有机械法、电热法、自张法等。机械张拉法一般采用千斤顶或其他张拉工具。电热张拉法是将低压强电流通过预应力筋使其发热伸长，锚固后利用预应力筋的冷缩而建立预应力。自张法是利用膨胀水泥带动预应力筋一起伸长的张拉方法。预应力混凝土结构主要采用机械法。

2. 先张法和后张法

先张法即先张拉预应力筋后浇筑混凝土的施工方法,其主要工序(图6-7)是:在台座或钢模上张拉钢筋至预定值并作临时固定,然后浇灌混凝土,待混凝土达到一定强度(约为设计强度的75％以上)后,切断预应力钢筋,钢筋在回缩时对混凝土施加预应力。先张法预应力的传递主要是依靠钢筋与混凝土之间的粘结力,有时需补充设置特殊的锚具。

先张法生产工艺简单,工序少,效率高,质量容易保证,而且省去锚具和减少了预埋件,生产成本较低,但需要专门的张拉台座,适宜于预制大批生产的中小型构件。

后张法是先浇筑构件混凝土,待混凝土养护结硬后,再在构件上张拉预应力筋的方法,其主要工序(图6-8)为:在构件混凝土浇筑之前先预留孔道,待混凝土达到一定强度(一般不低于设计强度的75％)后,在孔道内穿筋或将钢筋设置在套管(如波纹管)内浇灌混凝土,然后安装张拉设备,张拉钢筋(一端锚固,另一端张拉或两端同时张拉)的同时压缩混凝土,张拉完毕后将张拉端钢筋用工作锚具锚紧(锚具留在构件中不再取出),然后往孔道内压力灌浆。后张法中混凝土的预压应力是靠设置在钢筋两端的锚具锚固获得的。

后张法是我国当前生产大型构件的主要方法,其优点是不需台座,便于在现场施工,但需锚具,成本较高。

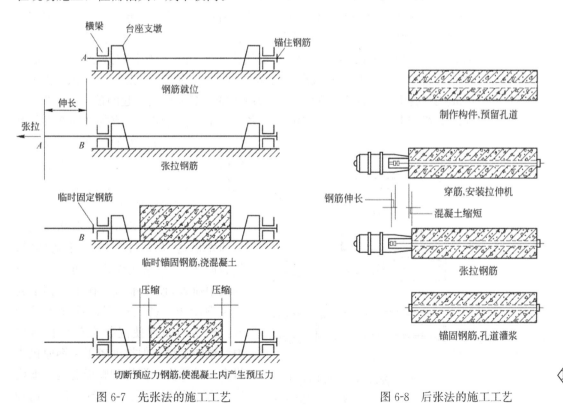

图6-7 先张法的施工工艺　　　　图6-8 后张法的施工工艺

值得注意的是，在预应力混凝土结构中，沿预应力混凝土构件长度方向，预应力筋中预拉应力的大小并不是一个恒定值，由于受到施工条件、材料性能和环境因素的影响，在施工和使用过程中往往会逐渐减小，从而使混凝土中的预压应力减小。预应力钢筋中的这种预拉应力减小的现象称为预应力损失。因此，对于预应力混凝土结构的设计，一方面要确定预应力筋张拉时的初始应力（即张拉控制应力），同时还要正确估算预应力损失值，根据两者之差确定有效预应力。

在预应力混凝土构件中引起预应力损失的原因很多，产生的时间也有先后，先张法和后张法两种不同工艺引起的预应力损失也不完全相同。按照《混凝土结构设计规范》（GB 50010—2010），在预应力钢筋的应力计算中，一般应考虑下列因素引起的预应力损失：即张拉端锚具变形和钢筋内缩引起的预应力损失 σ_{l1}；预应力钢筋与孔道壁之间及在转向装置处的摩擦引起的预应力损失 σ_{l2}；混凝土加热养护时，受张拉的钢筋与承受拉力的设备之间的温差引起的预应力损失 σ_{l3}；预应力钢筋的应力松弛引起的预应力损失 σ_{l4}；混凝土的收缩和徐变引起的预应力损失 σ_{l5}；用螺旋式预应力钢筋作配筋的环形构件，当环形构件直径 $d \leqslant 3\mathrm{m}$ 时，由于混凝土的局部挤压引起的预应力损失 σ_{l6}。对于先张法预应力混凝土构件，预应力损失的组合包括 σ_{l1}、σ_{l2}、σ_{l3}、σ_{l4} 和 σ_{l5}，后张法预应力损失的组合包括 σ_{l1}、σ_{l2}、σ_{l4}、σ_{l5} 和 σ_{l6}。《公路钢筋混凝土及预应力混凝土桥涵设计规范》（JTG D62—2004）规定，当计算构件截面应力和确定钢筋的控制应力时，应计算的预应力损失包括预应力钢筋与管道壁之间的摩擦引起的预应力损失 σ_{l1}；锚具变形、钢筋回缩和拼装构件的接缝压缩引起的预应力损失 σ_{l2}；混凝土加热养护时，预应力钢筋与台座之间的温度差引起的预应力损失 σ_{l3}；混凝土的弹性压缩引起的预应力损失 σ_{l4}；预应力钢筋的应力松弛引起的预应力损失 σ_{l5}；混凝土的收缩和徐变引起的预应力损失 σ_{l6}。此外，尚应考虑预应力钢筋与锚圈口之间的摩擦、先张法台座的弹性变形等其他损失。预应力损失的组合，对先张法包括 σ_{l2}、σ_{l3}、σ_{l4}、σ_{l5} 和 σ_{l6}，对后张法包括 σ_{l1}、σ_{l2}、σ_{l4}、σ_{l5} 和 σ_{l6}。

3. 预弯梁预加力

预弯预加力混凝土梁，是指将工字钢预先制成（无应力状态）向上弯的梁，然后加载（一般采用作用在两个1/4点的集中荷载）使之平直，在工字钢下翼缘浇混凝土，待其达到设计强度后卸载，钢梁的回弹使混凝土获得预压应力，梁向上拱，但拱度较工字钢原拱小得多，最后浇上翼缘和腹板混凝土即构成预弯预应力混凝土梁（图 6-9）。这种预应力混凝土梁实质上是通过钢梁与混

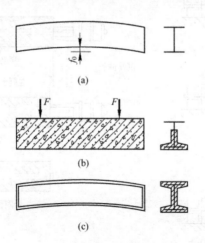

图 6-9 预弯预应力混凝土梁
(a)预拱劲性钢梁；(b)加载预弯、混凝土施工；
(c)卸载反弹、预应力作用

凝土之间的粘结构造将钢梁的弹性恢复力施加于混凝土上，弹性恢复力是利用屈服强度很高的钢梁预先弯曲产生的弹性变形而获得。这种预弯梁预加力法不需张拉和锚具设备，也省去后张法中的管道，如在现场施工，浇筑混凝土时不需设立模架，具有一定经济效益。

6.6 制动力

6.6.1 汽车制动力

汽车制动力是汽车刹车时为克服其惯性力而在车轮和路面接触面之间产生的一个水平摩阻力，其值为摩擦系数乘以车辆的总重力。制动力是对地面的一种作用，其方向与汽车前进方向相同。

影响制动力大小的因素很多，如路面的粗糙状况、轮胎的粗糙状况及充气压力的大小、制动装置的灵敏性、行车速度等。

摩擦系数的大小，可按功能原理经过试验确定。制动过程可写成下式：

$$\frac{v_1^2 W - v_2^2 W}{2g} = f W_1 S \tag{6-13}$$

式中 f——车轮在路面上的滑动摩擦系数；

S——制动距离；

W——被制动物体的总重力；

W_1——具有制动装置的车轮总重力；

g——重力加速度；

v_1、v_2——分别为制动前、后的车速。

当所有车轮上都有制动装置时，$W=W_1$，汽车制动后完全停止，则 $v_2=0$，此时有：

$$\frac{v_1^2}{2g} = fS \tag{6-14}$$

据此测定的路面摩擦系数为：水泥混凝土路面 0.74，沥青混凝土路面 0.62，平整的泥结碎石路面 0.60(还要根据气候条件和路面潮湿情况不同而变化)。但汽车制动时，由于车速减小，往往达不到上述数值。因此，一般正常制动力约为 0.2W 左右(W 为汽车总重力)。

车队行驶时，需保持一定车距，其停车、起动都受到限制，而且一行汽车不可能全部同时刹车，因此车队行驶时每辆车的制动力比单车行驶时小。《公路桥涵设计通用规范》(JTG D60—2004)规定：一个设计车道上由汽车荷载产生的制动力标准值为车道荷载标准值在加载长度上计算的总重力的 10% 计算，但公路-Ⅰ级汽车荷载的制动力标准值不得小于 165kN；公路-Ⅱ级汽车荷载的制动力标准值不得小于 90kN。同向行驶双车道的汽车荷载制动力标准值为一个设计车道制动力标准值的两倍；同向行驶三车道为一个设计车道的 2.34 倍；同向行驶四车道为一个设计车道的 2.68 倍。

制动力的方向就是行车方向，其着力点在设计车道桥面上方1.2m 处，在计算墩台时，可移至支座铰中心或支座底座面上。计算刚构桥、拱桥时，制动力的着力点可移至桥面上，但不计由此产生的竖向力和力矩。

6.6.2 吊车制动力

在工业厂房中，常设有吊车以起吊重物。吊车在启动和运行中的刹车都会产生制动力。吊车制动力分为纵向制动力和横向制动力两种。纵向制动力是指吊车（大车）沿厂房纵向启动或制动时，由吊车自重和吊重的惯性力所产生的水平荷载。横向制动力是指载有额定最大起重量的小车，沿厂房横向启动或制动时，由于吊重和小车的惯性力而产生的水平荷载。惯性力为运行重量与运行加速度的乘积，但必须通过制动轮与钢轨间的摩擦传递给厂房结构。因此，吊车的水平制动力取决于制动轨的轮压和它与钢轨间的滑动摩擦系数，滑动摩擦系数一般可取 0.14。

《建筑结构荷载规范》（GB 50009—2001）（2006 年版）规定：吊车纵向水平制动力标准值，应按作用在一边轨道上所有刹车轮的最大轮压之和的10% 采用，该力的作用点位于刹车轮与轨道的接触点，其方向与轨道方向一致。

吊车横向水平制动力可按下式计算：

$$T = \alpha(Q + Q_1)g \tag{6-15}$$

式中　Q——吊车的额定起重量；

　　　Q_1——横行小车重量；

　　　g——重力加速度；

　　　α——小车制动力系数；对软钩吊车，当额定起重量不大于 10t 时，应取 0.12；当额定起重量为 16～50t 时，应取 0.1；当额定起重量不小于 75t 时，应取 0.08；对硬钩吊车，应取 0.2。

横向吊车水平制动力应等分于吊车桥架的两端，分别由轨道上的车轮平均传至轨道，其方向与轨道垂直，并考虑正、反两个方向的刹车情况。悬挂吊车的水平制动力应由支撑系统承受，可不计算。手动吊车及电动葫芦可不考虑水平制动力。

6.7 冲击力和撞击力

6.7.1 汽车冲击力

当车辆以正常或较高时速在桥上行驶时，由于车辆荷载的快速施加，以及桥面的不平整、车轮不圆、发动机抖动等原因，会引起桥梁结构的振动，这种动力效应通常称为冲击作用。这时，在结构上产生的应力或挠度要比同样大小的静荷载所引起的大。目前对于冲击作用还不能作出完全符合实际情况的理论分析和实际计算，只能采用粗糙的近似方法，即以冲击系数 μ 来考虑冲击作用的影响。在设计计算中，汽车荷载的冲击力为汽车荷载乘以冲击系数 μ。根据《公路桥涵设计通用规范》（JTG D60—2004）的规定，冲击系数与结构基频有关，可按下式计算：

当 $f < 1.5\mathrm{Hz}$ 时，$\mu = 0.05$

当 $1.5\mathrm{Hz} \leqslant f \leqslant 14\mathrm{Hz}$ 时，$\mu = 0.1767\ln f - 0.0157$ (6-16)

当 $f > 14\mathrm{Hz}$ 时，$\mu = 0.45$

式中　f——结构基频（Hz）。

钢桥、钢筋混凝土桥及预应力混凝土桥、圬工拱桥等上部构造和钢支座、板式橡胶支座、盆式橡胶支座及钢筋混凝土柱式墩台，应计算汽车的冲击作用。

6.7.2　汽车撞击力

《公路桥涵设计通用规范》（JTG D60—2004）规定：桥梁结构必要时可考虑汽车的撞击作用。汽车撞击力标准值在车辆行驶方向取 1000kN，在车辆行驶垂直方向取 500kN，两个方向的撞击力不同时考虑，撞击力作用于行车道以上 1.2m 处，直接分布于撞击涉及的构件上。

对于设有防撞设施的结构构件，可视防撞设施的防撞能力，对于汽车撞击力标准值予以折减，但折减后的汽车撞击力标准值不应低于上述规定值的 1/6。

6.7.3　船只或漂流物的撞击力

处于通航河流或有漂流物河流中的桥梁墩台应计入船只或漂流物的撞击力。这个撞击力有时是十分巨大的，可以达到 1000kN 以上。因而在可能条件下，应采用实测资料计算。撞击力可按船只或排筏作用于墩台上的有效动能全部转化为静力功的假定进行计算，按下式确定：

$$F = \gamma v \sin\alpha \sqrt{\frac{m}{c}} \qquad (6-17)$$

式中　F——船只或排筏撞击力（kN）；

　　　γ——动能折减系数，$\gamma = \sqrt{\rho}$，一般可取 0.4；其中 $\rho = \dfrac{1}{1 + \left(\dfrac{d}{R}\right)^2}$，$R$

　　　　　为水平面上船只对其质心的回转半径，d 为质心与撞击点在平行墩台面的距离；

　　　v——行驶速度，可采用 2m/s；

　　　α——撞击角，为船只或排筏的纵轴线与墩台面的夹角，可取 $\alpha = 20°$；

m——船只或排筏质量(t)；

c——弹性变形系数，即单位力所产生的变形；一般顺桥轴方向取 0.005，横桥轴方向取 0.003。

当缺乏实际调查资料时，船舶或漂流物撞击力可根据《公路桥涵设计通用规范》(JTG D60—2004)规定采用，内河船舶撞击作用标准值见表 6-5。四、五、六、七级航道内的钢筋混凝土桩墩，顺桥向撞击作用可按表 6-5 所列数值的 50% 考虑。

内河船舶撞击作用标准值　　　　　　　　　表 6-5

内河航道等级	船舶吨级(t)	横桥向撞击作用(kN)	顺桥向撞击作用(kN)
一	3000	1400	1100
二	2000	1100	900
三	1000	800	650
四	500	550	450
五	300	400	350
六	100	250	200
七	20	150	125

可能遭受大型船舶撞击作用的桥墩，应根据桥墩的自身抗撞击能力、桥墩的位置和外形、水流流速、水位变化、通航船舶类型和碰撞速度等因素作桥墩防撞设施的设计。当设有与墩台分开的防撞击的防护结构时，桥墩可不计船舶的撞击作用。

漂流物对墩台的撞击力标准值可按下式估算：

$$F = \frac{WV}{gT} \tag{6-18}$$

式中　F——漂流物撞击力标准值(kN)；

　　　W——漂流物的重力(kN)，应根据河流中漂流物情况，按实际调查确定；

　　　V——水流速度(m/s)；

　　　T——撞击时间(s)，应根据实际资料估计，在无实际资料时，可采用 1s；

　　　g——重力加速度，取 9.81m/s^2。

内河船舶的撞击作用点，可假定为计算通航水位线以上 2m 的桥墩宽度或长度的中点。漂流物的撞击作用点假定在计算通航水位线上桥墩宽度的中点。

6.8　离心力

离心力就是物体沿曲线运动或作圆周运动时所产生的离开中心的力。《公路桥涵设计通用规范》(JTG D60—2004)规定：当弯道桥的曲率半径等于或小于250m时，应计算汽车荷载引起的离心力。离心力的大小与平曲线半径成反比，离心力为车辆荷载标准值(不计冲击力)乘以离心力系数 C。C 可按下式计算：

$$C = \frac{V^2}{127R} \tag{6-19}$$

式中　V——设计速度(km/h)，应按桥梁所在路线设计速度采用；

　　　R——弯道曲线半径(m)。

计算多车道桥梁的汽车荷载离心力时，车辆荷载标准值应乘以车道的横向折减系数，按表6-6取用。

多车道的横向折减系数　　　　　　　　表6-6

横向布置设计车道数	2	3	4	5	6	7	8
折减系数	1.00	0.78	0.67	0.60	0.55	0.52	0.50

离心力的着力点作用在桥面以上1.2m处，但为计算方便，也可以移到桥面上，不计由此引起的作用效应。

小结及学习指导

1. 温度作用是由温度变化而引起的结构变形和应力，不仅取决于结构所处环境温度变化，还与结构或者构件的约束条件有关。温度作用效应可以根据变形协调由结构力学或者弹性力学方法确定。

2. 结构由于地基变形引起的内力及变形可按照力学基本原理，根据长期压密后的最终沉降量，由平衡条件及变形条件计算。

3. 收缩是混凝土在空气中结硬体积缩小的现象，会在混凝土中产生拉应力，并导致构件开裂。徐变是混凝土在外力长期作用下随荷载持续时间而增长的变形。在静定结构中，徐变会引起构件材料之间应力重分布；在超静定结构中，徐变会在构件中产生附加内力。

4. 爆炸在极短的时间内释放大量的能量，并且以波的形式向周围介质施加高压。高压以冲击波的形式向发生超压空间内各表面施加挤压力，作用效应相当于静压；冲击波带动波阵面后空气质点高速运动引起动压，作用效应相当于风压。易爆建筑在设计时需要对压力峰值作出估算，以确定泄爆面积，基于不同的假设条件和基本理论可以给出压力近似计算方法。

5. 水浮力是指作用于建筑物基底面由下向上的水压力，等于建筑物排开同体积的水重力。浮力对处于地下水中的结构的受力和工作性能有明显影响。

6. 预加力是以某种人为方式在结构构件上预先施加与构件所能承受的外荷载产生相反效应的力。根据预应力结构设计方法及施工的不同，可分为外部预加力和内部预加力；先张法预加力和后张法预加力等。

7. 汽车制动力是车辆刹车时为克服车辆惯性力而在路面与车辆之间发生的滑动摩擦力。吊车制动力是厂房吊车运行时刹车产生的惯性力，通过制动轮与钢轨间的摩擦传给厂房结构，可分为吊车纵向水平制动力和横向水平制动力。吊车纵向水平制动力由吊车桥沿厂房纵向运行时制动引起，横向水平制动力由吊车小车和起吊物沿桥架在厂房横向运行时制动产生。

8. 汽车冲击作用是指当车辆以正常或较高时速在桥上行驶时，由于车辆荷载的快速施加，以及桥面的不平整、车轮不圆、发动机抖动等原因，引起的桥梁结构振动效应。处于通航河流或有漂流物河流中的桥梁墩台应计入船只或漂流物的撞击力。

9. 离心力就是物体沿曲线运动或作圆周运动时所产生的离开中心的力。车辆离心力为车辆荷载（不计冲击力）乘以离心力系数 C 得到。

思考题

6-1 试说明温度作用的概念和基本原理。

6-2 为什么说变形作用从广义上来讲也是一种荷载作用？

6-3 什么是混凝土的收缩和徐变？它们对于混凝土结构有何有利和不利影响？

6-4 简要说明爆炸对物体的作用过程。对地面结构和地下结构，爆炸荷载分别应如何进行计算？

6-5 地下结构在什么情况下应考虑浮力作用？

6-6 预加力的作用是什么？对结构施加预应力的方法有哪些？

6-7 汽车制动力和吊车制动力的本质是什么？实用上各是如何进行取值的？

6-8 汽车冲击力和车船撞击力的计算原理是什么？

6-9 车辆离心力如何确定？

习题

6-1 已知刚架如图 6-10 所示，梁下侧和柱右侧温度升高 10℃，梁上侧和柱左侧温度无改变。杆件截面为矩形，截面高度 $h=600\text{mm}$，$\alpha=1.0\times10^{-5}$。试求刚架 C 点的竖向位移 Δc。

6-2 图 6-11 为超静定体系，支座 B 发生了水平位移 a 和下沉 b，求刚架的弯矩图。

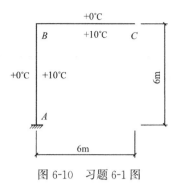

图 6-10　习题 6-1 图

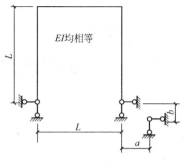

图 6-11　习题 6-2 图

第7章
荷载统计分析

本章知识点

【知识点】
荷载的概率模型及其应用，常遇荷载的统计分析，荷载代表值及荷载效应组合的规则。

【重点】
理解平稳二项随机过程概率模型的建立方法、适用范围及假设条件，熟悉常遇荷载的统计分析方法，掌握荷载标准值、频遇值、准永久值和组合值的确定方法，理解荷载效应组合的规则。

【难点】
理解荷载统计分析的过程，掌握荷载代表值的确定方法。

7.1 概述

荷载具有随机特性，且一般是随机过程，对其描述与分析处理应采用概率论和数理统计的方法。

首先在设计基准期内对某一种荷载经过统计得出其样本函数，荷载随机过程的样本函数十分复杂，它随荷载的种类不同而异。虽然一次统计的结果比较分散，但是大量的统计结果将会呈现出规律性。这样，通过采取合理的假定就可以分析得出一个能够描述这种变化的简化模型，即荷载随机过程概率模型。

由于工程结构设计中需要明确设计基准期内的荷载最大值，因此，需要根据荷载随机过程概率模型转化得到设计基准期内最大荷载的概率分布函数。由此就可以计算得到荷载的统计参数，如均值、方差、变异系数等。

基于荷载的统计特征赋予的规定量值即为荷载代表值。工程结构设计中采用的荷载代表值分为标准值、频遇值、准永久值和组合值四类。其中，荷载标准值是荷载的基本代表值，为设计基准期内最大荷载概率分布的某一分位值，其他代表值都可以在标准值基础上乘以相应的系数得到。

在确定了某一荷载的取值后，就需要考虑同时作用在结构上的各种荷载间的组合问题。也即需要考虑设计基准期内不同荷载同时存在的几率，合理地组合成不同的情况，以选择最不利的情况进行结构设计。此外，由于同时作用在结构上的荷载，其方向一般不一致，不能直接组合，因此，在结构设计时通常采用荷载效应组合。

本章主要介绍荷载的平稳二项随机过程概率模型，设计基准期最大荷载的概率分布函数，永久荷载、民用建筑楼面活荷载、风荷载与雪荷载的统计分析，荷载代表值的确定以及荷载效应组合的规则。

7.2 荷载的概率模型及其应用

7.2.1 荷载的概率模型

目前对各类荷载随机过程的样本函数及其性质了解甚少，常采用的荷载随机过程概率模型主要有平稳二项随机过程概率模型、滤过泊松随机过程概率模型、滤过韦伯随机过程概率模型等。各种荷载的概率模型必须通过调查实测，根据所获得的资料和数据进行统计分析后确定，使之尽可能反映荷载的实际情况。对于永久荷载、常见的楼面活荷载、风荷载、雪荷载、公路及桥梁人群荷载等，常采用平稳二项随机过程概率模型，而对于车辆荷载一般采用滤过泊松随机过程概率模型或滤过韦伯随机过程概率模型。

平稳二项随机过程概率模型的基本假定如下：

① 设计基准期 T 可以等分为 r 个相等时段 τ，荷载一次持续施加在结构上的时段长度为 τ，或认为设计基准期内荷载均匀变动 $r=T/\tau$ 次。

② 在每一时段 τ 上，荷载 $Q(t)$ 出现 $[Q(t)>0]$ 的概率为 p，$Q(t)$ 不出现 $[Q(t)=0]$ 的概率 $q=1-p$。

③ 在每一时段上，当荷载出现时，其幅值是非负随机变量，且在不同时段上其概率分布函数 $F_{Q_i}(x)$ 相同，$F_{Q_i}(x)$ 称为荷载的任意时点分布。

④ 不同时段 τ 上的荷载幅值随机变量相互独立，且在各时段上荷载是否出现相互独立。

以上假定所描述的荷载随机过程的等时段矩形波函数见图 7-1。矩形波幅值的变化规律采用随机过程中任意时点荷载的概率分布函数来描述。

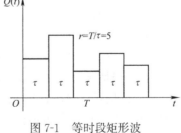

图 7-1 等时段矩形波

7.2.2 设计基准期最大荷载的概率分布函数

对结构设计和结构可靠度分析来说，最有意义的是设计基准期内的荷载最大值 Q_T，因此，必须将荷载随机过程转化为设计基准期最大荷载：

$$Q_T = \max_{0 \leqslant t < T} Q(t) \tag{7-1}$$

Q_T 是一个与时间参数 t 无关的随机变量。

为了推导设计基准期最大荷载 Q_T 的概率分布函数，先求出在任意时段 $\tau_i(\tau_i=1, 2, \cdots, r)$ 上的荷载概率分布函数 $F_{Q_{\tau_i}}(x)$。根据 7.2.1 节荷载平稳二项随机过程假设②、③条，当 $x \geqslant 0$ 时任意时段 τ_i 荷载概率分布函数 $F_{Q_{\tau_i}}(x)$ 为：

$$
\begin{aligned}
F_{Q_{\tau_i}}(x) &= P\{Q(t) \leqslant x, \ t \in \tau_i\} \\
&= P\{Q(t)>0\} P\{Q(t) \leqslant x \mid Q(t)>0\} + P\{Q(t)=0\} P\{Q(t) \leqslant x \mid Q(t)=0\} \\
&= p \cdot F_{Q_i}(x) + (1-p) \times 1 = 1 - p\left[1 - F_{Q_i}(x)\right]
\end{aligned}
\tag{7-2}
$$

当 $x<0$，任意时段 τ_i 荷载概率分布函数 $F_{Q_{\tau_i}}(x)=0$。

再根据荷载概率分布模型的基本假定①、④条，可得在设计基准期 T 内最大荷载值 Q_T 的概率分布函数为：

$$
\begin{aligned}
F_{Q_T}(x) &= P\{Q_T \leqslant x\} = P\{\max_{0<t<T} Q(t) \leqslant x\} = \prod_{i=1}^{r} P\left[Q(t_i) \leqslant x, \ t_i \in \tau_i\right] \\
&= \{1 - p\left[1 - F_{Q_i}(x)\right]\}^r \quad (x \geqslant 0)
\end{aligned}
\tag{7-3}
$$

设荷载在 T 年内出现的平均次数为 m，则 $m=pr$。

显然，出现的概率 $p=1$ 时，有 $m=r$，则设计基准期内概率分布函数为：

$$
F_{Q_T}(x) = \left[F_{Q_i}(x)\right]^m
\tag{7-4}
$$

对于出现的概率 $p<1$ 的临时性楼面活荷载、风雪荷载，可利用近似关系式 $e^{-x} \approx 1-x$ 导出设计基准期内概率分布函数为：

$$
\begin{aligned}
F_{Q_T}(x) &= \{1 - p\left[1 - F_{Q_i}(x)\right]\}^r = \{e^{-p\left[1 - F_{Q_i}(x)\right]}\}^r \\
&= \{e^{\left[1 - F_{Q_i}(x)\right]}\}^{pr} \approx \{1 - \left[1 - F_{Q_i}(x)\right]\}^{pr} \\
&\approx \left[F_{Q_i}(x)\right]^m \quad (x \geqslant 0)
\end{aligned}
$$

即
$$
F_{Q_T}(x) \approx \left[F_{Q_i}(x)\right]^m
\tag{7-5}
$$

式(7-5)也可求任意时段长度上最大荷载随机变量的概率分布，此时，将 T 改换为该时段的长度即可。可见只要通过调查、实测和统计分析获得 $F_{Q_i}(x)$ 和 m 后，就可以求得任意时段中最大荷载的概率分布。

在一般情况下，采用式(7-5)确定设计基准期内最大荷载的概率分布 $F_{Q_T}(x)$ 比按式(7-3)简单，结果偏于安全，且与国际"结构安全度联合委员会"(JCSS)所推荐的近似公式相一致。

7.3 常遇荷载的统计分析

7.3.1 永久荷载

对于永久荷载(恒载)，其值在设计基准期内基本不变，随机过程就转化为与时间无关的随机变量 $\{Q(t_0), \ t_0 \in [0, T]\}$，样本函数的图像是平行于时间轴的一条直线(图 7-2)。因此，永久荷载可以直接用随机变量描述，记为

G。此时，荷载一次出现的持续时间 $\tau = T$，在设计基准期内的时段数 $r = 1$，而且在每一时段内出现的概率 $p = 1$。

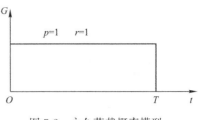

图 7-2 永久荷载概率模型

为了简便，采用 $K_G = G/G_k$ 这个量纲为 1 的参数作为永久荷载的统计变量，其中 G 为实测重量，G_k 为荷载规范规定的永久荷载标准值，通过对有代表性永久荷载的实测数据的统计，得到代表全国钢筋混凝土材料永久荷载的随机变量 K_G 的统计参数为：

$$\mu_{K_G} = 1.06, \quad \sigma_{K_G} = 0.074$$

用 χ^2 检验或 K-S 检验，在显著水平 0.05 下，永久荷载的随机变量 K_G 服从正态分布。其任意时点的概率分布函数可表示为：

$$F_{G_i}(x) = \frac{1}{\sqrt{2\pi}\,0.074 G_k} \int_{-\infty}^{x} \exp\left[-\frac{(\mu - 1.06 G_k)^2}{0.011 G_k^2}\right] \mathrm{d}u \qquad (7\text{-}6)$$

按式(7-5)可以求得永久荷载在设计基准期 T 内最大值的概率分布函数为：

$$F_{G_T}(x) = F_{G_i}(x) = \frac{1}{\sqrt{2\pi}\,0.074 G_k} \int_{-\infty}^{x} \exp\left[-\frac{(\mu - 1.06 G_k)^2}{2 \times (0.074 G_k)^2}\right] \mathrm{d}u \quad (7\text{-}7)$$

由此可得，永久荷载在设计基准期 T 内的统计参数为：

$$\mu_{K_G} = \mu_G/G_k = 1.06, \quad \sigma_{K_G} = 0.074, \quad \delta_{K_G} = 0.07 \qquad (7\text{-}8)$$

可见，永久荷载实测的平均值与荷载规范规定的标准值之比为：

$$K = \mu_G/G_k = 1.06 \qquad (7\text{-}9)$$

统计分析表明，实测平均值为标准值 G_k 的 1.06 倍，说明永久荷载存在超重现象。

7.3.2　民用建筑楼面活荷载

民用建筑楼面活荷载一般分为持久性活荷载 $L_i(t)$ 和临时性活荷载 $L_r(t)$ 两类。前者是在设计基准期 T 内，经常出现的荷载，如办公楼内的家具、设备、办公用具、文件资料等的重量以及正常办公人员的体重、住宅中的家具、日用品等重量以及常住人员的体重。后者是指暂时出现的活荷载，如办公室内开会时人员的临时集中、临时堆放的物品重量、住宅中逢年过节、婚丧喜庆的家庭成员和亲友的临时聚会时的活荷载。

持久性活荷载可由现场实测得到，临时性活荷载一般通过口头询问调查，要求用户提供他们在使用期内的最大值。

1. 办公楼楼面持久性活荷载

办公楼持久性活荷载 $L_i(t)$ 在设计基准期 T 内任何时刻都存在，故出现概率 $p = 1$。平均持续使用时间即时段 τ 接近 10 年，亦即在设计基准期 50 年内，总时段数 $r = 5$，荷载出现次数 $m = pr = 5$，这样平稳二次项随机过程的

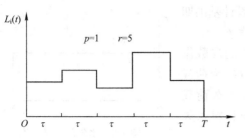

图 7-3 办公楼楼面持久性活荷载概率模型

样本函数如图 7-3 所示。

通过对实测数据经 χ^2 分布假设检验，在显著水平 0.05 下，任意时点的持久性活荷载 $L_i(t)$ 的概率分布不拒绝极值 I 型分布，且其子样的均值 $\mu_{L_i}=38.62\text{kg/m}^2$，标准差 $\sigma_{L_i}=17.81\text{kg/m}^2$。

依据概率论可计算出任意时点持久性活荷载的概率分布的分布参数：

$$\alpha=\sigma_{L_i}/1.2825=13.89\text{kg/m}^2, \quad \beta=\mu_{L_i}-0.5772\alpha=30.60\text{kg/m}^2$$

任意时点的概率分布函数可以写为：

$$F_{L_i}(x)=\exp\left[-\exp\left(-\frac{x-30.6}{13.89}\right)\right] \tag{7-10}$$

根据任意时点分布并利用式(7-5)，可以求得在 50 年设计基准期内持久性活荷载的最大值概率分布函数为：

$$
\begin{aligned}
F_{L_{iT}}(x) &= \left\{\exp\left[-\exp\left(-\frac{x-30.6}{13.89}\right)\right]\right\}^5 \\
&= \exp\left[-\exp\left(-\frac{x-30.6-13.89\ln5}{13.89}\right)\right] \\
&= \exp\left[-\exp\left(-\frac{x-52.96}{13.89}\right)\right]
\end{aligned} \tag{7-11}
$$

式中，分布参数 $\alpha_T=\alpha$，$\beta_T=\beta+\alpha\ln5=52.96\text{kg/m}^2$。

由此可以计算出设计基准期内持久性活荷载的统计参数：

均值 $\mu_{L_{iT}}=\beta_T+0.5772\alpha_T=60.98\text{kg/m}^2$；

标准差 $\sigma_{L_{iT}}=\sigma_{L_i}=17.81\text{kg/m}^2$；

变异系数 $\delta_{L_{iT}}=17.81/60.98=0.29$。

2. 办公楼楼面临时性活荷载

办公楼临时性活荷载在设计基准期 T 内的平均出现次数很多，持续时间较短，其样本函数经模型化后如图 7-4 所示。对临时性活荷载的统计特性，包括荷载的变化幅度、平均出现次数 m、持续时段长度 τ 等，要取得精确的资料是困难的。临时性活荷载调查测定时，按用户在使用期（平均取 10 年）内的最大值计算，10 年内的最大临时性活荷载记为 $L_{rs}(t)$。统计参数分别为平均值 $\mu_{L_{rs}}=35.52\text{kg/m}^2$，标准差 $\sigma_{L_{rs}}=24.37\text{kg/m}^2$，变异系数 $\delta_{L_{rs}}=0.69$。

经 χ^2 统计假设检验，办公楼的临时性活荷载的概率分布服从极值 I 型分布，即

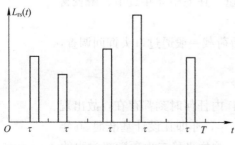

图 7-4 办公楼楼面临时性活荷载概率模型

$$F_{L_{rs}}(x) = \exp\left[-\exp\left(-\frac{x-24.55}{19.00}\right)\right] \qquad (7\text{-}12)$$

办公楼楼面临时性活荷载在设计基准期的最大值分布为：

$$F_{L_{rT}}(x) \approx [F_{L_{rs}}(x)]^5 = \exp\left[-\exp\left(-\frac{x-55.13}{19.00}\right)\right] \qquad (7\text{-}13)$$

式中，分布参数 $\alpha_T = \alpha = 19\text{kg/m}^2$，$\beta_T = \beta + \alpha\ln5 = 55.13\text{kg/m}^2$。

由此可计算出设计基准期内办公楼面临时性活荷载的统计参数为：

平均值　　$\mu_{L_{rT}} = 66.10\text{kg/m}^2$；

标准差　　$\sigma_{L_{rT}} = 24.37\text{kg/m}^2$；

变异系数　$\delta_{L_{rT}} = 0.37$。

3. 办公楼楼面活荷载的统计参数

由前面统计分析结果和 Turkstra 组合规则（由任意时点持久性活荷载上 L_i 与设计基准期最大临时性活荷载上 L_{rT} 组合）可得出设计基准期内办公楼楼面活荷载的统计参数：

$$\left.\begin{aligned}
\mu_{L_T} &= \mu_{L_i} + \mu_{L_{rT}} = 38.62 + 66.10 = 104.72\text{kg/m}^2 \\
\sigma_{L_T} &= \sqrt{\sigma_{L_i}^2 + \sigma_{L_{rT}}^2} = \sqrt{17.81^2 + 24.37^2} = 30.18\text{kg/m}^2 \\
\delta_{L_T} &= \sigma_{L_T}/\mu_{L_T} = 30.18/104.72 = 0.288
\end{aligned}\right\} \qquad (7\text{-}14)$$

若采用 $K_{L_k} = \mu_{L_T}/L_k$ 作为办公楼楼面活荷载的统计变量，则有办公楼楼面活荷载的统计参数：

$$\left.\begin{aligned}
K_{L_k} &= 104.72/200 = 0.524 \\
\delta_k &= 0.288
\end{aligned}\right\} \qquad (7\text{-}15)$$

4. 住宅楼楼面活荷载的统计参数

同样，住宅楼楼面活荷载的统计分析与办公楼相同。类似地可得持久性活荷载设计基准内最大值的统计参数，均值 $\mu_{L_{iT}} = 70.65\text{kg/m}^2$，标准差 $\sigma_{L_{iT}} = 16.18\text{kg/m}^2$，变异系数 $\delta_{L_{iT}} = 0.23$。

临时性活荷载设计基准期内最大值 L_{rT} 的统计参数：均值 $\mu_{L_{rT}} = 78.43\text{kg/m}^2$，标准差 $\sigma_{L_{rT}} = 25.25\text{kg/m}^2$，变异系数 $\delta_{L_{rT}} = 0.32$。

对住宅而言，由前面统计分析结果有：

$$\left.\begin{aligned}
\mu_{L_T} &= \mu_{L_i} + \mu_{L_{rT}} = 50.35 + 78.43 = 128.78\text{kg/m}^2 \\
\sigma_{L_T} &= \sqrt{\sigma_{L_i}^2 + \sigma_{L_{rT}}^2} = \sqrt{16.18^2 + 25.25^2} = 29.96\text{kg/m}^2 \\
\delta_{L_T} &= 29.96/128.78 = 0.233
\end{aligned}\right\} \qquad (7\text{-}16)$$

若采用 $K_{L_T} = \mu_{L_T}/L_k$ 作为住宅楼楼面活荷载的统计参数，有：

$$\left.\begin{aligned}
K_{L_T} &= 128.78/200 = 0.644 \\
\delta_k &= 0.233
\end{aligned}\right\} \qquad (7\text{-}17)$$

7.3.3 风荷载

对于工程结构(尤其是高柔结构)来说，风荷载是一种重要的直接水平作用，它对结构设计与分析有着重要的影响。可取风荷载为平稳二项随机过程，按它每年出现一次最大值考虑。则当 $T=50$ 年时，在 $[0，T]$ 内年最大风荷载共出现 50 次；在一年时段内，年最大风荷载必然出现，因此 $p=1$，则 $m=pr=50$。年最大风荷载随机过程的样本函数如图 7-5 所示。

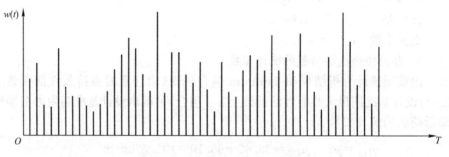

图 7-5 年最大风荷载样本函数

7.3.4 雪荷载

雪荷载是屋面结构尤其大跨钢结构的主要荷载之一。在统计分析中，雪荷载是采用基本雪压作为统计对象的，取各个地区的地面年最大雪压作为一个随机变量。与结构承载能力相适应，需要首先考虑每年的设计基准期内可能出现的雪压最大值。与设计基准期相比，年最大雪压持续时间仍属短暂，因此，采用滤过泊松过程描述更符合实际情况。但为了便于应用，《建筑结构可靠度设计统一标准》(GB 50068—2001)仍取雪荷载为平稳二项随机过程。则当 $T=50$ 年时，在 $[0，T]$ 内年最大雪荷载共出现 50 次；在一年时段内，年最大雪荷载必然出现，因此 $p=1$，则 $m=pr=50$。年最大雪荷载随机过程的样本函数类似于图 7-5。

7.4 荷载代表值

荷载代表值包括标准值、频遇值、准永久值和组合值。工程结构设计时，应根据各种极限状态的设计要求采用不同的荷载代表值。永久荷载应采用标准值作为代表值；可变荷载应采用标准值、组合值、频遇值或准永久值作为代表值。对偶然荷载应按建筑结构的使用特点确定其代表值。

7.4.1 标准值

荷载标准值是荷载的基本代表值，为设计基准期内最大荷载概率分布的某一分位值。永久荷载标准值一般相当于永久荷载概率分布的 0.5 分位值，即正态分布的平均值。永久荷载标准值可按设计尺寸与材料重度标准值计算。对于某些自重变异较大的材料或结构构件(如现场制作的保温材料、混凝土薄壁构件等)自重的标准值应根据结构的不利状态,通过结构可靠度分析,取其概率分布的某一分位值。对常用材料的标准值根据《建筑结构荷载规范》(GB 50009—2001)附录 A 采用。

可变荷载标准值是由设计基准期内荷载最大值概率分布的某一分位值确定的。例如,办公楼楼面活荷载的标准值 L_k 为 $2.0kN/m^2$,相当于办公楼在设计基准期最大活荷载 L_T 概率分布的平均值 μ_{L_T} 加 3.16 倍标准差 σ_{L_T},即

$$L_k = \mu_{L_T} + \alpha\sigma_{L_T} = 104.72 + 3.16 \times 30.18 \approx 2.0kN/m^2 \qquad (7\text{-}18)$$

式中,3.16 系指保证率系数 α。

住宅活荷载的标准值为 $2.0kN/m^2$,相当于住宅在设计基准期最大活荷载 L_T 概率分布的平均值 μ_{L_T} 加 2.38 倍标准差 σ_{L_T},即

$$L_k = \mu_{L_T} + \alpha\sigma_{L_T} = 128.78kg/m^2 + 2.38 \times 29.96 \approx 2.0kN/m^2 \qquad (7\text{-}19)$$

式中,2.38 系指保证率系数 α。

实际上并非所有的荷载都能取得充分的统计资料,并以合理的统计分析来规定其特征值。因此,《建筑结构可靠度设计统一标准》(GB 50068—2001)没有对分位值作具体的规定,但对性质类同的可变荷载,应尽量使其取值在保证率上保持相同的水平。

7.4.2 频遇值

荷载频遇值是对可变荷载而言的,是正常使用极限状态按频遇组合设计采用的一种可变荷载代表值。其值在设计基准期内被超越的总时间仅为设计基准期的一小部分或其超越频率限于某一给定值。它也是一种在统计基础上确定的荷载代表值。

7.4.3 准永久值

荷载准永久值也是对可变荷载而言的。是正常使用极限状态按准永久性组合和频遇组合设计时采用的可变荷载代表值。它是一种在统计基础上确定的荷载代表值,其值在设计基准期内被超越的总时间为设计基准期的一半。

荷载准永久值主要是用于正常使用极限状态的准永久组合和频遇组合中。准永久值反映了可变荷载的一种状态。国际标准 ISO 2394:1998 中建议,准永久值根据在设计基准期内荷载达到和超过该值的总持续时间与设计基准期的比值为 0.5 确定。对住宅、办公楼楼面活荷载及风雪荷载等,这相当于取其任意时点荷载概率分布的 0.5 分位值。在结构设计时,准永久值主要用于考虑荷载长期效应的影响。

7.4.4 组合值

组合值是考虑施加在结构上的各可变荷载不可能同时达到各自的最大值，因此，其取值不仅与荷载本身有关，而且与荷载效应组合所采用的概率模型有关。其值根据两种或两种以上可变荷载在设计基准期内相遇情况及其组合的最大荷载效应的概率分布，并考虑不同荷载效应组合时结构构件可靠指标具有一致性的原则确定；也可根据使组合后产生的荷载效应值超越概率与考虑单一荷载时基本相同的原则确定。组合值是一种在统计基础上确定的荷载代表值。

7.5 荷载效应组合的规则

7.5.1 Turkstra 组合规则

为了使荷载效应组合问题易于被工程设计人员所理解，Turkstra 从直觉出发，最早提出了一个简单组合规则。该规则轮流以一个荷载效应在设计基准期 T 内的最大值与其余荷载的任意时点值组合，即取

$$S_{C_i} = \max_{t \in [0,T]} S_i(t) + S_1(t_0) + \cdots + S_{i-1}(t_0) + S_{i+1}(t_0) + \cdots + S_n(t_0) \quad i=1, 2, \cdots, n$$

(7-20)

式中 t_0 —— $S_i(t)$ 达到最大值的时刻。

在设计基准期 T 内，荷载效应组合的最大值 S_c 取为上列诸组合的最大值，即

$$S_c = \max(S_{c_1}, S_{c_2}, \cdots, S_{c_n}) \tag{7-21}$$

其中任一组组合的概率分布，可根据式(7-20)中各求和项的概率分布通过卷积运算得到。

图 7-6 所示为三个荷载随机过程按 Turkstra 规则组合的情况。显然，该规则并不是偏于保守的，理论上还可能存在着更不利的组合。但由于规则简单，且是一个很好的近似方法，因此在工程实践中被广泛应用。

7.5.2 JCSS 组合规则

该规则是国际结构安全度联合委员会(JCSS)建议的荷载效应组合规则。按照这种规则，先假定可变荷载的样本函数为平稳二项过程，将某一可变荷载 $Q_1(t)$ 在设计基准期 $[0, T]$ 内的最大值效应 $\max_{t \in [0,T]} S_1(t)$ (持续时间为 τ_1)，与另一可变荷载 $Q_2(t)$ 在时间 τ_1 内的局部最大值效应 $\max_{t \in [0,\tau_1]} S_2(t)$ (持续时间为 τ_2)，以及第三个可变荷载 $Q_3(t)$ 在时间段 τ_2 内的局部最大值效应 $\max_{t \in [0,\tau_2]} S_3(t)$ 相组合，依此类推。图 7-7 所示虚线所在时段为三个可变荷载效应组合的示意。

按该规则确定荷载效应组合的最大值时，可考虑所有可能的不利组合项，取其中最不利者。对于 n 个荷载组合，一般有 2^{n-1} 项可能的不利组合。

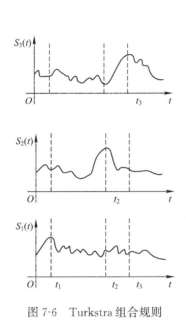

图 7-6 Turkstra 组合规则

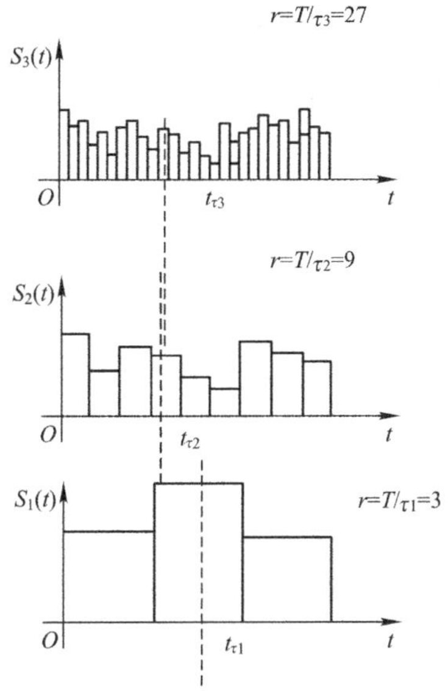

图 7-7 JCSS 组合规则

小结及学习指导

1. 荷载的随机过程概率模型主要有平稳二项过程概率模型、滤过泊松过程概率模型、滤过韦伯过程概率模型。其中，对于永久荷载、常见的楼面活荷载、风荷载、雪荷载、公路及桥梁人群荷载等，常采用平稳二项随机过程概率模型，而对于车辆荷载一般采用滤过泊松随机过程概率模型或滤过韦伯随机过程概率模型。

2. 荷载代表值包括标准值、频遇值、准永久值和组合值。工程结构设计时，应根据各种极限状态的设计要求采用不同的荷载代表值。永久荷载应采用标准值作为代表值；可变荷载应采用标准值、组合值、频遇值或准永久值作为代表值。对偶然荷载应按建筑结构的使用特点确定其代表值。

3. 荷载效应组合规则主要有 Turkstra 组合规则和 JCSS 组合规则两种。

思考题

7-1 简述荷载统计分析的一般过程。

7-2 常用的荷载随机过程概率模型有哪些？并说明其适用范围。

思 考 题

7-3 简述平稳二项随机概率模型的特点及基本假定。

7-4 怎样建立设计基准期最大荷载的概率分布函数？

7-5 什么是荷载代表值？主要包括哪几种？其相互间有什么关系？是如何确定的？

7-6 为什么要进行荷载效应组合？试比较 Turkstra 组合规则和 JCSS 组合规则。

第8章
结构抗力统计分析

本章知识点

【知识点】

材料性能的不定性，几何参数的不定性，计算模式的不定性，结构抗力统计参数，抗力的概率分布，材料强度的标准值，材料强度的设计值。

【重点】

理解结构抗力的不定性，掌握材料强度标准值及设计值的确定方法。

【难点】

结构抗力的统计参数，抗力的概率分布。

8.1 概述

结构构件的抗力是指其承受作用的能力。抗力是比较广泛的概念，对于承载力极限状态和正常使用极限状态都存在着抗力问题。比如混凝土受弯构件，在荷载作用下，必须满足强度（截面承载力等）和刚度（构件变形等）的要求，则强度和刚度都是抗力。一般说来，抗力是随时间发生变化的，例如，混凝土的腐蚀、老化、徐变等现象与时间有关；混凝土在有利环境及良好维护条件下，其强度随时间增长；钢结构的强度在不利的环境中随时间降低等。但考虑到在一般情况下，这些变化过程较为缓慢，为简化起见，可将结构构件的抗力作为与时间无关的随机变量来研究。

对于一结构实体，其抗力可以分为整体结构抗力、结构构件抗力、构件截面抗力和截面各点抗力四个方面。目前在进行结构设计时，承载能力的计算是针对结构构件抗力，而正常使用验算是针对结构构件和整体结构抗力。因此，在可靠度分析时，常常将结构构件抗力作为一个综合变量来考虑。

在进行结构可靠度分析时，影响结构抗力的主要因素是材料性能的不定性、几何参数的不定性和计算模式不定性。由于这些影响因素都存在着不定性，因此可将其处理为随机变量。对于抗力的统计参数和概率分布类型，很难直接得到其统计参数。目前对抗力的统计分析一般采用间接方法，即首先对影响结构构件抗力的各种主要影响因素进行统计分析，确定其统计参数，

149

然后通过构件抗力与这些因素的函数关系，求得构件抗力的统计参数。而构件抗力的概率分布，可根据各影响因素的概率分布类型，应用概率理论或者经验判断加以确定。

在数学推导结构构件的统计参数时，可以设随机变量 Z 为随机自变量 $X_i(i=1,2,\cdots,n)$ 的函数，随机变量 X_1，X_2，$\cdots$，X_i 相互独立，即：

$$Z=g(X_1, X_2, \cdots, X_n) \tag{8-1}$$

则 Z 的统计参数(均值、标准差和变异系数)为：

均值：
$$\mu_Z=g(\mu_{X_1}, \mu_{X_2}, \cdots, \mu_{X_n}) \tag{8-2}$$

标准差：
$$\sigma_Z^2=\sum_{i=1}^n\left(\frac{\partial g}{\partial X_i}\bigg|_\mu\right)^2\sigma_{X_i}^2 \tag{8-3}$$

变异系数：
$$\delta_Z=\frac{\sigma_Z}{\mu_Z} \tag{8-4}$$

8.2　结构抗力的不定性

所谓不定性，主要是指对结构可靠性有影响的因素的变异性。影响结构或者构件抗力不定性的主要因素有结构构件材料性能、结构构件几何参数和结构构件计算模式。

8.2.1　材料性能的不定性

材料性能的不定性主要是指由材料质量因素以及制作工艺、加荷环境、构件尺寸等因素引起的结构构件中材料性能的变异性。在实际工程计算中，结构材料性能(如强度、弹性模量等)一般是采用标准试件和标准试验方法确定的，并且以一个时期内由全国具有代表性的生产单位(或地区)的材料性能的统计结果作为全国平均生产水平的代表。对于结构构件的材料性能，还需要进一步考虑到实际材料性能与标准试件材料性能的差别、实际工作条件与标准试验条件的差别等，这些均会导致材料性能的变异性。

结构构件材料性能的不定性可采用随机变量 Ω_f 表示：

$$\Omega_f=\frac{f_j}{\omega_0 f_k}=\frac{1}{\omega_0}\cdot\frac{f_j}{f_s}\cdot\frac{f_s}{f_k} \tag{8-5}$$

式中　ω_0——规范规定的反映结构构件材料性能与试件材料性能的差别系数，如缺陷、尺寸、施工质量、加荷速度、试验方法、时间等因素的各种影响系数；

　　　f_j——结构构件的实际材料性能值；

　　　f_s——试件材料性能值；

　　　f_k——规范规定的试件材料性能的标准值。

$$\Omega_f=\frac{1}{\omega_0}\cdot\frac{f_j}{f_s}\cdot\frac{f_s}{f_k}=\frac{1}{\omega_0}\cdot\Omega_0\cdot\Omega_{f_s} \tag{8-6}$$

式中　Ω_0——结构构件材料性能与试件材料性能差别的随机变量；

　　　Ω_{f_s}——表示试件材料性能不定性的随机变量。

这样，Ω_f 的平均值 μ_{Ω_f} 和变异系数 δ_{Ω_f} 的关系如下：

$$\mu_{\Omega_f} = \frac{\mu_{\Omega_0}\mu_{\Omega_{f_s}}}{\omega_0} = \frac{\mu_{\Omega_0}\mu_{f_s}}{\omega_0 f_k} \tag{8-7}$$

$$\delta_{\Omega_f} = \sqrt{\delta_{\Omega_0}^2 + \delta_{f_s}^2} \tag{8-8}$$

式中　$\mu_{\Omega_{f_s}}$——材料性能 f_s 的平均值；

　　　μ_{Ω_0}——随机变量 Ω_0 的平均值；

　　　$\mu_{\Omega_{f_s}}$——随机变量 Ω_{f_s} 的平均值；

　　　δ_{f_s}——试件材料性能 f_s 的变异系数；

　　　δ_{Ω_0}——随机变量 Ω_0 的变异系数。

根据国内对各种结构材料强度性能的统计资料，按式(8-7)和式(8-8)求得的部分结构构件材料强度的统计参数(部分)见表 8-1。

部分结构构件材料强度的统计参数　　　　　表 8-1

结构材料种类	材料品种和受力状况		μ_{Ω_f}	δ_{Ω_f}	概率分布
钢筋	受拉	20MnSi 钢	1.14	0.07	正态分布
混凝土	轴心受压	C20	1.98	0.21	正态分布
		C30	1.82	0.17	
		C40	1.75	0.16	
砌体	轴心受压	烧结普通砖	1.00	0.17	—
		混凝土小型砌块	1.00	0.14	
	偏心受压	烧结普通砖	1.00	0.17	—
	受剪	烧结普通砖	1.00	0.24	
		混凝土小型砌块	1.00	0.24	
木材	顺纹受拉	黑龙江红松	1.48	0.32	—
	顺纹受压		1.28	0.22	
	受弯		1.47	0.25	
	顺纹受剪		1.32	0.22	

8.2.2　几何参数的不定性

结构构件几何参数的不定性，主要是指制作尺寸偏差和安装误差等引起的结构构件几何参数的变异性。它反映了制作安装后的实际结构构件与所设计的标准结构构件之间几何的差异。结构构件的几何参数，一般是指构件截面的几何特征，如宽度、有效高度、高度、面积、面积矩、惯性矩、抵抗矩、箍筋间距和混凝土保护层厚度等，以及构件的长度、跨度、偏心距和由这些几何参数构成的函数。

结构构件几何参数的不定性可用随机变量 Ω_a 表示：

$$\Omega_a = \frac{a}{a_k} \tag{8-9}$$

式中 a——几何参数的实际值；

a_k——几何参数的标准值，一般取设计值。

则结构构件几何参数的平均值 μ_{Ω_a} 和变异系数 δ_{Ω_a} 分别为：

$$\mu_{\Omega_a} = \frac{\mu_a}{a_k} \tag{8-10}$$

$$\delta_{\Omega_a} = \delta_a \tag{8-11}$$

结构构件几何参数值应以正常生产情况下的实测数据为基础，经大量统计分析得到。当实测数不足时，可按相关标准中规定的几何尺寸公差，经分析判断确定。几何参数的标准值一般采用图纸上的设计值。结构构件几何参数的变异性随几何尺寸的增大而减小，因此钢筋混凝土结构和砌体结构截面尺寸的变异系数，通常是小于钢结构和薄壁型钢结构的相应值。值得指出，结构构件截面几何特性的变异对其可靠度影响较大，不可忽视；而结构构件长度、跨度变异影响则相对较小，有时可按确定量来考虑。

根据国内对各种结构几何参数的统计资料，按式(8-10)和式(8-11)求得的各种结构构件几何特征的统计参数见表 8-2。

各种结构构件几何特征的统计参数 表8-2

结构构件种类	项目	μ_{Ω_a}	δ_{Ω_a}	概率分布
钢筋混凝土构件	截面宽度	1.00	0.01	正态分布
	截面高度	1.00	0.01	
	截面有效高度	1.00	0.02	
砌体	烧结普通砖	1.00	0.02	正态分布
	混凝土小型砌块砌体	1.00	0.01	
木构件	顺纹受拉	0.96	0.06	——
	顺纹受压	0.96	0.06	
	受弯	0.94	0.08	
	顺纹受剪	0.96	0.06	

8.2.3 计算模式的不定性

结构构件计算模式的不定性，主要是指抗力计算中采用的某些基本假定的近似性和计算公式的不精确性等引起的对结构构件抗力估计的不定性。例如，在建立计算公式的过程中，常采用理想弹性、理想塑性、均质性、各向同性、平截面变形等假定。常采用矩形、三角形等简单应力图形来代替实际应力分布；常采用简支、固定支等典型边界条件来代替实际边界条件；常采用铰支、刚接来代替实际的连接条件；常采用线性方法来简化计算表达式等。所以这些近似的处理，必然会导致实际的结构构件与给定公式计算的抗力之间差异。例如，在计算钢筋混凝土受弯构件正截面承载力时，通常采用所谓"等效矩形应力图形"来代替受压区混凝土实际的曲线分布压应力图形。这种简化计算的假定，使得实际强度与计算强度之间产生误差。因此结构构件计算模式的不定性就反映了这种差异。

结构构件计算模式的不定性，可用随机变量 Ω_p 来表示：

$$\Omega_p = \frac{R_0}{R_c} \qquad (8-12)$$

式中 R_0——结构构件的实际抗力值，一般情况下可取其试验值 R_s 或者精确
计算值；

R_c——按规范公式计算的结构构件抗力计算值，计算时应采用材料性
能和几何尺寸的实际值，以排除 Ω_f、Ω_a 对 Ω_p 的影响。

通过对 Ω_p 的统计分析，即可求得其平均值 μ_{Ω_p} 及变异系数 δ_{Ω_p}，见表8-3。

结构构件计算模式不定性的统计参数　　　　　　　　表8-3

结构构件种类	受力状态	μ_{Ω_p}	δ_{Ω_p}	概率分布
钢筋混凝土结构构件	轴心受拉	1.00	0.04	正态分布
	轴心受压	1.00	0.05	
	偏心受压	1.00	0.05	
	受弯	1.00	0.07	
	受剪	1.00	0.15	
无筋砌体	轴心受压(烧结普通砖)	1.09	0.21	—
	轴心受压(混凝土小型砌块)	1.17	0.24	
	偏心受压(烧结普通砖)	1.18	0.22	
	抗剪(烧结普通砖)	1.02	0.13	
	抗剪(混凝土小型砌块)	1.18	0.16	
木结构构件	顺纹受拉	1.00	0.05	—
	顺纹受压	1.00	0.05	
	受弯	1.00	0.05	
	顺纹受剪	0.97	0.08	

8.3　结构抗力的统计特征

8.3.1　抗力的统计参数

结构构件的抗力一般都是多个随机变量的函数。假设结构构件是由 n 种
材料组成，其抗力 R 可表达成：

$$R = \Omega_P R_P = \Omega_P R(f_{ji} a_i) \quad (i=1,2,3,\cdots,n) \qquad (8-13)$$

式中 R_P——由计算公式确定的构件抗力；

f_{ji}——结构构件中第 i 种材料的性能；

a_i——与第 i 种材料相应的构件几何参数。

根据本章第8.2节关于材料性能 f_j 和几何参数 a_i 的求法，可将式(8-13)
改写成

$$R = \Omega_P R[(\Omega_{f_i} \omega_{0i} f_{k_i})(\Omega_{a_i} a_{k_i})] \quad (i=1, 2, 3, \cdots, n) \tag{8-14}$$

式中 Ω_{f_i}，f_{k_i}——结构构件中第 i 种材料的材料性能随机变量和试件材料强度标准值；

Ω_{a_i}，a_{k_i}——与第 i 种材料相应的结构构件几何参数随机变量和结构构件几何尺寸的标准值；

ω_{0_i}——第 i 种材料的材料性能差别系数。

利用误差传递系数公式可求得计算抗力的均值、标准差和变异系数分别为：

均值
$$\mu_{R_P} = R(\mu_{f_{ji}}, \mu_{a_i}) \tag{8-15}$$

标准差
$$\sigma_{R_P} = \left[\sum_{i=1}^{n} \left(\frac{\partial R_P}{\partial X_i} \Big|_{\mu} \right)^2 \sigma_{X_i}^2 \right]^{\frac{1}{2}} \tag{8-16}$$

变异系数
$$\delta_{R_P} = \frac{\sigma_{R_P}}{\mu_{R_P}} \tag{8-17}$$

式中 X_i——有关的变量 f_j 和 a_i。

当已知 Ω_p 的统计参数时，则可求得抗力 R 的统计参数 χ_R 和 δ_{Ω_R} 分别为：

$$\chi_R = \frac{\mu_{\Omega_p} \mu_{R_P}}{R_k} \tag{8-18}$$

$$\delta_{\Omega_R} = \sqrt{\delta_{\Omega_P}^2 + \delta_{R_P}^2} \tag{8-19}$$

式中 χ_R——抗力均值与抗力标准值之比；

R_k——按规范计算的抗力标准值，计算公式为：

$$R_k = R(\omega_{0i} f_{k_i} a_{k_i})(i=1, 2, \cdots, n) \tag{8-20}$$

如果结构构件仅由单一种类材料构成（如钢、木结构等），则计算可简化为：

$$R = \Omega_P(\Omega_f \omega_0 f_k)(\Omega_a a_k) = \Omega_P \Omega_f \Omega_a R_k \tag{8-21}$$

$$R_k = \omega_0 f_k a_k \tag{8-22}$$

式中 R——构件的实际抗力；

R_k——按规范计算的抗力标准值；

$\omega_0 f_k$——规范中规定的结构材料性能值。

若已知材料、几何和计算模式三方面不定性的统计参数，可得到结构抗力 R 的统计参数为：

$$\chi_R = \frac{\mu_R}{R_k} = \mu_{\Omega_P} \mu_{\Omega_f} \mu_{\Omega_a} \tag{8-23}$$

$$\delta_{\Omega_R} = \sqrt{\delta_{\Omega_P}^2 + \delta_{\Omega_f}^2 + \delta_{\Omega_a}^2} \tag{8-24}$$

由式（8-23），抗力的均值可表示为：

$$\mu_R = \chi_R R_k \tag{8-25}$$

下面通过例题来说明结构抗力统计参数的具体求法。

【例题 8-1】 试确定木结构（黑龙江红松）顺纹受压、顺纹受拉、受弯以及顺纹受剪构件抗力的统计参数。

【解】 由表 8-1～表 8-3 给出的统计参数可知：木结构顺纹受压构件的材

料、几何和计算公式的不定性的统计参数为：

$$\mu_{\Omega_f}=1.28, \delta_{\Omega_f}=0.22$$

$$\mu_{\Omega_a}=0.96, \delta_{\Omega_a}=0.06$$

$$\mu_{\Omega_p}=1.00, \delta_{\Omega_p}=0.05$$

由式(8-23)和式(8-24)可得：

$$\chi_R=\mu_{\Omega_p}\mu_{\Omega_f}\mu_{\Omega_a}=1.20$$

$$\delta_{\Omega_R}=\sqrt{\delta_{\Omega_p}^2+\delta_{\Omega_f}^2+\delta_{\Omega_a}^2}=0.23$$

则抗力的均值可表示为：

$$\mu_R=\chi_R R_k=1.2R_k$$

同理可求出木结构顺纹受拉、受弯以及顺纹受剪构件抗力的统计参数，见表8-4。

部分结构构件的抗力统计参数 　　　　表8-4

结构构件种类	受力状态	χ_R	δ_{Ω_R}	概率分布
钢结构构件	轴心受拉	1.13	0.12	正态分布
	轴心受压	1.11	0.12	
	压弯构件	1.21	0.15	
冷弯薄壁型钢结构构件（Q235）	轴心受拉（弯曲失稳）	1.21	0.15	对数正态分布
	轴心受拉（弯扭失稳）	1.36	0.14	
	轴心受压（平面内失稳）	1.34	0.14	
	轴心受压（平面外失稳）	1.28	0.16	
	受弯（整体失稳）	1.17	0.14	
冷弯薄壁型钢结构构件（Q345）	轴心受拉（弯曲失稳）	1.14	0.14	对数正态分布
	轴心受拉（弯扭失稳）	1.28	0.12	
	轴心受压（平面内失稳）	1.26	0.12	
	轴心受压（平面外失稳）	1.20	0.14	
	受弯（整体失稳）	1.10	0.13	
无筋砌体	轴心受压（烧结普通砖）	1.09	0.27	—
	轴心受压（混凝土小型砌块）	1.09	0.28	
	偏心受压（烧结普通砖）	1.18	0.28	
	受剪（烧结普通砖）	1.18	0.27	
	受剪（混凝土小型砌块）	1.02	0.29	
木结构构件	顺纹受压	1.20	0.23	—
	顺纹受拉	1.42	0.33	
	受弯	1.38	0.27	
	顺纹受剪	1.23	0.24	

8.3.2 抗力的概率分布

由前面结论可知，单一材料构成的结构构件，其抗力 R 为若干随机变量的乘积；由多种材料构件的结构如钢筋混凝土构件，其抗力 R 为若干随机变量乘积之和。结构构件的抗力是多个随机变量的函数，如果已知各随机变量的概率分布，则在理论上可以通过多维积分求得抗力的概率分布函数。不过，

156

目前在数学上将会遇到较大的困难，因而有时采用模拟方法（如 Monte-Carlo 模拟法）来求得结构抗力的概率分布函数。

在实际应用中，常根据概率论原理假定抗力的概率分布函数。鉴于结构构件抗力的计算模式多为 $Y=X_1X_2X_3+X_4X_5X_6+\cdots$ 或 $Y=X_1X_2X_3\cdots$ 之类的形式，可依据概率论中的中心极限定理，任何一个 X_i 都不占优势，不论 $X_i(i=1,2,\cdots,n)$ 具有怎样的分布，当 n 充分大时，只要它们互相独立，并且满足定理的要求，均可以近似地认为抗力服从对数正态分布。这样处理比较简单，而且也能满足用一次二阶矩法分析结构可靠度的精度要求。

8.4　材料的标准强度及其设计取值

由于土木工程结构所用材料大部分均为砌体、混凝土和钢材，因此，其所形成的结构承载力的主要决定因素是砌体、混凝土和钢材的强度。按同一标准生产的砌体、混凝土和钢材各批之间由于客观因素的影响而存在着差异，不可能完全相同。即使是同一批生产的砌体、同一炼炉钢轧成的型钢和钢筋、或者按同一配合比搅拌而成的混凝土试件，按照同一方法在同一试验机上进行测试，所得的测试结果也不完全相同，这也就是材料强度的变异性。

材料的性能主要包括强度、弹性模量和变形模量等。材料性能的各种统计参数和概率分布函数，应以试验数据为基础，采用随机变量概率模型描述，运用参数估计和概率分布的假定检验方法确定。材料性能标准值是指符合规定质量的材料性能概率分布的某一分位值。

8.4.1　材料强度的标准值

材料的强度是指材料或构件抵抗破坏的能力。其值为在一定的受力状态和工作条件下，材料所能承受的最大应力或构件所能承受的最大力，后者亦称为承载能力。例如，抗拉强度、抗压强度、抗弯强度、抗剪强度和抗扭强度等。

材料强度是一个随机变量，故其标准值应由数理统计的方法得到。材料强度的标准值可取其概率分布的 0.05 分位值确定，即材料强度实测值总体中，强度的标准值应具有不小于 95% 的保证率。

$$f_k=\mu_f-1.645\sigma_f=\mu_f(1-1.645\delta_f) \tag{8-26}$$

式中　f_k——材料强度标准值；

　　　μ_f——材料强度的平均值；

　　　σ_f——材料强度的标准差；

　　　δ_f——材料强度变异系数，$\delta_f=\sigma_f/\mu_f$；

　　　1.645——对应于 0.05 的分位值。

值得注意的是，钢筋抗拉强度的标准值取用国家标准中已规定的每一种钢筋的废品限值。如对于 HRB335 级钢（Q335），其废品的限值为 $335N/mm^2$，则取该值为 HRB335 级钢抗拉强度标准值。统计表明，废品限值大体在 μ_f-

$2\sigma_f$ 即相当于有 97.73％ 的保证率，高于 95％，是有足够安全保证的。

混凝土立方体抗压强度标准值（或称混凝土强度等级）$f_{cu,k}$ 的定义为：按标准方法制作养护在 $(20 \pm 3)℃$ 的温度和相对湿度 90％ 以上的潮湿空气中的边长为 150mm 的立方体试块，在 28d 龄期时用标准试验方法（以每秒 $0.2\sim0.3N/mm^2$ 的加荷速度）测得的具有 95％ 保证率（即相当于 $\mu_f - 1.645\sigma_f$）的抗压强度值。混凝土的其他各种强度指标标准值，是假定与立方体强度具有相同的变异系数 δ_f，由立方体抗压强度标准值推算得到。

8.4.2 材料强度的设计值

材料性能设计值是指材料强度的标准值 f_k 除以材料的分项系数 γ_f，即

$$f = f_k / \gamma_f \tag{8-27}$$

1. 混凝土强度的设计值

现行《混凝土结构设计规范》（GB 50010—2010）和《公路钢筋混凝土及预应力混凝土桥涵设计规范》（JTG D62—2004）对混凝土强度作了具体的规定，但在具体的数值上有些差异。

混凝土强度设计值包括抗压强度设计值和抗拉强度设计值，分别由混凝土轴心抗压强度和轴心抗拉强度标准值除以混凝土强度的分项系数 γ_c 得到。现行的《混凝土结构设计规范》（GB 50010—2010）将混凝土强度的分项系数 γ_c 由原规范（GB J10—89）的 1.35 调整为 1.4，使混凝土强度设计值平均降低了 4％，使得设计结果偏于安全，提高了结构构件的可靠度。具体数值见表 8-5。表 8-6 给出了《公路钢筋混凝土及预应力混凝土桥涵设计规范》（JTG D62—2004）规定的混凝土强度设计值和标准强度。

《混凝土结构设计规范》中混凝土强度标准值及设计值（MPa）　　表 8-5

强度种类	混凝土强度等级													
	C15	C20	C25	C30	C35	C40	C45	C50	C55	C60	C65	C70	C75	C80
f_c	7.2	9.6	11.9	14.3	16.7	19.1	21.1	23.1	25.3	27.5	29.7	31.8	33.8	35.9
f_t	0.91	1.10	1.27	1.43	1.57	1.71	1.80	1.89	1.96	2.04	2.09	2.14	2.18	2.22
f_{ck}	10.0	13.4	16.7	20.1	23.4	26.8	29.6	32.4	35.5	38.5	41.5	44.5	47.4	50.2
f_{tk}	1.27	1.54	1.78	2.01	2.20	2.39	2.51	2.64	2.74	2.85	2.93	2.99	3.05	3.10

《公路钢筋混凝土及预应力混凝土桥涵设计规范》中混凝土的标准强度及设计强度（MPa）

表 8-6

强度种类		符号	混凝土强度等级						
			15	20	25	30	35	40	45
设计强度	轴心抗压	f_{cd}	6.90	9.20	11.50	13.80	16.10	18.40	20.50
	轴心抗拉	f_{td}	0.88	1.06	1.23	1.39	1.52	1.65	1.74
标准强度	轴心抗压	f_{ck}	10.00	13.40	16.70	20.10	23.40	26.80	29.60
	轴心抗拉	f_{tk}	1.27	1.54	1.78	2.01	2.20	2.40	2.51

续表

强度种类		符号	混凝土强度等级						
			50	55	60	65	70	75	80
设计强度	轴心抗压	f_{cd}	22.40	24.40	26.50	28.50	30.50	32.40	34.60
	轴心抗拉	f_{td}	1.83	1.89	1.96	2.02	2.07	2.10	2.14
标准强度	轴心抗压	f_{ck}	32.40	35.50	38.50	41.50	44.50	47.40	50.20
	轴心抗拉	f_{tk}	2.65	2.74	2.85	2.93	3.00	3.05	3.10

注：计算现浇钢筋混凝土轴心受压及偏心受压构件时，如直线的边长或直径小于30mm，则表中混凝土的强度设计值应乘以系数0.8。

2. 钢筋强度设计值

现行《混凝土结构设计规范》（GB 50010—2010）和《公路钢筋混凝土及预应力混凝土桥涵设计规范》（JTG D62—2004）均对钢筋强度设计值作了具体的规定，但在具体数值上有些差异。对常用的普通钢筋强度的取值方法两本规范是不同的。表8-7给出了现行的《混凝土结构设计规范》的普通钢筋强度设计值。表8-8给出了《公路钢筋混凝土及预应力混凝土桥涵设计规范》（JTG D62—2004）的普通钢筋强度设计值。

《混凝土结构设计规范》中普通钢筋强度设计值（MPa）　　　　表8-7

种类		f_y	f'_y
热轧钢筋	HPB300	270	270
	HRB335、HRBF335	300	300
	HRB400、HRBF400、RRB400	360	360
	HRB500、HRBF500	435	410

注：用作受剪、受扭、受冲切承载力计算的箍筋，抗拉强度设计值f_{yv}应按表中f_y的数值取用，其数值不应大于360MPa。

《公路钢筋混凝土及预应力混凝土桥涵设计规范》中普通钢筋的设计强度（MPa）

表8-8

钢筋种类	钢筋抗拉设计强度 f_{sd}	钢筋抗压设计强度 f'_{cd}	钢筋抗拉标准强度 f_{sk}
R235　$d=8\sim20$mm	195	195	235
HRB335　$d=6\sim50$mm	280	280	335
HRB400　$d=6\sim50$mm	330	330	400
KL400$d=8\sim40$mm	330	330	400

注：1. 表中d是指国家标准中的钢筋公称直径；

2. 在钢筋混凝土桥梁中，轴心受压和小偏心受拉构件的受拉钢筋强度大于330MPa，仍取330MPa；

3. 构件中配有不同种类的钢筋时，每种钢筋根据其受力情况采用各自的设计强度。

3. 砌体强度设计值

砌体强度的设计值由强度标准值除以材料分项系数确定。材料分项系数是一个综合影响系数，因此所确定的强度设计值并不是一个单纯的强度设计指标。实质上它是包含有影响结构可靠度其他因素在内的材料强度设计指标。《砌体结构设计规范》(GB 50003—2011)给出的砌体强度的设计值是砌体强度的分项系数取 1.6 的情况。砌体强度设计值主要包括抗压强度设计值、轴心抗拉强度设计值、弯曲抗拉强度设计值以及抗剪强度设计值，表 8-9～表 8-11 给出了部分砌体抗压强度设计值。

烧结普通砖和烧结多孔砖砌体的抗压强度设计值(MPa)　表 8-9

砖强度等级	砂浆强度等级					砂浆强度
	M15	M10	M7.5	M5	M2.5	0
MU30	3.94	3.27	2.93	2.59	2.26	1.15
MU25	3.60	2.98	2.68	2.37	2.06	1.05
MU20	3.22	2.67	2.39	2.12	1.84	0.94
MU15	2.79	2.31	2.07	1.83	1.60	0.82
MU10	—	1.89	1.69	1.50	1.30	0.67

注：当烧结多孔砖的孔洞率大于 30% 时，表中数值应乘以 0.9。

蒸压灰砂普通砖和蒸压粉煤灰普通砖砌体的抗压强度设计值(MPa)　表 8-10

砖强度等级	砂浆强度等级				砂浆强度
	M15	M10	M7.5	M5	0
MU25	3.60	2.98	2.68	2.37	1.05
MU20	3.22	2.67	2.39	2.12	0.94
MU15	2.79	2.31	2.07	1.83	0.82

注：当采用专用砂浆砌筑时，其抗压强度设计值按表中数值采用。

单排孔混凝土砌块和轻集料混凝土砌块对孔砌筑砌体的抗压强度设计值(MPa)

表 8-11

砌块强度等级	砂浆强度等级					砂浆强度
	Mb20	Mb15	Mb10	Mb7.5	Mb5	0
MU20	6.30	5.68	4.95	4.44	3.94	2.33
MU15	—	4.61	4.02	3.61	3.20	1.89
MU10	—	—	2.79	2.50	2.22	1.31
MU7.5	—	—	—	1.93	1.71	1.01
MU5	—	—	—	—	1.19	0.70

注：1. 对独立柱或厚度为双排组砌体的砌块砌体，应按表中数值乘以 0.7；

2. 对 T 形截面墙体、柱，应按表中数值乘以 0.85。

根据《砌体结构设计规范》(GB 50003—2011)规定，对下列情况的各种砌体，其砌体强度设计值应乘调整系数 γ_a：

(1) 对无筋砌体构件，其截面面积小于 $0.3m^2$，γ_a 为其截面面积加 0.7。对配筋砌体构件，当其中砌体截面面积小于 $0.2m^2$ 时，γ_a 为其截面面积加 0.8。构件截面面积以平方米(m^2)计。

(2) 当砌体用强度等级小于 M5 的水泥砂浆砌筑时，对抗压强度设计值，γ_a 为 0.9；对轴心抗拉强度设计值、弯曲抗拉强度设计值和抗剪强度设计值，γ_a 为 0.8。

(3) 当验算施工中房屋的构件时，γ_a 为 1.1。

小结及学习指导

1. 结构构件抗力是结构各种承载能力和刚度，且与各种影响因素有关的综合随机变量，其统计分析通常采用间接方法。

2. 材料性能的不定性、几何参数的不定性、计算模式的不定性是影响结构抗力的三大因素。材料性能的不定性主要指材料强度的不定性；几何参数的不定性反映了设计构件与实际构件在几何特征上的差异；计算模式的不定性则是考虑了抗力计算时所作的假定及近似引起的误差。

3. 根据影响结构抗力的各种不定性都是随机变量的特征，可利用试验及统计调查，确定其统计参数，分别建立构件抗力和各种不定性之间的函数关系，得出了构件抗力的统计参数，由概率论的中心极限定理，可近似认为结构构件抗力服从对数正态分布。

4. 材料强度设计值是由材料强度的标准值 f_k 除以材料的分项系数 γ_f 得到。应熟悉部分常用材料的强度标准值及设计值。

思考题

8-1 什么是结构抗力？影响结构抗力的主要因素有哪些？

8-2 结构构件计算模式的不定性反映了什么问题？试举例说明。

8-3 结构构件抗力的统计参数如何确定？其概率分布类型如何确定？

8-4 什么是材料强度的标准值和设计值？它们是如何确定的？

习题

8-1 求高频焊接 H 型钢的长柱承载力计算公式不精确性(结构抗力计算模式不定性)的统计参数。对 5 根柱进行试验，其试验结果及按《钢结构设计规范》(GB 50017—2003)有关公式计算的结果见表 8-12。

高频焊接 H 型钢长柱承载力试验及计算结果 表 8-12

序号	截面尺寸 (mm)	试件长度 (mm)	试验值 N_t (kN)	计算值 N_c (kN)	N_t/N_c
1	250×125×3.2×4.5	1436	385	339	1.14（绕弱轴失稳）
2	250×100×3.2×4.5	2282	256	206	1.24（绕弱轴失稳）
3	250×125×3.2×4.5	2336	425	400	1.06（对弱轴加侧向支撑后绕强轴失稳）
4	200×100×3.2×4.5	2580	341	315	1.08（对弱轴加侧向支撑后绕强轴失稳）
5	150×75×3.2×4.5	3023	295	276	1.07（对弱轴加侧向支撑后绕强轴失稳）

第9章
结构概率可靠度设计法

本章知识点

【知识点】

可靠指标，可靠度计算的基本方法，结构体系的可靠度计算方法，结构构件的目标可靠指标，概率极限状态设计法。

【重点】

理解可靠指标的概念，掌握可靠度计算的基本方法及结构体系的失效模式，熟悉结构体系可靠度计算的区间估计法及目标可靠指标的确定方法，熟练掌握基于分项系数表达的概率极限状态设计法。

【难点】

理解基于分项系数表达的概率极限状态设计法中分项系数的确定方法，能熟练结合规范进行荷载效应组合。

9.1 概述

要对结构进行可靠度分析，首先应建立结构的功能函数，进而确定结构构件或体系的极限状态方程。结构的功能函数作为一随机变量，结合其概率密度函数可以构造出可靠概率或失效概率来反映结构的可靠性。然而，其计算一般要通过多维积分，数学上比较复杂，甚至难以求解。因此，常采用可靠指标来度量结构的可靠度。

在计算结构的可靠指标时，常采用线性化的近似手段进行估算，即一次二阶矩法，主要包括中心点法和验算点法。当各随机变量并非相互独立时，尚需考虑相关随机变量的可靠度计算。由于这些方法只能计算构件某一截面的可靠度，而实际中所遇到的都是各种结构体系，因此，研究结构体系可靠度的算法更具有现实意义。虽然可以结合各个截面的可靠度来分析结构体系的可靠度，但是由于结构体系的构件较多，失效模式多样，因此工程中一般采用近似分析方法，如区间估计法等。

结构概率可靠度设计法主要包括直接概率法和基于分项系数表达的概率极限状态设计法两种。直接概率法是将影响结构安全的各种因素分别采用随机变量的概率模型来描述，得出各种基本变量的统计特性，然后依据既定的目标可靠指标来求解极限状态方程，从而进行结构设计。这种方法概念上比较清楚，但计算比较繁琐，目前主要在核电站、压力容器、海上采油平台等特别重要的结构中应用。基于分项系数表达的概率极限状态设计法，是在保证结构构件具有比较一致的可靠度的前提下，根据目标可靠指标及基本变量的统计参数用概率方法确定出分项系数，进而用分项系数的设计表达式进行设计。这里的分项系数包含荷载分项系数、结构抗力分项系数及结构重要性系数。虽然分项系数不仅与目标可靠指标有关，而且与结构极限状态方程中的统计参数有关，但为了便于在工程中应用，我国规范结合统计特征将分项系数取为不同的定值。

此外，在进行结构设计时，应结合所考虑的极限状态进行不同的荷载效应组合，最后根据荷载效应的最不利组合进行结构可靠度设计。

本章主要介绍可靠指标的概念、可靠指标的基本计算方法、结构体系可靠度分析中的区间估计法、目标可靠指标的确定原则与方法、直接概率法与基于分项系数表达的概率极限状态设计法。

9.2 可靠指标

9.2.1 结构的功能函数

根据我国《工程结构可靠性设计统一标准》（GB 50153—2008）的规定，基本变量是代表物理量的一组规定的变量。在结构可靠度分析时，将结构上各种作用、材料与岩土性能、几何量的特征和计算模型的不定性作为基本变量，而由作用效应、结构抗力等若干基本变量所构成的变量称为综合变量。基本变量和综合变量都是随机变量。

结构功能函数可用以下变量表示：

$$Z = g(X_1, X_2, \cdots, X_n) \tag{9-1}$$

式中，通常用 $X_i(i=1, 2, \cdots, n)$ 表示基本变量。这样，结构的功能函数可定义为基本变量的函数，该函数表征一种结构功能。通过结构的功能函数可以判别结构所处的状态。若令 R 表示结构抗力、S 表示荷载效应，由于 R、S 均为随机变量，故结构功能函数 Z 也是随机变量，从图 9-1 可以清楚地看到，相应的 Z 可能出现以下三种情况：

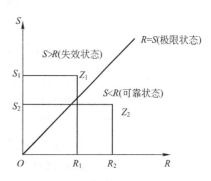

图 9-1 结构的工作状态

$Z = R - S > 0$，结构处于可靠状态；

$Z = R - S = 0$，结构处于极限状态；

$Z = R - S < 0$，结构处于失效状态。

《建筑结构可靠度设计统一标准》（GB 50068—2001）规定结构的极限状态设计应满足下式要求：

$$Z = g(X_1, X_2, \cdots, X_n) \geqslant 0 \tag{9-2}$$

9.2.2　可靠指标的概念

结构完成预定功能的概率称为可靠概率 P_s，而结构不能完成预定功能的概率称为失效概率 P_f。

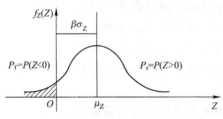

图 9-2　可靠指标 β 与失效概率 P_f 的关系

已知随机变量 $Z=R-S$ 的概率密度函数为 $f_Z(Z)$，见图 9-2。由图可见，失效概率为概率密度函数 $f_Z(Z)$ 的尾部与 OZ 轴所围成的面积（称为尾部面积），可靠概率 P_s 为概率密度函数 $f_Z(Z)$ 的 $Z>0$ 部分与 OZ 轴所围成的面积。

按概率论理论，P_f 和 P_s 值原则上可以按式(9-3)和式(9-4)计算求得：

$$P_f=P(Z<0)=\int_{Z<0}\cdots\int f_x(x_1,\ x_2,\ \cdots,\ x_n)\,\mathrm{d}x_1\mathrm{d}x_2\cdots\mathrm{d}x_n \tag{9-3}$$

$$P_s=P(Z>0)=\int_{Z>0}\cdots\int f_x(x_1,\ x_2,\ \cdots,\ x_n)\,\mathrm{d}x_1\mathrm{d}x_2\cdots\mathrm{d}x_n \tag{9-4}$$

用 P_s 或者 P_f 来度量结构可靠度具有明确的物理意义，能较好地反映问题的实质。但是，计算 P_f 一般要通过多维积分，数学上比较复杂，甚至难以求解。为此引入可靠指标来度量结构的可靠度。

设结构的功能函数为 Z，其均值、标准差和变异系数分别为 μ_Z、σ_Z 和 δ_Z，可靠指标定义为 δ_Z 的倒数，即

$$\beta=\frac{1}{\delta_Z}=\frac{\mu_Z}{\sigma_Z} \tag{9-5}$$

从图 9-2 还可以看出，β 也可以反映 $f_Z(Z)$ 的尾部面积的大小，β 值与 P_f 值一一对应，β 值大则对应的 P_f 值小，即可靠度高。因此 β 和 P_f 一样，可以作为度量结构可靠度的尺度。

9.3　可靠度计算的基本方法

9.3.1　中心点法

中心点法不考虑基本变量的实际分布，直接按其服从正态或对数正态分布，导出结构可靠指标的计算公式，由于分析时采用了泰勒级数在中心点（均值）展开，故称为中心点法。

1. 两个正态分布随机变量的模式

假定抗力 R 和荷载效应 S 相互独立，且均服从正态分布，则结构的功能函数 $Z=R-S$ 亦服从正态分布。

按可靠指标的定义有：

$$\beta=\frac{\mu_Z}{\sigma_Z}=\frac{\mu_R-\mu_S}{\sqrt{\sigma_R^2+\sigma_S^2}} \tag{9-6}$$

可靠指标与失效概率关系则可由失效概率的定义作标准正态变换求得，

由于结构的功能函数 $Z=R-S$ 服从正态分布，则失效概率可写成：

$$P_f=P(Z=R-S<0)=\int_{-\infty}^0 f_z(Z)\mathrm{d}Z=\int_{-\infty}^0 \frac{1}{\sqrt{2\pi}\sigma_Z}\mathrm{e}^{-\frac{1}{2}\left(\frac{Z-\mu_Z}{\sigma_Z}\right)^2}\mathrm{d}Z$$

$$(9-7)$$

引入标准正态变量：

$$t=\frac{Z-\mu_Z}{\sigma_Z} \qquad (9-8)$$

对上式求导可得：

$$\mathrm{d}Z=\sigma_Z\mathrm{d}t \qquad (9-9)$$

将标准正态变量及式(9-9)代入式(9-7)得：

$$P_f=\frac{1}{\sqrt{2\pi}}\int_{-\infty}^{-\frac{\mu_Z}{\sigma_Z}}\mathrm{e}^{-\frac{1}{2}t^2}\mathrm{d}t=\Phi\left(-\frac{\mu_Z}{\sigma_Z}\right) \qquad (9-10)$$

式中　$\Phi(\cdot)$——标准正态函数。

式(9-10)可改写成：

$$P_f=\Phi(-\beta)=1-\Phi(\beta) \qquad (9-11)$$

或

$$P_S=1-P_f=1-\Phi(-\beta)=\Phi(\beta) \qquad (9-12)$$

式(9-11)和式(9-12)表明了可靠指标 β 与失效概率 p_f 具有数值上的一一对应关系，表9-1列出了部分 β 与 P_f 的对应关系。

部分 β 与 P_f 的对应关系   表9-1

β	1.00	2.00	2.70	3.09	3.20	3.70	4.20
P_f	15.87×10^{-2}	2.27×10^{-2}	3.47×10^{-3}	1.00×10^{-3}	6.87×10^{-4}	1.08×10^{-5}	1.34×10^{-5}

2. 两个对数正态分布随机变量模式

假定抗力 R 和荷载效应 S 相互独立且均服从对数正态分布，这时结构功能函数可以写成 $Z=\ln R-\ln S=\ln\dfrac{R}{S}$。依据概率论可求出 μ_Z 和 σ_Z，即

$$\mu_Z=\mu_{\ln R}-\mu_{\ln S} \qquad (9-13)$$

$$\sigma_Z=\sqrt{\sigma_{\ln R}^2+\sigma_{\ln S}^2} \qquad (9-14)$$

由可靠指标 β 的定义有：

$$\beta=\frac{\mu_Z}{\sigma_Z}=\frac{\mu_{\ln R}-\mu_{\ln S}}{\sqrt{\sigma_{\ln R}^2+\sigma_{\ln S}^2}} \qquad (9-15)$$

此时 β 是 $\ln R$、$\ln S$ 的统计参数的函数，实际很难确定，为此，应将 $\ln R$、$\ln S$ 换算成 R、S 的统计参数。

由对数正态分布性质可知，当 X 服从对数正态分布时有：

$$\mu_{\ln X}=\ln\mu_X-\frac{1}{2}\sigma_{\ln X}^2 \qquad (9-16)$$

$$\sigma_{\ln X}^2=\ln(1+\delta_X^2) \qquad (9-17)$$

将式(9-16)和式(9-17)代入式(9-13)，μ_Z 可表达为：

$$\mu_Z = \mu_{\ln R} - \mu_{\ln S} = \ln\mu_R - \ln\mu_S - \frac{1}{2}(\sigma_{\ln R}^2 - \sigma_{\ln S}^2)$$

$$= \ln\left(\frac{\mu_R}{\mu_S}\sqrt{\frac{1+\delta_S^2}{1+\delta_R^2}}\right) \tag{9-18}$$

将式(9-17)代入式(9-14)，σ_z 可表达为：

$$\sigma_z = \sqrt{\sigma_{\ln R}^2 + \sigma_{\ln S}^2} = \sqrt{\ln(1+\delta_R^2) + \ln(1+\delta_S^2)} \tag{9-19}$$

这样，式(9-15)可靠指标的计算公式可以写成用 R、S 统计参数表达的计算式，即

$$\beta = \frac{\mu_Z}{\sigma_Z} = \frac{\mu_{\ln R} - \mu_{\ln S}}{\sqrt{\sigma_{\ln R}^2 + \sigma_{\ln S}^2}} = \frac{\ln\left(\frac{\mu_R}{\mu_S}\sqrt{\frac{1+\delta_S^2}{1+\delta_R^2}}\right)}{\sqrt{\ln(1+\delta_R^2) + \ln(1+\delta_S^2)}} \tag{9-20}$$

上式可靠指标的计算比正态分布复杂。为此，利用 e^x 在零点泰勒级数展开取线性项，并在两边取对数后得关系式 $X \approx \ln(1+X)$，可将 $\sigma_{\ln R}^2$、$\sigma_{\ln S}^2$ 简化为：

$$\left.\begin{array}{l} \sigma_{\ln R}^2 = \ln(1+\delta_R^2) \approx \delta_R^2 \\ \sigma_{\ln S}^2 = \ln(1+\delta_S^2) \approx \delta_S^2 \end{array}\right\} \tag{9-21}$$

又当 δ_R、δ_S 很小或者很接近时，有：

$$\ln\left(\frac{1+\delta_S^2}{1+\delta_R^2}\right)^{\frac{1}{2}} \approx \ln 1 = 0 \tag{9-22}$$

将式(9-21)和式(9-22)代入式(9-20)，可将可靠指标的计算式简化为：

$$\beta = \frac{\mu_Z}{\sigma_Z} = \frac{\ln\mu_R - \ln\mu_S}{\sqrt{\delta_R^2 + \delta_S^2}} \tag{9-23}$$

3. 多个随机变量服从正态分布的情况

假设随机变量 X_1，X_2，$\cdots$，X_n 服从正态分布，结构的功能函数：

$$Z = g(X_1, X_2, \cdots, X_n) \tag{9-24}$$

在 Z 的均值点处，按泰勒级数展开，并取线性项有：

$$Z = g(X_1, X_2, \cdots, X_n)$$

$$= g(\mu_{X_1}, \mu_{X_2}, \cdots, \mu_{X_n}) + \sum_{i=1}^{n}\left.\frac{\partial g}{\partial X_i}\right|_{\mu_{X_i}}(X_i - \mu_{X_i}) \tag{9-25}$$

式中　$\left.\dfrac{\partial g}{\partial X_i}\right|_{\mu_{X_i}}$——各偏导数在均值 μ_{X_1}，μ_{X_2}，$\cdots$，μ_{X_n} 处赋值。

由式(9-25)可推导出 Z 的平均值和标准差分别为：

$$\mu_Z = E(Z) = g(\mu_{X_1}, \mu_{X_2}, \cdots, \mu_{X_n}) \tag{9-26}$$

$$\sigma_Z = \sqrt{D(Z)} = \sqrt{\sum_{i=1}^{n}\left(\left.\frac{\partial g}{\partial X_i}\right|_{\mu_{X_i}}\sigma_{X_i}\right)^2} \tag{9-27}$$

按可靠指标 β 的定义有：

$$\beta = \frac{\mu_Z}{\sigma_Z} \approx \frac{g(\mu_{X_1}, \mu_{X_2}, \cdots, \mu_{X_n})}{\sqrt{\sum_{i=1}^{n}\left(\left.\frac{\partial g}{\partial X_i}\right|_{\mu_{X_i}}\sigma_{X_i}\right)^2}} \tag{9-28}$$

当结构的功能函数为线性函数时，可靠指标 β 简化为：

$$\beta = \frac{\mu_Z}{\sigma_Z} \approx \frac{\mu_{X_1} + \mu_{X_2} + \cdots + \mu_{X_n}}{\sqrt{\sum_{i=1}^{n}(\sigma_{X_i})^2}} \qquad (9\text{-}29)$$

【例题 9-1】 某钢拉杆正截面强度计算的极限状态方程为 $Z = g(R, S) = R - S = 0$。已知 $\mu_R = 180\text{kN}$，$\mu_s = 80\text{kN}$，$\delta_R = 0.15$，$\delta_S = 0.17$，求下列两种情况中心点法计算的 β 及相应的失效概率：(1)R、S 均服从正态分布，按中心点法计算可靠指标 β 及相应的失效概率；(2)R、S 均服从对数正态分布，分别按中心点法的计算公式和简化计算公式计算 β。

【解】 (1)R、S 均服从正态分布

根据已知条件计算标准差

$$\sigma_R = \mu_R \delta_R = 180 \times 0.15 = 27\text{kN}$$
$$\sigma_S = \mu_S \delta_S = 80 \times 0.17 = 13.6\text{kN}$$

计算可靠指标

$$\beta = \frac{\mu_R - \mu_S}{\sqrt{\sigma_R^2 + \sigma_S^2}} = \frac{180 - 80}{\sqrt{27^2 + 13.6^2}} = 3.3078$$

利用式(9-11)查标准正态分布表可得

$$P_f = \Phi(-\beta) = \Phi(-3.3078) = 4.844 \times 10^{-4}$$

(2)R、S 均服从对数正态分布

$$\mu_{\ln R} = \ln\left(\frac{\mu_R}{\sqrt{1 + \delta_R^2}}\right) = \ln\left(\frac{180}{\sqrt{1 + 0.15^2}}\right) = 5.1818$$

$$\sigma_{\ln R} = \sqrt{\ln(1 + \delta_R^2)} = \sqrt{\ln(1 + 0.15^2)} = 0.1492$$

$$\mu_{\ln s} = \ln\left(\frac{\mu_S}{\sqrt{1 + \delta_S^2}}\right) = \ln\left(\frac{80}{\sqrt{1 + 0.17^2}}\right) = 4.3678$$

$$\sigma_{\ln s} = \sqrt{\ln(1 + \delta_s^2)} = \sqrt{\ln(1 + 0.17^2)} = 0.1688$$

由式(9-15)得

$$\beta = \frac{\mu_{\ln R} - \mu_{\ln S}}{\sqrt{\sigma_{\ln R}^2 + \sigma_{\ln S}^2}} = \frac{5.1818 - 4.3678}{\sqrt{0.1492^2 + 0.1688^2}} = 3.6132$$

按式(9-23)的简化公式计算

$$\ln\mu_R = \ln 180 = 5.1930$$
$$\ln\mu_S = \ln 80 = 4.3820$$

将上述数值代入式(9-23)，可得

$$\beta = \frac{\ln\mu_R - \ln\mu_S}{\sqrt{\delta_R^2 + \delta_S^2}} = \frac{5.1930 - 4.3820}{\sqrt{0.15^2 + 0.17^2}} = 3.5772$$

9.3.2 验算点法

在实际工程中，状态函数的基本变量往往不止两个，也不一定服从正态或对数正态分布。通过对楼面活荷载、风荷载、雪荷载的研究分析表明，它

们均服从极值Ⅰ型分布，而结构抗力一般是服从对数正态分布。为了使理论模式符合客观实际，拉克维茨和菲斯莱等人提出当量正态变量模式，并把极限状态函数推广到多于两个变量的非线性的更一般的情况，这就是改进的二阶矩理论，或称验算点法。

该法的优点是能够考虑非正态分布的随机变量，在计算工作量增加不多的条件下，可对可靠指标进行精度较高的近似计算，求得满足极限状态方程的"验算点"设计值。该法被国际安全度联合委员会(JCSS)所推荐，因此，一般简称为JC方法。

为了便于比较并掌握这种模式的思路，先介绍两个正态随机变量的简单情况。

1. 两个正态分布随机变量

假设抗力 R 和荷载效应 S 为两个相互独立的正态分布随机变量，其均值分别为 μ_R 和 μ_S，标准差分别为 σ_R 和 σ_S，这时极限状态方程为：

$$g(R, S) = R - S = 0 \tag{9-30}$$

在 SOR 坐标系中，极限状态方程是一条直线，与 R 和 S 两坐标轴的夹角分别为 $45°$，把 SOR 平面划分为可靠区和失效区。

首先对基本变量 R、S 作标准化变换

$$\hat{S} = \frac{S - \mu_S}{\sigma_S}, \quad \hat{R} = \frac{R - \mu_R}{\sigma_R} \tag{9-31}$$

这时，$\hat{S}$、$\hat{R}$ 为标准正态随机变量。原坐标系与新坐标系的关系为：

$$S = \hat{S}\sigma_S + \mu_S, \quad R = \hat{R}\sigma_R + \mu_R \tag{9-32}$$

这种转换实际上是把随机变量标准化，使其转化为 $N(0, 1)$ 分布。将式(9-32)代入式(9-30)的极限状态方程中，整理后得在新坐标系 $\hat{SO'R}$ 中的极限状态的方程为：

$$\sigma_R\hat{R} - \sigma_S\hat{S} + \mu_R - \mu_S = 0 \tag{9-33}$$

将上式两端同时除以 $-\sqrt{\sigma_R^2 + \sigma_S^2}$，可令

$$\cos\theta_S = \frac{\sigma_S}{\sqrt{\sigma_R^2 + \sigma_S^2}}, \quad \cos\theta_R = -\frac{\sigma_R}{\sqrt{\sigma_R^2 + \sigma_S^2}} \tag{9-34}$$

$$\beta = \frac{\mu_R - \mu_S}{\sqrt{\sigma_R^2 + \sigma_S^2}} \tag{9-35}$$

则新坐标系 $\hat{SO'R}$ 中的极限状态直线的方程也可用下式表达：

$$\hat{R}\cos\theta_R + \hat{S}\cos\theta_S - \beta = 0 \tag{9-36}$$

由解析几何可知，式(9-36)正是 $\hat{SO'R}$ 坐标系极限状态方程的标准型法线式直线方程。因此，其中常数项 β 的绝对值是坐标系中原点 O' 到极限状态直线的距离 $\overline{O'P^*}$（P^* 为垂足），$\cos\theta_S$ 和 $\cos\theta_R$ 是法线对坐标向量的方向余弦。而 β 在可靠性分析中又是可靠指标。因此，可靠指标 β 的几何意义，就是标准正态坐标系 $\hat{SO'R}$ 中，原点到极限状态直线的最短距离 $\overline{O'P^*}$，如图9-3所示。

这样在验算点法中，β 的计算就转化为求 $\overline{O'P^*}$ 的长度。P^* 是极限状态直线上的一点，称为设计验算点。

为方便起见，令

$$\alpha_R = -\cos\theta_R, \quad \alpha_S = -\cos\theta_S \qquad (9\text{-}37)$$

则由图 9-3 可求出法线端点 P^* 的坐标为：

$$\left.\begin{array}{l} \hat{R}^* = \overline{O'P^*}\cos\theta_R = \beta\cos\theta_R = -\alpha_R\beta \\[2mm] \hat{S}^* = \overline{O'P^*}\cos\theta_S = \beta\cos\theta_S = -\alpha_S\beta \end{array}\right\} \qquad (9\text{-}38)$$

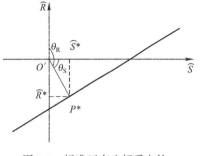

图 9-3　标准正态坐标系中的极限状态方程

P^* 点换回到原坐标系 SOR 中，则得：

$$\left.\begin{array}{l} R^* = \hat{R}^*\sigma_R + \mu_R = -\beta\alpha_R\sigma_R + \mu_R \\[2mm] S^* = \hat{S}^*\sigma_S + \mu_S = -\beta\alpha_S\sigma_S + \mu_S \end{array}\right\} \qquad (9\text{-}39)$$

由于在坐标系 SOR 中，极限状态方程为 $R-S=0$，所以，在这条极限状态直线上的 P^* 点，其坐标 R^* 和 S^* 也必然满足：

$$R^* - S^* = 0 \qquad (9\text{-}40)$$

如果已知均值分别为 μ_R、μ_S；标准差分别为 σ_R、σ_S。则由式（9-34）、式（9-35）和式（9-39）可以计算可靠指标 β 及验算点 R^* 和 S^* 的值。

2. 多个正态分布随机变量

在结构设计与可靠性分析中，影响结构可靠度的因素一般为多个随机变量，假定 X_1，X_2，$\cdots$，X_n 为 n 个相互独立的正态基本变量，均值、标准差分别为 μ_i，$\sigma_i (i=1, 2, \cdots, n)$。极限状态方程为：

$$g(X_1, X_2, \cdots, X_n) = 0 \qquad (9\text{-}41)$$

与二维的情况一样，首先引入标准正态随机变量 $\hat{X_i}$，即

$$\hat{X_i} = \frac{X_i - \mu_i}{\sigma_i} \qquad (9\text{-}42)$$

$$X_i = \hat{X_i}\sigma_i + \mu_i \qquad (9\text{-}43)$$

在标准正态坐标系 $\hat{O}-\hat{X_1}$，$\hat{X_2}$，$\cdots$，$\hat{X_n}$ 中的极限状态方程为：

$$g(\hat{X_1}\sigma_1 + \mu_1, \cdots, \hat{X_n}\sigma_n + \mu_n) = 0 \qquad (9\text{-}44)$$

在多维情况下，极限状态面（或称为边界条件）为一曲面。可以证明，与二维情况一样，新坐标系原点到极限状态曲面的法线距离就是可靠指标 β 的绝对值。因此，问题转化为如何求得原点到曲面的最短距离。图 9-4 表示三个随机变量时标准正态坐标系的极限状态曲面。

P^* 点为法线的端点，其坐标为 $(\hat{X_1^*}, \hat{X_2^*}, \hat{X_3^*})$。在 P^* 点作极限状态曲面的切平面，则切平面到原点的法线距离即为 β 值。

该切平面可由极限状态曲面方程式（9-44）在 P^* 点

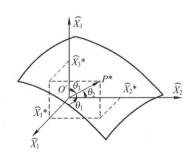

图 9-4　三个随机变量的极限状态曲面

169

进行泰勒级数展开（略去了泰勒级数展开式第三项及以后的高阶无穷小量）为：

$$g(\widehat{X}_1^* \sigma_1 + \mu_1, \cdots, \widehat{X}_n^* \sigma_n + \mu_n) + \sum_{i=1}^{n} \frac{\partial g}{\partial \widehat{X}_i}\bigg|_{P^*} (\widehat{X}_i - \widehat{X}_i^*) = 0 \quad (9\text{-}45)$$

式中 $\dfrac{\partial g}{\partial \widehat{X}_i}\bigg|_{P^*}$ ——偏导数在 P^* 点的赋值。

式(9-45)经整理可改写成：

$$\sum_{i=1}^{n} \frac{\partial g}{\partial \widehat{X}_i}\bigg|_{P^*} \widehat{X}_i - \sum_{i=1}^{n} \frac{\partial g}{\partial \widehat{X}_i}\bigg|_{P^*} \widehat{X}_i^* + g(\widehat{X}_1^* \sigma_1 + \mu_1, \cdots, \widehat{X}_n^* \sigma_n + \mu_n) = 0$$

$$(9\text{-}46)$$

将式(9-46)乘以 $\dfrac{-1}{\left[\sum\limits_{i=1}^{n}\left(\dfrac{\partial g}{\partial \widehat{X}_i}\bigg|_{P^*}\right)^2\right]^{\frac{1}{2}}}$，可得：

$$\frac{\sum\limits_{i=1}^{n}\left(-\dfrac{\partial g}{\partial \widehat{X}_i}\bigg|_{P^*}\right)}{\left[\sum\limits_{i=1}^{n}\left(\dfrac{\partial g}{\partial \widehat{X}_i}\bigg|_{P^*}\right)^2\right]^{\frac{1}{2}}}\widehat{X}_i -$$

$$\frac{\sum\limits_{i=1}^{n}\left(-\dfrac{\partial g}{\partial \widehat{X}_i}\bigg|_{P^*}\widehat{X}_i^*\right) + g(\widehat{X}_1^* \sigma_1 + \mu_1, \cdots, \widehat{X}_n^* \sigma_n + \mu_n)}{\left[\sum\limits_{i=1}^{n}\left(\dfrac{\partial g}{\partial \widehat{X}_i}\bigg|_{P^*}\right)^2\right]^{\frac{1}{2}}} = 0 \quad (9\text{-}47)$$

同二维的情形一样，可以证明 $\widehat{X}_i$ 的系数就是方向余弦：

$$\cos\theta_i = \frac{-\dfrac{\partial g}{\partial \widehat{X}_i}\bigg|_{P^*}}{\left[\sum\limits_{i=1}^{n}\left(\dfrac{\partial g}{\partial \widehat{X}_i}\bigg|_{P^*}\right)^2\right]^{\frac{1}{2}}} = \frac{-\dfrac{\partial g}{\partial X_i}\bigg|_{P^*}\sigma_i}{\left[\sum\limits_{i=1}^{n}\left(\dfrac{\partial g}{\partial X_i}\bigg|_{P^*}\sigma_i\right)^2\right]^{\frac{1}{2}}} \quad (9\text{-}48)$$

式(9-47)可写成高斯平面标准型方程。式中 θ_i 为各坐标向量 Z_i 对平面法线的方向角。

$$\sum_{i=1}^{n} Z_i \cos\theta_i - \beta = 0 \quad (9\text{-}49)$$

上式中常数项的绝对值就是该平面到坐标系原点的法线距离，即为可靠指标 β：

$$\beta = \frac{\sum\limits_{i=1}^{n}\left(-\dfrac{\partial g}{\partial \widehat{X}_i}\bigg|_{P^*}\widehat{X}_i^*\right) + g(\widehat{X}_1^* \sigma_1 + \mu_1, \cdots, \widehat{X}_n^* \sigma_n + \mu_n)}{\left[\sum\limits_{i=1}^{n}\left(\dfrac{\partial g}{\partial \widehat{X}_i}\bigg|_{P^*}\right)^2\right]^{\frac{1}{2}}} \quad (9\text{-}50)$$

由于 X_i^* 为极限状态曲面上的一点，故有 $g(\widehat{X}_1^* \sigma_1 + \mu_1, \cdots, \widehat{X}_n^* \sigma_n + \mu_n) = 0$，代入式(9-50)并转换为用随机变量 X_i 表达的计算式为：

$$\beta = \frac{\sum_{i=1}^{n}\left[-\frac{\partial g}{\partial X_i}\Big|_{\mathrm{P}^*}(X_i^* - \mu_{X_i})\right]}{\left[\sum_{i=1}^{n}\left(\frac{\partial g}{\partial X_i}\Big|_{\mathrm{P}^*}\sigma_i\right)^2\right]^{\frac{1}{2}}} \tag{9-51}$$

令

$$\alpha_i = -\cos\theta_i \tag{9-52}$$

则设计验算点 P^* 的坐标可写为：

$$\hat{X_i^*} = \beta\cos\theta_i = -\alpha_i\beta \tag{9-53}$$

$$X_i^* = \beta\sigma_i\cos\theta_i + \mu_i = -\alpha_i\beta\sigma_i + \mu_i \tag{9-54}$$

与两个随机变量的情况一样，X_i^* 是极限状态方程的临界点，因此 X_i^* 可作为设计验算点。将式(9-54)代入式(9-41)，可得：

$$g(-\alpha_1\beta\sigma_1 + \mu_1, \cdots, -\alpha_n\beta\sigma_n + \mu_n) = 0 \tag{9-55}$$

但是，无论采用式(9-51)或式(9-55)，都不能直接求出 β，这是因为各式中所有导数项均需在 P^* 点赋值，即要以 $\hat{X_i^*}$ 或 X_i^* 代入，而在求得 β 值以前，它们也是未知的。因此需利用四个基本方程，即用式(9-52)、式(9-53)、式(9-54)和式(9-41)或式(9-55)采用迭代法求解可靠指标 β 值。

3. 非正态变量

前面所讨论的问题都是按正态分布考虑的，但实际上荷载效应多为极值 I 型分布，而抗力多为对数正态分布。因此需要将非正态转化为正态，即在设计验算点 P^* 处将非正态分布的随机变量"当量正态化"。

设 X 为非正态连续型随机变量，如图 9-5 所示，在某点 x^* 处进行正态化处理，即要找一个正态随机变量 X'，使得在 x^* 处满足：

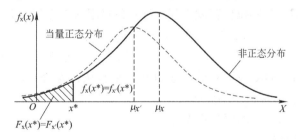

图 9-5 非正态随机变量的当量正态化

(1) 正态变量 X' 的概率分布函数在 x^* 处的值 $F_{X'}(x^*)$ 与非正态变量 X 的概率分布函数在 x^* 处的值 $F_X(x^*)$ 相等，即 $F_{X'}(x^*) = F_X(x^*)$。

(2) 正态变量 X' 的概率密度函数在 x^* 处的值 $f_{X'}(x^*)$ 与非正态变量 X 的概率密度函数在 x^* 处的值 $f_X(x^*)$ 相等，即 $f_{X'}(x^*) = f_X(x^*)$。

这样的正态变量 X' 称为非正态变量 X 相对于 x^* 处的当量正态变量，首先需要求出的是当量正态变量 X' 的均值 $\mu_{X'}$ 和标准差 $\sigma_{X'}$。

设 $F_X(x)$ 和 $f_X(x)$ 分别为非正态随机变量 X 的概率分布函数及概率密度

函数；$F_{X'}(x)$ 和 $f_{X'}(x)$ 分别为 X 相对于 x^* 处的当量正态变量 X' 的概率分布函数及概率密度函数。

根据当量正态化条件(1)，可推导出

$$F_X(x^*)=F_{X'}(x^*)=\Phi\left(\frac{x^*-\mu_{X'}}{\sigma_{X'}}\right) \tag{9-56}$$

所以

$$\frac{x^*-\mu_{X'}}{\sigma_{X'}}=\Phi^{-1}\left[F_X(x^*)\right] \tag{9-57}$$

整理后可得

$$\mu_{X'}=x^*-\Phi^{-1}\left[F_X(x^*)\right]\sigma_{X'} \tag{9-58}$$

再由当量化的条件(2)，有

$$f_X(x^*)=f_{X'}(x^*)=\varphi\left(\frac{x^*-\mu_{X'}}{\sigma_{X'}}\right)\Big/\sigma_{X'} \tag{9-59}$$

这里，$\varphi(\cdot)$ 表示标准正态分布概率密度函数，$\Phi(\cdot)$、$\Phi^{-1}(\cdot)$ 分别表示标准正态分布函数和它的反函数。

将式(9-57)代入式(9-59)，整理后可得

$$\sigma_{X'}=\varphi\{\Phi^{-1}\left[F_X(x^*)\right]\}/f_X(x^*) \tag{9-60}$$

对于非正态变量 X_i 情形，以当量的正态变量 X_i' 的统计参数 $\mu_{X_i'}$，$\sigma_{X_i'}$ 代替 X_i 的统计参数 μ_{X_i}，σ_{X_i} 后，则前述正态基本变量情况下计算 β 的方法均可适用。

根据以上讨论，对于结构极限状态函数中包含多个非正态基本变量的一般情况，只要知道了各基本变量的概率分布类型及统计参数，则可以采用迭代法计算 β 值及设计验算点的坐标值，其计算框图如图 9-6 所示。

【例题 9-2】　某钢拉杆正截面强度计算的极限状态方程为 $Z=g(R,S)=R-S=0$。已知 $\mu_R=135\text{kN}$，$\mu_S=60\text{kN}$，$\delta_R=0.15$，$\delta_S=0.17$，按验算点法计算以下几种情况的可靠指标：(1)R、S 均服从正态分布；(2)R、S 均服从对数正态分布；(3)R 服从对数正态分布，S 服从正态分布；(4)R 服从对数正态分布，S 服从极值 I 型分布。

【解】　(1) R、S 均服从正态分布

① 计算标准差

$$\sigma_R=\mu_R\delta_R=135\times0.15=20.25\text{kN}$$

$$\sigma_S=\mu_S\delta_S=60\times0.17=10.2\text{kN}$$

② 计算方向余弦

$$\alpha_R=-\cos\theta_R=\frac{\sigma_R}{\sqrt{\sigma_R^2+\sigma_S^2}}=\frac{20.25}{22.67}=0.8933$$

$$\alpha_R=-\cos\theta_S=-0.4499$$

③ 根据验算点坐标建立极限状态方程

$$R^*-S^*=\mu_R+\beta\sigma_R\cos\theta_R-\mu_S-\beta\sigma_S\cos\theta_S=0$$

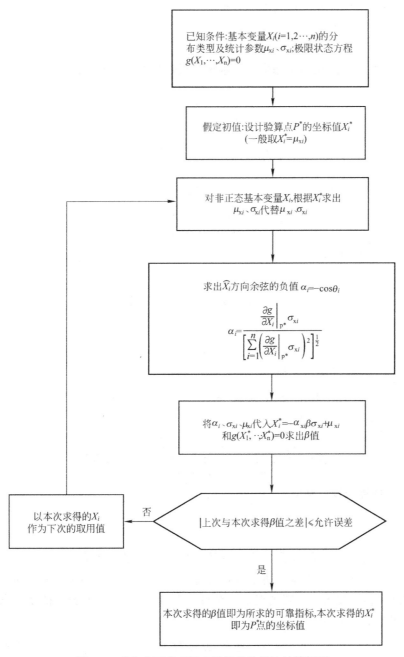

图 9-6 多个非正态变量 β 计算的迭代法计算框图

解方程得:

$$\beta = \frac{\mu_R - \mu_S}{\sqrt{\sigma_R^2 + \sigma_S^2}} = \frac{135 - 60}{\sqrt{20.25^2 + 10.20^2}} = \frac{7.5}{22.67} = 3.3083$$

④ 最后求解验算点坐标

$$R^* = \mu_R - \beta\sigma_R\alpha_R = 135 - 3.3083 \times 20.25 \times 0.8933 = 75.15\text{kN}$$

$$S^* = 75.15\text{kN}$$

(2) R、S 均服从对数正态分布

① 假定设计验算点 P^* 的坐标值

$$R^*=135\text{kN},\quad S^*=60\text{kN}$$

② 将 R 当量化为正态变量，求出当量化后的均值和标准差

$$\mu_{R'}=R^*\left(1+\ln\frac{\mu_R}{\sqrt{1+\delta_R^2}}-\ln R^*\right)$$

$$=135\times\left(1+\ln\frac{135}{\sqrt{1+0.15^2}}-\ln 135\right)=133.50\text{kN}$$

$$\sigma_{R'}=R^*\sqrt{\ln(1+\delta_R^2)}=135\times\sqrt{\ln(1+0.15^2)}=20.14\text{kN}$$

$$\mu_{S'}=51.15\text{kN}$$

$$\sigma_{S'}=10.13\text{kN}$$

③ 计算方向余弦

$$a_{R'}=-\cos\theta_{R'}=\frac{\sigma_{R'}}{\sqrt{\sigma_{R'}^2+\sigma_{S'}^2}}=\frac{20.14}{\sqrt{20.14^2+10.13^2}}=0.8934$$

$$a_{S'}=-\cos\theta_{S'}=\frac{-\sigma_{S'}}{\sqrt{\sigma_{R'}^2+\sigma_{S'}^2}}=-0.4493$$

④ 代入极限状态方程

$$R^*-S^*=\mu_{R'}-\beta\sigma_{R'}\alpha_{R'}-\mu_{S'}+\beta\sigma_{S'}\alpha_{S'}=0$$

解方程可求出可靠指标 β 为：

$$\beta=\frac{\mu_{R'}-\mu_{S'}}{\sqrt{\sigma_{R'}^2+\sigma_{S'}^2}}=\frac{133.50-59.15}{\sqrt{20.14^2+10.13^2}}=3.2896$$

⑤ 计算验算点坐标

$$R^*=\mu_{R'}-\beta\sigma_{R'}\alpha_{R'}=133.50-3.2896\times 20.14\times 0.8934=74.15\text{kN}$$

$$S^*=74.15\text{kN}$$

⑥ 重复②～⑤的步骤，然后校核前后两次 β 的差值是否满足允许误差，若满足，所计算的 β 即为所求的可靠指标。反之，继续重复②～⑥的步骤，直到满足精度要求。一般情况下，经过 3～5 次迭代，就可满足精度要求。迭代过程及结果见表 9-2。

迭代法计算表　　　　**表 9-2**

迭代次数	变量	x_i^* (1)	σ'_{x_i} (2)	μ'_{x_i} (3)	β(4)	α_{x_i} (5)	x_i^* (6)	$\lvert\Delta\beta\rvert$ (7)
1	R	74.15	11.06	117.76	3.6139	0.6622	91.29	0.3153
	S	74.15	12.52	57.39		−0.7493	91.29	
2	R	91.29	13.62	125.99	3.6139	0.6622	93.40	<0.0001
	S	91.29	15.41	51.68		−0.7493	93.40	

(3) R 服从对数正态分布，S 服从正态分布

① 假定计算验算点 P^* 的坐标值

$$R^* = 135\text{kN}, \quad S^* = 60\text{kN}$$

② 将 R 当量化成正态变量，求出当量化后的均值和标准差

$$\mu_{R'} = R^*\left(1 + \ln\frac{\mu_R}{\sqrt{1+\delta_R^2}} - \ln R^*\right) = 133.50\text{kN}$$

$$\sigma_{R'} = R^*\sqrt{\ln(1+\delta_R^2)} = 20.14\text{kN}$$
$$\mu_S = 60\text{kN}$$
$$\sigma_S = \mu_S\delta_S = 10.20\text{kN}$$

③ 计算方向余弦

$$a_{R'} = -\cos\theta_{R'} = \frac{\sigma_{R'}}{\sqrt{\sigma_{R'}^2 + \sigma_{S'}^2}} = 0.8921$$

$$a_{S'} = -\cos\theta_{S'} = \frac{-\sigma_{S'}}{\sqrt{\sigma_{R'}^2 + \sigma_{S'}^2}} = -0.4519$$

④ 代入极限状态方程

$$R^* - S^* = \mu_{R'} - \beta\sigma_{R'}\alpha_{R'} - \mu_S + \beta\sigma_S\alpha_S = 0$$

解方程可求都可靠性指标 β 为：

$$\beta = \frac{\mu_{R'} - \mu_{S'}}{\sqrt{\sigma_{R'}^2 + \sigma_{S'}^2}} = \frac{133.50 - 60}{\sqrt{20.14^2 + 10.20^2}} = 3.2560$$

⑤ 计算验算点坐标

$$R^* = \mu_{R'} - \beta_1\sigma_{R'}\alpha_{R'} = 133.50 - 3.2560 \times 20.14 \times 0.8921 = 75.01\text{kN}$$

$$S^* = 75.01\text{kN}$$

⑥ 重复②～⑤的步骤，然后校核前后两次 β 的差值是否满足允许误差，若满足，所计算的 β 即为所求的可靠指标。反之，继续重复②～⑥的步骤，直到满足精度要求。迭代过程及结果如表 9-3 所示。

迭 代 法 计 算 表　　　　　　　表 9-3

迭代次数	变量	x_i^* (1)	σ_{x_i}' (2)	μ_{x_i}' (3)	β(4)	α_{x_i} (5)	x_i^* (6)	$\lvert\Delta\beta\rvert$ (7)
1	R	75.01	11.19	118.5	3.8476	0.7390	86.44	0.5917
	S	75.01	10.20	60		−0.6737	86.44	
2	R	86.44	12.89	124.02	3.8937	0.7843	84.64	0.0461
	S	86.44	10.20	60		−0.6204	84.64	
3	R	84.64	12.63	123.21	3.8947	0.7779	84.96	0.0010
	S	84.64	10.20	60		−0.6284	84.96	
4	R	84.96	12.67	123.36	3.8947	0.7790	84.91	<0.0001
	S	84.96	10.20	60		−0.6270	84.91	

（4）R 服从对数分布，S 服从极值 I 型分布

① 假定设计验算点 P^* 的坐标值

$$R^* = 135\text{kN}, \quad S^* = 60\text{kN}$$

② 求出当量化后的均值和方差

a. 将 R 当量化成正态变量，求出当量化后的均值和方差

$$\mu_{R'} = R^* \left(1 + \ln\frac{\mu_R}{\sqrt{1+\delta_R^2}} - \ln R^* \right) = 133.50\text{kN}$$

$$\sigma_{R'} = R^* \sqrt{\ln(1+\delta_R^2)} = 20.14\text{kN}$$

b. 将 S 当量化成正态变量，求出当量化后的均值和方差

令

$$a = \frac{\pi}{\sqrt{6}} \times \frac{1}{\sigma_s} = \frac{\pi}{\sqrt{6} \times 10.20} = 0.1257$$

$$u = \frac{-0.5772}{a} + \mu_s = \frac{-0.5772}{0.1257} + 60 = 55.41$$

令

$$y^* = a(S^* - u) = 0.1257(S^* - 55.41)$$

有

$$f_s(S^*) = 0.1257\exp(-y^*)\exp[-\exp(-y^*)]$$
$$F_s(S^*) = \exp[-\exp(-y^*)]$$

则

$$\sigma_{s'} = \varphi\{\phi^{-1}[F_s(S^*)]\}/f_s(S^*) = 9.75\text{kN}$$
$$\mu_{x'} = S^* - \phi^{-1}[F_s(S^*)]\sigma_{s'} = 58.27\text{kN}$$

③ 计算方向余弦

$$\alpha_{R'} = -\cos\theta_{R'} = \frac{\sigma_{R'}}{\sqrt{\sigma_{R'}^2 + \sigma_{S'}^2}} = 0.9000$$

$$\alpha_{S'} = -\cos\theta_{S'} = \frac{-\sigma_{s'}}{\sqrt{\sigma_{R'}^2 + \sigma_{S'}^2}} = -0.4359$$

④ 代入极限状态方程

$$R^* - S^* = \mu_{R'} - \beta\sigma_{R'}\alpha_{R'} - \mu_{S'} + \beta\sigma_{S'}\alpha_{S'} = 0$$

解方程可求得可靠性指标 β 为：

$$\beta = \frac{\mu_{R'} - \mu_{S'}}{\sqrt{\sigma_{R'}^2 + \sigma_{S'}^2}} = 3.3621$$

⑤ 计算验算点坐标

$$R_1^* = \mu_{R'} + \beta_1\sigma_{R'}\cos\theta_{R'} = 72.56\text{kN}$$

$$S_1^* = \mu_S + \beta_1\sigma_s\cos\theta_s = 72.56\text{kN}$$

⑥ 重复②～⑤的步骤，然后校核前后两次 β 的差值是否满足允许误差。若满足，所计算的 β 即为所求的可靠指标。反之，继续重复②～⑥的步骤，直到满足精度要求。迭代过程及结果如表9-4所示。

迭代次数	变量	x_i^*(1)	σ_{x_i}'(2)	μ_{x_i}'(3)	β(4)	α_{x_i}(5)	x_i^*(6)	$|\Delta\beta|$(7)
1	R	135	20.14	133.50	3.3621	0.9000	72.56	
	S	60	9.75	58.27		−0.4359	72.56	
2	R	72.56	10.82	116.80	3.4361	0.5998	94.50	0.0740
	S	72.56	14.44	54.79		−0.8002	94.50	
3	R	94.50	14.10	127.15	3.3043	0.5736	102.11	0.1383
	S	94.50	22.11	40.52		−0.8432	102.11	
4	R	102.11	15.23	129.49	3.3005	0.5289	102.90	0.0038
	S	102.11	24.44	34.43		−0.8487	102.90	

将(1)~(4)的四种结果汇总于表 9-5。

计算情况	$R^*=S^*$	β
(1) R、S 均服从正态分布	75.15	3.3083
(2) R、S 均服从对数正态分布	91.29	3.6139
(3) R 服从对数正态分布，S 服从正态分布	84.96	3.8947
(4) R 服从对数正态分布，S 服从极值 I 型分布	102.90	3.3004

9.3.3 相关随机变量的可靠度分析

前面介绍的结构可靠度分析方法都是以随机变量相互独立为前提的。而在实际工程中，随机变量间可能存在着一定的相关性，如海上结构承受的风荷载和波浪力，岩土工程中的黏聚力和内摩擦角，大跨度结构的自重和抗力等。研究表明：随机变量间的相关性对结构的可靠度有着明显的影响，特别是高度正相关和高度负相关时。因此，若随机变量相关，则在结构可靠度分析中应充分予以考虑。

对于含有相关随机变量的结构可靠度问题，早期的一些研究采用正交变换的方法，首先将相关随机变量变换为不相关的随机变量，然后用 JC 法进行计算。从原理上讲，这种方法是正确的，但计算过于繁琐，特别是需要求矩阵的特征值，不便于应用。近年的一些研究则直接在广义空间（仿射坐标系）内建立求解可靠指标的迭代公式，不需要过多的准备工作，应用简单，是对现有可靠度计算方法的推广。

1. 广义随机空间的概念

在用解析几何方法研究量与量之间的关系时，我们常建立直角坐标系，这时各坐标轴之间是正交的，称为笛卡儿空间。如果我们建立的坐标系坐标轴之间不再正交，则称这种坐标系为广义空间。若广义空间中的量为随机变量，则称这种随机空间为广义随机空间。显然笛卡儿随机空间是广义随机空间的一种特例。

设随机变量 X_1，X_2，$\cdots$，X_n 构成 n 维广义随机空间，X_i 与 $X_j(i \neq j)$ 间的相关系数为 $\rho_{X_i X_j}$，则广义随机空间各坐标轴之间的夹角由随机变量间的相关系数决定，即

$$\theta_{X_i X_j} = \pi - \arccos\theta(\rho_{X_i X_j}) \tag{9-61}$$

当所有随机变量间的相关系数为零时，上述空间即为笛卡儿随机空间。

若广义随机空间内的结构功能函数为：

$$Z = g(X_1, X_2, \cdots, X_n) \tag{9-62}$$

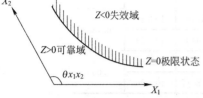

图 9-7　广义随机空间的极限状态曲线

则同笛卡儿随机空间的情形一样，$Z < 0$ 表示结构的失效状态，$Z = 0$ 表示结构的极限状态，$Z > 0$ 表示结构的可靠状态，如图 9-7 所示。

在由基本随机变量 X_1，X_2，$\cdots$，X_n 构成的广义随机空间内，结构失效概率 P_f 由下式表示：

$$P_f = \iint_{Z<0} \cdots \int f(x_1, x_2, \cdots, x_n) \mathrm{d}x_1 \mathrm{d}x_2 \cdots \mathrm{d}x_n \tag{9-63}$$

式中　$f(x_1, x_2, \cdots, x_n)$——X_1，X_2，$\cdots$，X_n 的联合概率密度函数。

一般情况下，按上式直接计算结构的失效概率是比较困难的。若 n 个随机变量相互独立，则上式就简化为笛卡儿随机空间的失效概率公式。

在笛卡儿随机空间中，结构的失效概率 p_f 是通过可靠指标 β 表示的。同样，在广义随机空间中，也可以用结构的可靠指标表示失效概率。

假设 R 和 S 均为服从正态分布的随机变量，其平均值为 μ_R 和 μ_S，标准差为 σ_R 和 σ_S，相关系数为 ρ_{RS}，结构功能函数为 $Z = R - S$，则 Z 也服从正态分布其平均值为 $\mu_Z = \mu_R - \mu_S$，标准差为 $\sigma_Z = \sqrt{\sigma_R^2 - 2\rho_{RS}\sigma_R\sigma_S + \sigma_S^2}$。这时结构的可靠指标为：

$$\beta = \frac{\mu_Z}{\sigma_Z} = \frac{\mu_R - \mu_S}{\sqrt{\sigma_R^2 - 2\rho_{RS}\sigma_R\sigma_S + \sigma_S^2}} \tag{9-64}$$

由式 (9-64) 计算的结构可靠指标与失效概率同样具有一一对应的关系。

同独立随机变量的可靠度分析情况类似，结构中的随机变量并不全部服从正态分布，结构功能函数也并不一定是线性的，因而不能直接求得结构的可靠指标。本章前面已经详细讨论了独立随机变量结构一次二阶矩方法。下面将在此基础上研究广义空间内可靠指标的计算方法。

2. 相关随机变量可靠度分析的验算点法

(1) 正态随机变量线性极限状态方程的情况

设 X_1，X_2，$\cdots$，X_n 为广义随机空间内的 n 个正态随机变量，其均值为 $\mu_{X_i}(i = 1, 2, \cdots, n)$，标准差为 $\sigma_{X_i}(i = 1, 2, \cdots, n)$，结构的功能函数为 n 个正态随机变量的线性函数，表示为：

$$Z = a_0 + \sum_{i=1}^{n} a_i X_i \tag{9-65}$$

其中 a_0，a_1，$\cdots$，a_n 为常数。由正态随机变量的特性知，Z 也服从正态分布，其均值和标准差为：

$$\mu_z = a_0 + \sum_{i=1}^{n} a_i \mu_{X_i} \qquad (9\text{-}66)$$

$$\sigma_Z = \left(\sum_{i=1}^{n} \sum_{j=1}^{n} \rho_{X_i X_j} a_i a_j \sigma_{X_i} \sigma_{X_j} \right)^{\frac{1}{2}} \qquad (9\text{-}67)$$

相应的结构可靠指标为：

$$\beta = \frac{\mu_Z}{\sigma_Z} = \frac{a_0 + \sum_{i=1}^{n} a_i \mu_{X_i}}{\left(\sum_{i=1}^{n} \sum_{j=1}^{n} \rho_{X_i X_j} a_i a_j \sigma_{X_i} \sigma_{X_j} \right)^{\frac{1}{2}}} \qquad (9\text{-}68)$$

为确定设计验算点，把 σ_z 展开成 $a_i \sigma_{X_i}$ 的线性组合，即式(9-67)可改写成：

$$\sigma_z = -\sum_{i=1}^{n} \alpha_i a_i \sigma_{X_i} \qquad (9\text{-}69)$$

式中　α_i——灵敏系数，可表示为：

$$\alpha_i = -\frac{\sum_{j=1}^{n} \rho_{X_i X_j} a_j \sigma_{X_j}}{\left(\sum_{j=1}^{n} \sum_{k=1}^{n} \rho_{X_j X_k} a_j a_k \sigma_{X_j} \sigma_{X_k} \right)^{\frac{1}{2}}} \qquad (9\text{-}70)$$

可以证明，由式(9-70)定义的灵敏系数反映了 Z 与 X_i 之间的线性相关性。

结合式(9-67)～式(9-70)，则有

$$a_0 = \sum_{i=1}^{n} a_i X_i = \mu_Z - \beta \sigma_Z = 0 \qquad (9\text{-}71)$$

即

$$\sum_{i=1}^{n} a_i (X_i - \mu_{X_i} - \beta \alpha_i \sigma_{X_i}) = 0 \qquad (9\text{-}72)$$

根据式(9-72)，可在广义随机空间内引入设计验算点 $\boldsymbol{x}^* = (x_1^*, x_2^*, \cdots, x_n^*)$，其中

$$x_i^* = \mu_{X_i} + \beta \alpha_i \sigma_{X_i} \quad (i=1, 2, \cdots, n) \qquad (9\text{-}73)$$

由式(9-73)给出的设计验算点，为失效面上距标准化坐标原点最近的点，同时也是失效面上对失效概率贡献最大的点。

(2) 一般情况

在实际工程中，由式(9-62)表达的功能函数可能是线性的，也可能是非线性的；随机变量 X_1, X_2, $\cdots$, X_n 可能服从正态分布，也可能不服从正态分布。对于非线性功能函数以及非正态分布随机变量的情况，笛卡儿随机空间内一次二阶矩理论的常用处理办法是将非线性功能函数在验算点处线性展开，并按式(9-74)和式(9-75)将非正态分布随机变量在验算点处当量正态化，用当量正态分布随机变量 X_i' 代替原非正态分布随机变量 X_i，可得

$$\mu_{X_i'} = x_i^* - \sigma_{X_i'} \Phi^{-1} [F_i(x_i^*)] \qquad (9\text{-}74)$$

$$\sigma_{X_i'} = \varphi\{\Phi^{-1} [F_i(x_i^*)]\} / f_i(x_i^*) \qquad (9\text{-}75)$$

式中，$F_i(\cdot)$ 和 $f(\cdot)$ 分别为原非正态分布随机变量的概率分布函数和概率密度函数；$\Phi^{-1}(\cdot)$ 和 $\varphi(\cdot)$ 分别为标准正态分布函数的反函数和概率密度函

数；$\mu_{X_i'}$ 和 $\sigma_{X_i'}$ 分别为当量正态分布随机变量 X_i' 的均值和标准差。

对随机变量当量正态化和对功能函数线性化后，式(9-62)表达的功能函数可改写成：

$$Z_L = \sum_{i=1}^{n} \frac{\partial g}{\partial X_i}\bigg|_{P^*} (X_i' - x_i^*) \tag{9-76}$$

式中，$\dfrac{\partial g}{\partial X_i}\bigg|_{P^*}$ 表示导数在验算点 $\boldsymbol{x}^* = (x_1^*, x_2^*, \cdots, x_n^*)$ 处取值。

由于非正态分布随机变量的当量正态化并不改变随机变量间的线性相关性，即 $\rho_{X_i' X_j'} \approx \rho_{X_i X_j}$，所以通过当量正态化，可将非正态随机变量的可靠度分析问题转化为正态分布随机变量的可靠度分析问题，这时式(9-66)、式(9-67)及式(9-70)可相应改写为：

$$\mu_{Z_L} = \sum_{i=1}^{n} \frac{\partial g}{\partial X_i}\bigg|_{P^*} (\mu_{X_i'} - x_i^*) \tag{9-77}$$

$$\sigma_{Z_L} = \left(\sum_{i=1}^{n} \sum_{j=1}^{n} \frac{\partial g}{\partial X_i} \frac{\partial g}{\partial X_j}\bigg|_{P^*} \sigma_{X_i'} \sigma_{X_j'} \right)^{\frac{1}{2}} \tag{9-78}$$

$$\alpha_i' = \frac{\displaystyle\sum_{j=1}^{n} \rho_{X_i' X_j'} \frac{\partial g}{\partial X_j}\bigg|_{P^*} \sigma_{X_j'}}{\left(\displaystyle\sum_{j=1}^{n} \sum_{k=1}^{n} \rho_{X_j' X_k'} \frac{\partial g}{\partial X_j} \frac{\partial g}{\partial X_k}\bigg|_{P^*} \sigma_{X_j'} \sigma_{X_k'} \right)^{\frac{1}{2}}} \tag{9-79}$$

$$x_i^* = \mu_{X_i} + \beta \alpha_i' \sigma_{X_i'} \tag{9-80}$$

当 $X_1, X_2, \cdots, X_n$ 相互独立时，式(9-78)和式(9-79)可简化为：

$$\sigma_{Z_L} = \left[\sum_{i=1}^{n} \left(\frac{\partial g}{\partial X_i}\bigg|_{P^*} \sigma_{X_i'} \right)^2 \right]^{\frac{1}{2}} \tag{9-81}$$

$$\alpha_i' = -\frac{\dfrac{\partial g}{\partial X_i}\bigg|_{P^*} \sigma_{X_i'}}{\left[\displaystyle\sum_{i=1}^{n} \left(\frac{\partial g}{\partial X_i}\bigg|_{P^*} \sigma_{X_i'} \right)^2 \right]^{\frac{1}{2}}} \tag{9-82}$$

由于验算点在极限状态曲面上，因而满足

$$g(x_1^*, x_2^*, \cdots, x_n^*) = 0 \tag{9-83}$$

式(9-79)、式(9-80)和式(9-83)构成了广义随机空间内迭代求解可靠指标 β 的联立公式。具体迭代计算时，仍可使用图 9-6 的计算框图，只是方向余弦 $\cos\theta_i$ 用式(9-79)的灵敏系数 α_i 代替。

【例题 9-3】 已知条件同【例题 9-2】，并假定抗力 R 与荷载效应 S 间的线性相关系数为 $S_{GE} = 0.5, 0.2, 0.0, -0.2, -0.5, -0.9$ 时，求 R 服从对数正态分布、S 服从正态分布时结构的可靠指标和失效概率。

【解】 下面以 $\rho_{RS} = 0.5$ 时的情况为例，说明具体的计算过程。

（1）首先假定设计验算点 P^* 的坐标值

$$R^* = 135 \text{kN}, \quad S^* = 60 \text{kN}$$

（2）将 R 当量化为正态变量，求出当量化后均值和标准差

$$\mu_{R'} = R^* \left[1 + \ln \frac{\mu_R}{\sqrt{\ln(1 + \delta_R^2)}} - \ln R^* \right] = 133.50 \text{kN}$$

$$\sigma_{R'} = R^* \sqrt{\ln(1+\delta_R^2)} = 20.14\text{kN}$$

$$\mu_S = 60\text{kN}$$

$$\sigma_S = \mu_S \delta_S = 10.20\text{kN}$$

（3）计算灵敏系数

当量正态随机变量 R' 与荷载效应 S 的相关系数为：

$$\rho'_{RS} \approx \rho_{RS} = 0.5$$

$$\alpha_{R'} = -\frac{\sigma_{R'} - \rho_{R'S}\sigma_S}{\sqrt{\sigma_{R'}^2 - 2\rho_{R'S}\sigma_{R'}\sigma_S + \sigma_S^2}} = -0.8622$$

$$\alpha_s = -\frac{\rho_{R'S}\sigma_{R'} - \sigma_S}{\sqrt{\sigma_{R'}^2 - 2\rho_{R'S}\sigma_{R'}\sigma_S + \sigma_S^2}} = 0.0075$$

（4）代入极限状态方程

$$R^* - S^* = \mu_{R'} - \beta\sigma_{R'}\alpha_{R'} - \mu_S + \beta\sigma_S\alpha_S = 0$$

由极限状态方程可求得结构可靠指标为：

$$\beta = \frac{\mu_{R'} - \mu_S}{\sqrt{\sigma_{R'}^2 - 2\rho_{R'S}\sigma_{R'}\sigma_S + \sigma_S^2}} = 4.2143$$

（5）计算验算点坐标

$$R^* = \mu_{R'} - \beta_1\sigma_{R'}\alpha_{R'} = 133.50 - 4.2143 \times 20.14 \times 0.8921 = 60.32\text{kN}$$

$$S^* = 60.32\text{kN}$$

（6）重复(2)～(5)的步骤，然后校核前后两次 β 的差值是否满足允许误差，若满足，所计算的 β 即为所求的可靠指标；反之，继续重复(2)～(6)的步骤，直到满足精度要求。迭代过程及结果如表9-6所示。

给定验算点初值 R^* 和 S^*（一般取 μ_R 和 μ_S），按上面的公式进行迭代，即可求得结构的可靠指标 β 和验算点坐标值。表9-6给出了 $\rho_{RS}=0.5$ 时的迭代计算过程。表9-7给出了 $\rho_{RS}=0.5$，0.2，0.0，-0.2，-0.5，-0.9时按上述迭代过程计算的结构的可靠指标 β 和相应的失效概率 P_f。

将本例的迭代过程与【例题9-2】的迭代计算过程对比可以看出，广义随机空间结构可靠指标的计算方法与笛卡尔随机空间的计算方法基本一致，因此非常便于工程应用。

迭代法计算过程 表9-6

指标类型	迭代初值	迭代次数					
		1	2	3	4	5	6
R^*	135.0	60.321	90.0931	75.7647	83.3772	79.2884	81.4918
S^*	60.0	60.321	90.0931	75.7647	83.3772	79.2884	81.4918
β	4.2143	4.9968	5.3942	5.4375	5.4540	5.4580	5.4593
$\alpha_{R'}$	-0.8622	-0.4037	-0.6865	-0.5746	-0.6389	-0.6059	-0.6241
α_S	0.0075	0.5904	0.2865	0.4215	0.3467	0.3860	0.3646

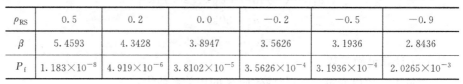

β 和 p_f 的计算结果　　　　　　　　　　　　表 9-7

ρ_{RS}	0.5	0.2	0.0	-0.2	-0.5	-0.9
β	5.4593	4.3428	3.8947	3.5626	3.1936	2.8436
P_f	1.183×10^{-8}	4.919×10^{-6}	3.8102×10^{-5}	3.5626×10^{-4}	3.1936×10^{-4}	2.0265×10^{-3}

9.4　结构体系的可靠度计算

9.4.1　结构构件的失效性质

构成整个结构的各构件，根据其材料和受力性能不同，可以分为脆性构件和延性构件两类。

脆性构件是指一旦失效立即完全丧失功能的构件。例如，钢筋混凝土受压柱一旦破坏，即丧失承载能力。

延性构件是指失效后仍能维持原有功能的构件。例如，采用具有明显屈服平台的钢制成的受拉或受弯构件，在达到屈服承载力时，仍能保持该承载力而继续变形。

构件不同的失效性质，会对结构体系可靠度分析产生不同的影响。对于静定结构，任一构件失效将导致整个结构失效，其可靠度分析不会由于构件的失效性质而带来任何变化。对于超静定结构则不同，由于某一构件失效并不意味着整个结构将失效，而是在构件之间导致内力重分布，这种重分布与体系的变形情况以及构件性质有关，因而其可靠度分析将随构件的失效性质不同而存在较大差异。

9.4.2　结构体系的基本模型

结构由各个构件组成，由于组成结构的方式不同以及构件的失效性质不同，构件失效引起结构失效的方式将具有各自的特殊性。但如果将结构体系失效的各种方式模型化后，总可以归并为三种形式，即串联模型、并联模型和串-并联模型。

（1）串联模型

如果结构体系中任何一构件失效，整个结构也失效，具有这种逻辑关系的结构模型就可以用串联模型来表示。如图 9-8(a) 所示的静定桁架即为典型的串联模型，如图 9-8(b) 表示串联模型逻辑图。一般情况下，所有的静定结构的失效可用串联体系表示。另外，静定结构构件是脆性还是延性对结构体系的可靠度没有影响。

（2）并联模型

如结构中有一个或一个以上的构件失效，剩余的构件或失效的延性构件，仍能维持整体结构的功能，则这类结构系统可用并联模型表示。

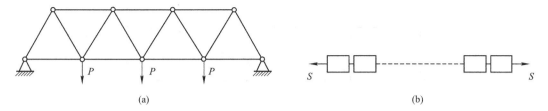

图 9-8　串联模型

(a)静定桁架；(b)逻辑结构

超静定结构的失效可用并联模型表示。如一个两端固定的钢梁，只有当梁两端和跨中形成了塑性铰（塑性铰截面当做一个元件），整个梁才失效。如图 9-9(a)所示的超静定梁即为并联模型，图 9-9(b)表示并联模型逻辑图。

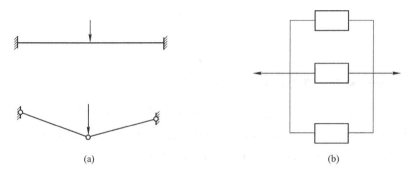

图 9-9　并联模型

(a)超静定梁；(b)逻辑图

对于并联体系，构件的失效性质对体系的可靠度分析影响很大。如组成构件均为脆性构件。则某一构件在失效后退出工作，原来承担的荷载全部转移给其他构件，加快了其他构件失效，因此在计算体系可靠度时，应考虑各个构件的失效顺序。而当组成构件为延性构件时，构件失效后仍能维持其原有的承载能力，不影响之后其他构件失效，所以只需考虑体系最终的失效形态。

（3）串-并联模型

在延性构件组成的超静定结构中，若结构的最终失效形态不限于一种，则这类结构系统可用串-并联模型表示。

如图 9-10(a)所示的钢架为串-并联模型，图 9-10(b)表示该模型的逻辑图。在荷载作用下，最可能出现的失效模式有三种，只要其中一种出现，就意味着结构体系失效，则该结构可模拟为由三个并联体系组成的串联体系，即串-并联体系。此时，同一失效截面可能会出现在不同的失效模式中。

对于由脆性元件组成的超静定结构，若超静定程度不高，当其中一个构件失效而退出工作后，继后的其他构件失效概率就会被大大提高，几乎不影响结构体系的可靠度，这类结构的并联子系统可简化为一个元件，因而可按串联模型处理。

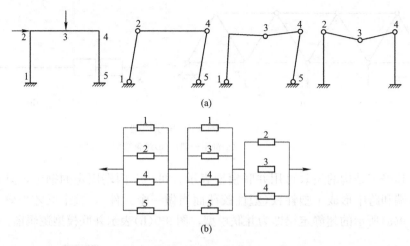

(a)

图 9-10　串-并联模型

(a)超静定钢架；(b)逻辑图

9.4.3　结构体系可靠度计算的区间估计法

对于实际结构而言，其破坏模式非常多，若要精确计算其破坏概率是不太可能的，通常采用一些近似的计算方法，而区间估计法是较为常用的一种。区间估计法上最具代表性的是 A. Cornell 提出的宽界限法和 Ditevsen 提出的窄界限法。

1. 宽界限法

宽界限法(一阶方法)，取两种极端状态作为上下限，利用基本事件的失效概率来研究多种失效模式结构体系的失效概率。

若所考虑的各构件的抗力是完全相关的，即 $\rho=1$，体系的可靠概率为：

$$p_s = \min(p_{s1},\ p_{s2},\ \cdots,\ p_{si},\ \cdots,\ p_{sn}) \tag{9-84}$$

式中　p_{si}——第 i 个构件可靠概率，若其失效概率为 p_{fi}，则有 $p_{si}=1-p_{fi}$，上式表示只有当任一构件不破坏时，体系才不破坏，因为各构件失效概率之间是完全相关的。

若各个构件的抗力是相互统计独立的，并且作用效应也是统计独立的，则有：

$$p_s = \prod_{i=1}^{n} p_{si} = \prod_{i=1}^{n}(1-p_{fi}) \tag{9-85}$$

实际结构的抗力与作用效应既不会完全统计独立，也不会完全相关，一般介于二者之间。式(9-84)、式(9-85)可作为估计体系可靠概率 p_s 的上下限，即

$$\prod_{i=1}^{n} p_{si} \leqslant p_s \leqslant \min p_{si} \tag{9-86}$$

相应地，体系失效概率的 p_f 的上下限，即

$$\max p_{fi} \leqslant p_f \leqslant 1 - \prod_{i=1}^{n}(1-p_{fi}) \tag{9-87}$$

如果 p_{fi} 很小，则

$$\max p_{fi} \leqslant p_f \leqslant \sum_{i=1}^{n} p_{fi} \tag{9-88}$$

上述公式虽然不能完全确定结构体系的失效概率，但可以估计失效概率的上下限。

2. 窄界限法

针对宽界限法给出的界限过宽，一些学者对结构体系失效概率的窄界限法（二阶法）做了进一步的研究。考虑的出发点是针对失效模式间的关系，其界限必须是共同事件 $E_i E_j$ 发生的概率，如 $p(E_i E_j)$ 或 $p(\overline{E_i}\,\overline{E_j})$，从而根据概率论求出结构体系失效概率 p_f 的上下界限。

结构体系失效概率的上下限为：

$$P(E_i) + \max\left[\sum_{i=2}^{k}\left\{P(E_i) - \sum_{j=1}^{i-1}P(E_i E_j)\right\},\ 0\right] \leqslant p_f \leqslant \sum_{i=1}^{n}P(E_i) - \sum_{i=2}^{n}\max P(E_i E_j) \tag{9-89}$$

$P(E_i E_j)$ 为共同事件 $E_i E_j$ 的概率，当所有随机变量都是正态分布且相关系数 $\rho_{ij} \geqslant 0$ 时，由事件 i、j 的可靠指标 β_i 和 β_j 有：

$$\max\left[P(A),\ P(B)\right] \leqslant P(E_i E_j) \leqslant P(A) + P(B) \tag{9-90}$$

式中，$P(A) = \Phi(-\beta_i)\Phi\left(-\dfrac{\beta_j - \rho_{ij}\beta_i}{\sqrt{1-\rho_{ij}^2}}\right)$，$P(B) = \Phi(-\beta_j)\Phi\left(-\dfrac{\beta_i - \rho_{ij}\beta_j}{\sqrt{1-\rho_{ij}^2}}\right)$。

在计算联合事件的概率时，可以近似取其中的边界值。

在估计低限时取：

$$P(E_i E_j) = P(A) + P(B)$$

在估计高限时取：

$$P(E_i E_j) = P(A) \cdot P(B)$$

9.5 结构构件的目标可靠指标

9.5.1 目标可靠指标的确定方法

（1）类比法（协商给定法）

该方法是参照人们在日常生活中所经历的各种风险（危险率），确定一个为公众所能接受的失效概率。

在日常生活中，每人每年遇到灾难性事故的可能性见表9-8。

每人每年遇到灾难性事故的可能性　　　　　表 9-8

1‰（一千人有一个）	这是断然不能接受的
0.1‰（一万人有一个）	加强警惕，采取措施
0.01‰（十万分之一）	人们关心程度不那么大
0.001‰（百万分之一）	不怎么为人们所注意

根据这种分析，有人专门对参加各种活动所面临的风险水平作了统计分析，见表9-9。并建议建筑结构的年失效概率 P_f 为 1×10^{-5}，这大致相当于房屋在设计基准期 50 年内的失效概率（5×10^{-4}）。当功能函数为正态分布时，相当于可靠指标 $\beta=3.29$。由于对风险水平的接受程度往往因人而异，所以用此法确定结构的可靠指标不易为人们所公认。

参加各种活动面临的风险水平　　　　　表 9-9

汽车	2.5×10^{-4}	雷击	5×10^{-7}
飞机	1×10^{-5}	游泳	3×10^{-5}
失火	2×10^{-5}	赛车	5×10^{-3}
暴风	4×10^{-7}		

（2）校准法

不同的结构和构件在正常施工与正常使用条件下，均有其固有的可靠度。只要已知其统计特征，就可以用一定的方法来揭示其可靠指标。校准法是采用一次二阶矩方法计算原有规范的可靠指标，找出隐含于现有结构中相应的可靠指标，经综合分析和调整，确定现行规范的可靠指标。

在现阶段，校准法是一种比较切实的确定设计可靠指标的方法，加拿大、美国及欧洲的一些国家都采用了此法。《建筑结构可靠度设计统一标准》（GB 50068—2001）规定的设计可靠指标就是采用校准法确定的。

9.5.2　结构构件设计的目标可靠指标

选取各类工程结构设计的目标可靠指标，是编制各类结构可靠度设计标准的核心问题。选取目标可靠指标时必须经大量的论证，以求在安全与经济上达到最佳的平衡。

（1）承载能力极限状态的可靠指标

表 9-10 是根据对 20 世纪 70 年代各类材料的结构设计规范校准所得的结果，经综合平衡后确定的承载能力极限状态的目标可靠指标。制定《建筑结构可靠度设计统一标准》（GB 50068—2001）时，根据"可靠度适当提高一点"的原则，取消了原标准"可对 β 的规定值作不超过 ±0.25 幅度的调整"的规定。因此，表中规定的 β 值是各类材料结构设计规范应采用的最低 β 值。

承载能力极限状态的目标可靠指标　　　　　表 9-10

破坏类型	安全等级		
	一级	二级	三级
延性破坏	3.7	3.2	2.7
脆性破坏	4.2	3.7	3.2

表 9-10 中工程结构破坏类型按其破坏前有无明显变形或其他预兆分为延性破坏和脆性破坏。破坏前有明显变形或其他预兆为延性破坏，反之为脆性破坏。同时，对不同的安全等级规定了相应的可靠指标。

目前由于统计资料不够完备以及结构可靠度分析中引入了近似假定，因此所得的 β 尚非实际值。这些值是一种与结构构件实际失效概率有一定联系的运算值，主要用于对各类结构构件可靠度作相对的度量。

（2）正常使用极限状态下的可靠指标

为促进房屋使用性能的改善，根据国际标准 ISO 2394 的建议，结合国内近年来对我国建筑结构构件正常使用极限状态可靠度所做的分析研究成果，对结构构件正常使用的可靠指标，根据结构效应的可逆程度选取 0～1.5。可逆程度较高的结构构件取较低值；可逆程度较低的结构构件取较高值。在国际标准 ISO 2394 中，对可逆的正常使用极限状态，其可靠指标取为 0；对不可逆的正常使用极限状态，其可靠指标取为 1.5。

不可逆极限状态指产生超越状态的作用被移掉后，仍将永久保持超越状态的一种极限状态；可逆极限状态指产生超越状态的作用被移掉后，将不再保持超越状态的极限状态。

9.6 概率极限状态设计法

9.6.1 直接概率设计法

1. 一般概念

概率设计法就是要使所设计结构的可靠度满足某个规定的概率值，即失效概率 P_f 在规定的时间段内不应超过规定值 P_0，直接概率设计法的设计表达式为：

$$P_f \leqslant P_0 \tag{9-91}$$

失效概率 P_f 可以由可靠指标 β 来代替。为此，直接概率设计法的设计表达式还可以表达为：

$$\beta \geqslant \beta_0 \tag{9-92}$$

式中　β_0——设计给定的目标可靠指标。

目前，直接概率设计法主要应用于：

（1）根据规定的可靠度，校准分项系数模式中的分项系数；

（2）在特定情况下，直接设计某些重要的工程；

（3）对不同设计条件下的结构可靠度进行一致性对比。

2. 基本思路

首先讨论两个正态随机变量荷载效应 S 和结构抗力 R 的简单情况，结构的功能函数为 $Z=R-S$，若用 μ_R、μ_S、σ_R 和 σ_S 表示抗力和荷载效应的统计参数，则可靠指标：

$$\beta=\frac{\mu_Z}{\sigma_Z}=\frac{\mu_R-\mu_S}{\sqrt{\sigma_R^2+\sigma_S^2}} \tag{9-93}$$

从式（9-93）可以看出，如所设计的结构，当 μ_R 和 μ_S 之差值愈大或者 σ_R 及 σ_S 值愈小，可靠指标 β 值就愈大，也就是失效概率愈小，结构愈可靠。反之则结构愈不可靠。

若给定结构的目标可靠指标 β_0，且荷载效应的统计参数 μ_S、δ_S 和抗力的统计参数 μ_R、δ_R，则可直接应用式（9-92）设计结构，将式（9-93）代入式（9-92）整理后得：

$$\mu_R-\mu_S-\beta_0\sqrt{(\mu_R\delta_R)^2+(\mu_S\delta_S)^2}=0 \tag{9-94}$$

解式（9-94）可求出结构抗力的平均值 μ_R。然后利用式 $\mu_R=\chi_R R_k$ 求结构抗力的标准值

$$R_k=\mu_R/\chi_R \tag{9-95}$$

式中 χ_R——所规定的系数（$\chi_R>1$）。

但实际问题远比这种情况复杂。一般都有多个正态或非正态的基本变量 $X_i(i=1,2,\cdots,n)$ 的极限状态方程有可能是非线性的。这时，可利用一次二阶矩法的验算点法，求解某一基本变量的平均值 μ_{X_i}。在一般情况下，要进行非线性与非正态的双重迭代才能求出 μ_{X_i}，计算很复杂。直接基于结构可靠度进行结构设计的概率极限设计法的计算框图如图9-11所示。

【例题9-4】 已知某钢拉杆，其抗力和荷载的统计参数为 $\mu_N=257\text{kN}$，$\sigma_N=17.7\text{kN}$，$\delta_R=0.08$，$\chi_R=1.09$，且轴向拉力 N_G 和截面承载力 R 都服从正态分布。当目标可靠指标为 $\beta_0=5$ 时，不考虑截面尺寸变异和计算公式精确度的影响，试计算结构抗力的标准值。

【解】 （1）求抗力的平均值

$$\mu_R-257-5\sqrt{(0.08\mu_R)^2-17.7^2}=0$$

解方程可得 $\mu_R=381.14\text{kN}$

（2）计算结构抗力的标准值

$$R_k=\mu_R/\chi_R=381.14/1.09=349.67\text{kN}$$

由此可得，按给定的可靠指标 $\beta_0=5$ 计算的结构抗力标准值为 349.67kN

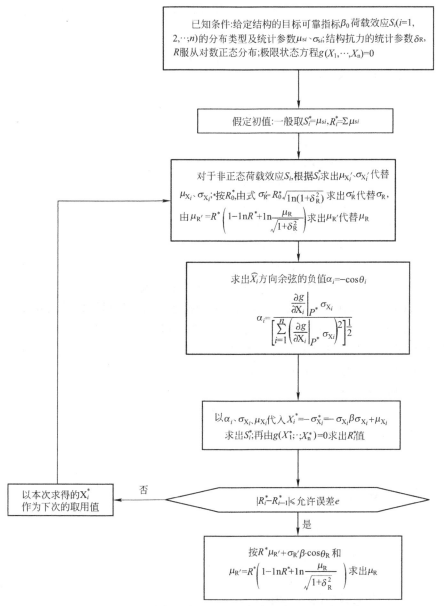

图 9-11　基于结构可靠度表达的直接概率极限状态设计

9.6.2　基于分项系数表达的概率极限状态设计法

1. 分项系数模式

在分项系数模式中，结构构件按极限状态设计应符合下式要求：

$$g(F_d, f_d, a_d, \psi_c, C, \gamma_0, \gamma_d) \geqslant 0 \tag{9-96}$$

一般情况下，将影响结构可靠性的因素分为抗力效应 $R_d = R(\cdot)$ 和荷载效应 $S_d = S(\cdot)$ 两组。当结构构件按承载能力极限状态设计时，可采用如下设计表达式

$$\gamma_0 S(F_d, a_d, \psi_c, \gamma_{Sd}) \leqslant R(f_d, a_d, C, \gamma_{Rd}) \tag{9-97}$$

当结构构件按正常使用极限状态中的变形和裂缝进行设计时，采用如下设计表达式：

$$S(F_d,\ a_d,\ \psi_c,\ \gamma_{Sd}) \leqslant C \tag{9-98}$$

式(9-96)～式(9-98)中

$R(\cdot)$——抗力函数；

$S(\cdot)$——作用效应函数；

γ_0——结构重要性系数；

F_d——作用的设计值；

f_d——材料性能的设计值；

a_d——几何参数的设计值；

ψ_c——作用的组合值系数；

C——限值，如变形和裂缝宽度的限值；

γ_{Rd}——反映抗力计算模型不定性的系数；

γ_{Sd}——反映作用效应计算模型不定性的系数。

式(9-96)～式(9-98)仅是一般原理上的描述，每个符号可能代表单个基本变量，也可能代表若干基本变量的向量。根据各基本变量对设计结果的影响程度不同，设计中的变量可分为基本变量和综合变量，一般认为 F、f 和 a 是基本变量，并通过以下方法确定：

作用的设计值

$$F_d = \gamma_F F_k \tag{9-99}$$

材料和岩土性能的设计值

$$f_d = \frac{f_k}{\gamma_f} \tag{9-100}$$

几何参数设计值

$$a_d = a_k + \Delta a \tag{9-101}$$

式(9-99)～式(9-101)中

F_k——作用的代表值；

f_k——材料性能的标准值；

a_k——几何参数的标准值；

Δa——几何参数的附加量；

γ_F——作用效应的分项系数；

γ_f——材料性能的分项系数。

分项系数的确定取决于设计状况和所表达的极限状态。作用分项系数可以包括作用模型不定性的影响，同样抗力分项系数可以包括几何参数和材料性能不定性的影响。另外，如果设计是以变形能力控制的，则分项系数设计表达式和部分变量要做相应的调整。确定有关随机变量的分项系数，主要有两种方法：

(1) 基于设计值的分项系数。荷载效应和材料性能分项系数可以通过设计值由下式计算：

$$\gamma_F = F_d / F_k \tag{9-102}$$

$$\gamma_f = f_k / f_d \tag{9-103}$$

其中 F_k、f_k 均为预先给定的值。

（2）基于校准的分项系数。在结构构件设计中给定一组分项系数 $(\gamma_{F1}、\gamma_{F2}、\cdots、\gamma_{Fi}、\gamma_{f1}、\gamma_{f2}、\cdots、\gamma_{fj})$，相应的可靠指标为 β_k，其与目标可靠指标 β_0 会存在差异，其累计偏差可以表示为：

$$D = \sum_{k=1}^{n} [\beta_k(\gamma_{Fi},\ \gamma_{fi}) - \beta_0]^2 \tag{9-104}$$

显然，使累计偏差 D 最小的一组分项系数即为最佳分项系数。如果各种结构不是同等重要的，还可引入权重系数来处理。有时，也可用失效概率 P_f 来代替 β。此外，经济指标也可作为确定分项系数的优化目标。

2. 各分项系数确定的原则和方法

（1）荷载分项系数 γ_G 和 γ_Q

按荷载性质，荷载分项系数分为永久荷载分项系数与可变荷载分项系数两大类。考虑到各类结构材料的通用性，通过对各种结构构件的可靠度分析，《建筑结构可靠度设计统一标准》(GB 50068—2001)给出了常用荷载分项系数的确定原则和具体取值。

荷载分项系数确定的原则：在各项标准值已给定的情况下，要选取一组分项系数，使极限状态设计表达式设计的各种结构的可靠指标 β 与规定的设计可靠指标 β_0 之间在总体上误差最小。

令 R_{kij}^* 为第 i 种结构构件在第 j 种荷载效应作用下，根据给定的 β_0 采用近似概率法计算 μ_R，并按下式确定抗力标准值：

$$R_{k_{ij}}^* = \frac{\mu_R}{\chi_R} \tag{9-105}$$

令 R_{kij} 为在同样情况下，按所选用的分项系数，采用实用设计表达式确定抗力标准值

$$R_{k_{ij}} = \gamma_R(\gamma_G S_{G_{kj}} + \gamma_Q S_{Q_{kj}}) \tag{9-106}$$

式中　γ_G、γ_Q——分别为永久荷载和可变荷载分项系数；

γ_R——结构构件抗力分项系数。

对于某一种结构构件，如果求得 $R_k = R_k^*$，则说明按式(9-106)所设计的结构构件具有的可靠指标 β 与给定的 β_0 相等；如果 $R_k > R_k^*$ 则设计结构的 β 大于 β_0，因此，该结构构件最佳的分项系数应满足使式(9-107)误差平方和 H_i 值为最小，即

$$H_i = \sum(R_{k_{ij}}^* - R_{k_{ij}})^2 \tag{9-107}$$

每给定一组 γ_G、γ_Q 的取值，对于每一种构件 i，都可求出 H_i 值，再将不同的 H_i 值求和。为了便于总体考虑各种构件，将 H_i 转换成式(9-108)用相对误差 I 表示的形式，为确定各种最佳分项系数必须满足 I 值为最小条件，即

$$I = \sum_i \sum_j \left(\frac{R_{k_{ij}}^* - R_{k_{ij}}}{R_{k_{ij}}^*}\right)^2 = \sum_i \sum_j \left(1 - \frac{R_{k_{ij}}}{R_{k_{ij}}^*}\right)^2 \tag{9-108}$$

我国建筑结构可靠度设计统一标准，对钢、薄钢、钢筋混凝土、砖石和

192

木结构等选择了 14 种有代表性的构件，若干种常遇的荷载效应比值（可变荷载效应与永久荷载效应之比）以及三种荷载效应组合情况（恒荷载与住宅楼面活荷载、恒荷载与办公楼楼面活荷载、恒荷载与风荷载）进行分析。并依据实际经验，针对永久荷载分项系数可能取为 $\gamma_G=1.1$、1.2、1.3 和可变荷载分项系数可能取为 $\gamma_Q=1.1$、1.2、1.3、1.4、1.5、1.6 的不同情况时，绘制了 I 值的变化规律（图 9-12）。从图中可见，选取 $\gamma_G=1.2$ 和 $\gamma_Q=1.4$ 时，满足 I 值为最小的条件，为此，一般情况下 $\gamma_G=1.2$ 和 $\gamma_Q=1.4$。

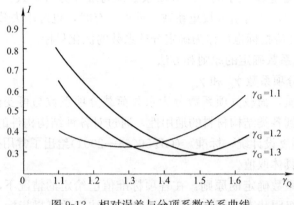

图 9-12　相对误差与分项系数关系曲线

综合考虑各种情况后，在一般情况下，当永久荷载效应对结构构件的承载能力不利时，采用永久荷载分项系数 $\gamma_G=1.2$；对以永久荷载为主的结构的组合，取永久荷载分项系数 $\gamma_G=1.35$；当永久荷载效应对结构构件的承载能力有利时，不应大于 1.0。

可变荷载分项系数 γ_{Q1} 和 γ_{Qi} 在一般情况下取 1.4。

（2）结构构件抗力分项系数 γ_R

在选择最佳荷载分项系数过程中，对于一组给定的 γ_G，γ_Q 值，以使 H_i 值达到最小为条件，为此，可以确定相应的某种结构构件（i）在三种简单荷载效应组合下的抗力分项系数 γ_{R_i}。式（9-107）可以写成：

$$H_i = \sum_j \{R^*_{k_{ij}} - \gamma_{R_i} [\gamma_G (S_{G_k})_j + \gamma_Q (S_{Q_k})_j]\}^2 = \sum_j \{R^*_{k_{ij}} - \gamma_{R_i} S_j\}^2$$

$$(9\text{-}109)$$

令 $\dfrac{\partial H_i}{\partial \gamma_{R_i}}=0$，可得

$$\gamma_{R_i} = \frac{\sum_j R^*_{k_{ij}} S_j}{\sum_j S_j^2}$$

$$(9\text{-}110)$$

结构构件抗力分项系数 γ_R，应按不同结构构件的特点分别确定，亦可转换为按不同的材料采用不同的材料性能分项系数。《建筑结构可靠度设计统一标准》（GB 50068—2001）对此未提出统一要求，在各类材料的结构设计规范

中，应按在各种情况下 β 具有较佳一致性的原则，并适当考虑工程经验具体规定。混凝土设计规范在规定的分项系数表达式的基础上，在荷载分项系数、荷载组合系数已由荷载规范规定的前提下，将 γ_R 转化为由混凝土强度分项系数 γ_c 和钢筋强度分项系数 γ_s 来表达。根据《建筑结构可靠度设计统一标准》(GB 50068—2001)对各类构件可靠指标的要求，首先对轴心受拉构件进行可靠度分析，以确定钢筋强度分项系数 γ_s，然后对轴心受拉构件按已知 γ_s 作可靠度分析，以确定混凝土的强度分项系数 γ_c，最后，在 γ_s 和 γ_c 都已确定后，分析计算公式的不定性，以确定构件承载力计算公式中的分项系数。

(3) 抗震组合中分项系数的确定

1) 荷载和地震作用分项系数的确定

荷载分项系数是以永久荷载与一种可变荷载组合的简单情况来确定的。地震作用下，设计验算点的极限状态方程为：

$$S_G^* + S_E^* = R^* \tag{9-111}$$

式中 S_G^*、S_E^*、R^*——分别为永久荷载效应、地震作用效应和结构抗力的设计验算点坐标。结构构件的极限状态设计表达式为：

$$\gamma_G S_{G_k} + \gamma_E S_{E_k} = R_k / \gamma_R \tag{9-112}$$

式中 S_{G_k}、S_{E_k}、R_k——分别为永久荷载效应、地震作用效应和结构抗力的标准值；

γ_G、γ_E、γ_R——分别为永久荷载分项系数、地震作用分项系数和结构构件抗力分项系数。

设计验算点式(9-111)与式(9-112)相等价的条件是：

$$\left.\begin{array}{l} \gamma_G = S_G^* / S_{G_k} \\ \gamma_E = S_E^* / S_{E_k} \\ \gamma_R = R_k / R^* \end{array}\right\} \tag{9-113}$$

分项系数 γ_G、γ_E、γ_R 不仅与给定的目标可靠指标 β_0 有关，而且与极限状态函数中所有基本变量的统计参数和概率分布有关。当给定某一可靠指标使结构构件满足可靠度要求时，随着地震作用与永久荷载效应的比值 ρ 的改变，各分项系数的取值也改变。这样应用到设计中显然是不方便的。

地震设计状况下，当作用与作用效应按线性关系考虑时，荷载效应基本组合项目主要包括重力荷载代表值、水平地震作用、竖向地震作用和风荷载。其荷载分项系数详见表 9-11。

荷 载 分 项 系 数 表 9-11

重力荷载分项系数	当其效应对结构不利时		当其效应对结构有利时	
	1.2		$\leqslant 1.0$	
地震作用分项系数	仅计算水平地震作用	仅计算竖向地震作用	同时计算水平与竖向地震作用	
	γ_{Eh} 　 γ_{Ev}	γ_{Eh} 　 γ_{Ev}	γ_{Eh}	γ_{Ev}
	1.3 　 0.0	0.0 　 1.3	1.3	0.5

2) 承载力抗震调整系数

在优化地震作用分项系数的过程中，对于任一组给定的 γ_G、γ_E 都可以求出一个优化的 γ_{R_i}：

$$H_i = \sum_j \{ R_{k_{ij}}^* - \gamma_{R_i} [\gamma_G (S_{G_k})_j + \gamma_E (S_{Ek})_j] \}^2 \tag{9-114}$$

由 $\dfrac{\partial H_i}{\partial \gamma_{R_i}}$ 整理后得

$$\gamma_{R_i} = \frac{\sum\limits_j R_{k_{ij}}^* [\gamma_G (S_{G_k})_j + \gamma_E (S_{Ek})_j]}{\sum\limits_j [\gamma_G (S_{G_k}) + \gamma_E (S_{Ek})_j]^2} \tag{9-115}$$

由式(9-115)可得到各种结构构件的抗力分项系数。由于有关规范已将非抗震设计的构件抗力系数转化为材料分项系数，相应的设计表达式中抗力标准值 R_k 已转化为承载力设计值 R_d。若抗震验算中仍采用抗力标准值，则会给设计人员增加计算工作量。为此，相应于承载力设计值的分项系数可由下式计算：

$$\gamma_{RE} = \frac{\sum\limits_j R_{d_{ij}} [1.2(S_{G_k})_j + 1.3(S_{Ek})_j]}{\sum\limits_j [1.2(S_{G_k}) + 1.3(S_{Ek})_j]^2} \tag{9-116}$$

式中，下标"d"表示构件承载力设计值；γ_{RE} 称为承载力抗震调整系数。

由此分析可得有关结构构件承载力抗震调整系数，见表 9-15。可见承载力抗震调整系数 γ_{RE} 的取值范围为 0.75～1.0，一般都小于 1.0。γ_{RE} 小于 1.0 的实质含义是提高构件承载力设计值 R。当仅考虑竖向地震作用时，各类结构构件承载力抗震调整系数 γ_{RE} 可采用 1.0。

3. 规范中的荷载效应组合

《建筑结构可靠度设计统一标准》和《公路工程结构可靠度设计统一标准》中规定，工程结构设计应根据使用过程中可能出现的荷载，按承载能力极限状态和正常使用极限状态分别确定相应的结构作用效应的最不利组合。实际上荷载效应组合就是指按极限状态设计时，为保证结构的可靠性而对同时出现的各种荷载效应设计值的某种组合的规定。

(1) 承载能力极限状态的荷载效应设计值

1) 建筑结构设计中常用的荷载效应 S 组合

按承载能力极限状态设计时，永久荷载和可变荷载的组合应按下列极限状态设计表达式中最不利值确定：

① 由可变荷载效应控制的组合的荷载效应设计值

$$S = \gamma_G S_{G_k} + \gamma_{Q_1} S_{Q_{1k}} + \sum_{i=2}^n \gamma_{Q_i} \psi_{ci} S_{Q_{ik}} \tag{9-117}$$

② 由永久荷载控制的组合荷载效应设计值

$$S = \gamma_G S_{G_k} + \sum_{i=1}^n \gamma_{Q_i} \psi_{ci} S_{Q_{ik}} \tag{9-118}$$

对于一般框架、排架结构，由可变荷载效应控制的组合式可采用下列简化式：

$$S = \gamma_G S_{Gk} + \psi \sum_{i=1}^{n} \gamma_{Q_i} S_{Q_{ik}} \qquad (9\text{-}119)$$

式中　γ_G——永久荷载分项系数，按表 9-11 取值；

　　　γ_{Q_i}——第 i 个可变荷载分项系数，其中 γ_{Q_1} 为可变荷载 Q_1 的分项系数，按表 9-11 取值；

　　　S_{Gk}——按永久荷载标准值 G_k 计算的荷载效应值；

　　　$S_{Q_{ik}}$——按永久荷载标准值 Q_{ik} 计算的荷载效应值，其中 $S_{Q_{ik}}$ 为诸可变荷载效应中起控制作用者；

　　　ψ_{ci}——可变荷载 Q_i 的组合值系数，可变荷载的组合值系数，对风荷载取 0.6，对其他可变荷载分别取 0.7、0.9、0.95 和 1.0 等，其取值都大于 0.6 而不超过 1.0；

　　　n——参与组合的可变荷载数；

　　　ψ——简化表达式中的组合值系数，一般情况取 0.9，只有一个可变荷载时取 1.0。

③ 结构构件的地震作用效应和其他荷载效应基本组合的荷载效应设计值

$$S = \gamma_G S_{GE} + \gamma_{Eh} S_{Ehk} + \gamma_{Ev} S_{Evk} + \psi_w \gamma_w S_{wk} \qquad (9\text{-}120)$$

式中　S——结构构件内力组合的设计值，包括组合的弯矩、轴向力、剪力设计值；

　　　γ_G——重力荷载分项系数，一般情况应采用 1.2，当重力荷载效应对构件承载力有利时，不应大于 1.0；

　γ_{Eh}、γ_{Ev}——分别为水平、竖向地震作用分项系数，应按表 9-11 采用；

　　　γ_w——风荷载分项系数，应采用 1.4；

　　　S_{GE}——重力荷载代表值的效应；重力荷载代表值应取结构和构配件自重标准值和各可变荷载组合值之和，应按抗震规范规定采用；

　　　S_{Ehk}——水平地震作用标准值的效应，尚应乘以相应的增大系数或调整系数；

　　　S_{Evk}——竖向地震作用标准值的效应，尚应乘以相应的增大系数或调整系数；

　　　S_{wk}——风荷载标准值的效应；

　　　ψ_w——风荷载组合值系数，风荷载起控制作用的高层建筑取 0.2，一般结构取 0。

④《高层建筑混凝土结构技术规程》（JGJ 3—2010）规定，持久设计状况和短暂设计状况下，荷载基本组合的效应设计值应按下式确定：

$$S_d = \gamma_G S_{Gk} + \gamma_L \psi_Q \gamma_Q S_{Qk} + \psi_w \gamma_w S_{wk} \qquad (9\text{-}121)$$

式中　S_d——荷载组合的效应设计值；

　　　γ_G——永久荷载分项系数；

　　　γ_Q——楼面活荷载分项系数；

　　　γ_w——风荷载的分项系数；

γ_L——考虑结构使用年限的荷载调整系数，设计使用年限为 50 年时取 1.0，设计使用年限为 100 年时取 1.1；

S_{Gk}——永久荷载效应标准值；

S_{Qk}——楼面活荷载效应标准值；

S_{wk}——风荷载效应标准值；

ψ_Q、ψ_w——分别为楼面活荷载组合值系数和风荷载组合值系数，当永久荷载效应起控制作用时应分别取 0.7 和 0.0；当可变荷载效应起控制作用时应分别取 1.0 和 0.6 或 0.7 和 1.0。

注：对书库、档案库、储藏室、通风机房和电梯机房，本条楼面活荷载组合值系数取 0.7 的场合应取为 0.9。

值得注意的问题：

a. 关于永久荷载效应控制的组合式(9-118)是《建筑结构可靠度设计统一标准》(GB 50068—2001)新增加的一个以永久荷载效应控制的组合，缘于编制《混凝土结构设计规范》(JB J10—89)时，发现在永久荷载起主导作用的情况下，极限状态设计的某些安全指标呈现偏低的特征。当时为改善这一状况，《混凝土结构设计规范》(JB J10—89)中规定承受以永久荷载为主的轴心受压柱、小偏心受压柱，其安全等级提高一级。但这并不表明混凝土中轴心受压柱、小偏心受压柱，比其他构件更重要一些，如此处理的目的在于用局部提高荷载效应取值的方法来专门调整相关的可靠度，而以永久荷载效应控制的组合彻底解决了《混凝土结构设计规范》(JB J10—89)中的遗留问题，既改善了安全度又理顺了概念，排除了产生误解的可能性。主要适用于钢筋混凝土和砌体结构，一般情况下对钢结构控制设计情况不多。当考虑以竖向的永久荷载效应控制的组合时，参与组合的荷载仅限于竖向荷载。

b. 关于起控制作用的可变荷载 $S_{Q_{1k}}$。$S_{Q_{1k}}$ 被定义为起控制作用的可变荷载效应而不是可变荷载效应最大值，即 $S_{Q_{1k}}$ 不一定大于其他的 $S_{Q_{ik}}$，进行组合时，必须将参与组合的每一个可变荷载效应依次置于 $S_{Q_{1k}}$ 的位置。计算比较后才能确认最不利组合。例如：某可变荷载标准值为 50kN/m²，其荷载组合值系数 $\psi_{ci}=0.7$，另一可变荷载标准值为 70kN/m²，其荷载组合值系数 $\psi_{ci}=0.9$。如依原《建筑结构设计可靠统一标准》(JB J68—84)，两项可变荷载比较，可得出 $S_{Q_{1k}}=70$kN/m²（只计算相对值，荷载效应系数不影响结果）。但是，若按《建筑结构设计可靠度统一标准》(GB 50068—2001)的组合原则，有两种可能的组合：（ⅰ）若按 $S_{Q_{1k}}=70$kN/m² 定义的可变荷载组合为(70+0.7×50)kN/m²=105kN/m²；（ⅱ）按 $S_{Q_{1k}}=70$kN/m² 定义的可变荷载组合为(50+0.9×70)kN/m²=113kN/m²。由于（ⅱ）的组合值 113kN/m²>（ⅰ）的组合值 105kN/m²，所以，应取 $S_{Q_{1k}}=50$kN/m² 为起控制作用的可变荷载效应 $S_{Q_{1k}}$。由此可见，依据新旧两本《建筑结构设计可靠度统一标准》，起控制作用可变荷载效应 $S_{Q_{1k}}$ 的选择是不同的。

c. 基本组合中的设计值仅适用于荷载效应为线性的情况。

2) 公路《统一标准》中的荷载效应 S 组合

① 对于基本组合：

$$S_{ud} = \sum_{i=1}^{m} \gamma_{G_i} S_{G_{ik}} + \gamma_{Q_1} S_{Q_{1k}} + \psi_c \sum_{j=2}^{n} \gamma_{Q_j} S_{Q_{jk}} \qquad (9-122)$$

或

$$S_{ud} = \sum_{i=1}^{m} S_{G_{id}} + S_{Q_{1d}} + \psi_c \sum_{j=2}^{n} S_{Q_{jd}} \qquad (9-123)$$

式中　S_{ud}——承载能力极限状态下作用基本组合的效应组合设计值；

　　　γ_{G_i}——第 i 个永久作用效应的分项系数，应按表9-12的规定采用；

$S_{G_{ik}}$、$S_{G_{id}}$——第 i 个永久作用效应的标准值和设计值；

　　　γ_{Q_1}——汽车荷载效应（含汽车冲击力、离心力）的分项系数，取 $\gamma_{Q_1} = 1.4$，当某个可变作用的效应组合中其值超过汽车荷载效应时，则该作用取代汽车荷载，其分项系数应采用汽车荷载的分项系数；对专为承受某作用而设置的结构或装置，设计时该作用的分项系数取与汽车同值；

永久作用效应分项系数　　　　　　　　　　　表 9-12

编号	作用类别		永久作用效应分项系数	
			对结构承载力不利时	对结构承载力不利时
1	混凝土和坂工结构重力（包括结构附加重力）		1.2	1.0
	钢结构重力（包括结构附加重力）		1.1～1.2	
2	预应力		1.2	1.0
3	土的重力		1.2	1.0
4	混凝土的收缩与徐变作用		1.0	1.0
5	土侧压力		1.4	
6	水的浮力		1.0	1.0
7	基础变位作用	混凝土和坂工结构重力	0.5	0.5
		钢结构	1.0	1.0

$S_{Q_{1k}}$、$S_{Q_{1d}}$——汽车荷载效应（含汽车冲击力、离心力）的标准值和设计值；

　　　γ_{Q_j}——在作用效应组合中除汽车荷载效应（含汽车冲击力、离心力）、风荷载外的其他第 j 个可变作用效应（含人行道板等局部构件和人行道栏杆上的可变作用效应）的分项系数，取 $\gamma_{Q_j} = 1.4$，但风荷载的分项系数取 $\gamma_{Q_j} = 1.1$；

$S_{Q_{jk}}$、$S_{Q_{jd}}$——在作用效应组合中除汽车荷载效应（含汽车冲击力、离心力）外的其他第 j 个可变作用效应的标准值和设计值；

　　　ψ_c——在作用效应组合中除汽车荷载效应（含汽车冲击力、离心力）外的其他可变作用效应的组合系数；当永久作用与汽车荷载和人群荷载（或其他一种可变作用）组合时，人群荷

197

载(或其他一种可变荷载作用)的组合系数取 $\varphi_c=0.80$;当除汽车荷载(含汽车冲击力、离心力)外尚有两种其他可变荷载参与组合时,其组合系数取 $\varphi_c=0.70$;有三种可变作用参与组合时,其组合系数取 $\varphi_c=0.60$;有四种及多于四种的可变作用参与组合时,取 $\varphi_c=0.50$。

设计弯桥时,当离心力与制动力同时参与组合时,制动力标准值或设计值按 70% 取用。

② 对于偶然组合

承载力极限状态设计时,永久作用标准值效应与可变作用某种代表值效应、一种偶然作用标准值效应相组合。偶然作用的效应分项系数取 1.0,与偶然作用同时出现的可变作用,可根据观测资料和工程经验取用适当的代表值,地震作用标准值及其表达式按《公路工程抗震设计规范》规定采用。

当结构构件需要进行弹性阶段截面应力计算时,除特别指明外,各作用效应的分项系数及组合系数均取 1.0,各项应力限值按各设计规范规定采用。

验算结构的抗倾覆、滑移稳定时,稳定系数、各作用的分项系数及摩擦系数应根据不同结构按各有关桥涵设计规范的规定确定。构件在吊装、运输时,构件重力应乘以动力系数 1.2 或 0.85,并可视构件具体情况适当增减。

(2) 正常使用极限状态的荷载效应设计值

对于正常使用极限状态,根据不同的设计目的,结构构件应分别采用荷载效应标准组合、频遇组合和准永久组合进行设计,使变形、裂缝等荷载效应的组合值符合下式的要求:

$$S \leqslant C \tag{9-124}$$

式中　S——变形、裂缝等荷载效应组合的设计值;

C——正常使用阶段设计对变形、裂缝等规定的限值。

1)《建筑结构可靠度设计统一标准》中荷载效应 S 组合

① 标准组合

荷载效应组合的设计值为:

$$S = S_{G_k} + S_{Q_{1k}} + \sum_{i=1}^{n} \psi_{ci} S_{Q_{ik}} \tag{9-125}$$

主要用于当一个极限状态被超越时,结构构件将产生严重的永久性损害的情况。对地震作用下的短期组合,各作用的分项系数均取 1.0,相当于地震作用的标准值组合。

多遇地震作用下作用的短期组合:

$$S = S_{GE} + S_{Ehk} + S_{Evk} + \psi_w S_{wk} \tag{9-126}$$

式中　S_{GE}——重力荷载代表值的效应;

S_{Ehk}——水平地震作用标准值的效应;

S_{Evk}——竖向地震作用标准值的效应;

S_{wk}——风荷载标准值的效应;

ψ_w——风荷载组合值系数。

主要用于验算多遇地震作用下结构的层间弹性变形。保证建筑主体结构不受损坏，非结构构件(包括围护墙、隔墙、幕墙、内外装修等)没有严重破坏且不导致人员伤亡，保证建筑的正常使用功能。实现"小震不坏"的抗震设计原则。

罕遇地震作用下的短期组合：

$$S = S_{GE} + S_{Ehk} + S_{Evk} \tag{9-127}$$

计算时，取罕遇地震时的地震影响系数。用于验算罕遇地震作用下结构的层间弹塑性变形，保证建筑主体结构遭受破坏或严重破坏但不倒塌，实现"大震不倒"的抗震设计原则。

② 频遇组合

荷载效应组合的设计值为：

$$S = S_{G_k} + \psi_{f_1} S_{Q_{1k}} + \sum_{i=2}^{n} \psi_{q_i} S_{Q_{ik}} \tag{9-128}$$

式中　$\psi_{f_1} S_{Q_{1k}}$——在频遇组合中起控制作用的一个可变荷载频遇值效应；

ψ_{f_1}——可变荷载 Q_1 的频遇值系数；

ψ_{q_i}——可变荷载 Q_i 的准永久值系数。

主要用于当一个极限状态被超越时将产生局部损害、较大变形或短暂振动等情况。

③ 准永久组合

荷载效应组合的设计值为：

$$S = S_{G_k} + \sum_{i=1}^{n} \psi_{q_i} S_{Q_{ik}} \tag{9-129}$$

式中　$\psi_{q_i} S_{Q_{ik}}$——第 i 个可变荷载准永久值效应。

主要用在当长期效应起决定性时的一些情况。

2)《公路工程结构可靠度设计统一标准》中荷载效应 S 组合

《公路钢筋混凝土及预应力混凝土桥涵设计规范》(JTG D 62—2004)规定，公路桥涵结构按正常使用极限状态设计时，应根据不同的设计要求，采用以下两种效应组合。

① 对于短期效应组合

永久作用标准值效应与可变作用频遇值效应组合：

$$S_{sd} = \sum_{i=1}^{m} S_{G_{ik}} + \sum_{i=2}^{m} \psi_{1j} S_{Q_{jk}} \tag{9-130}$$

式中　S_{sd}——作用短期效应组合设计值；

ψ_{1j}——第 j 个可变作用效应的频遇值系数，汽车荷载(不计冲击力)，$\psi_1 = 0.7$；人群荷载，$\psi_1 = 1.0$；风荷载，$\psi_1 = 0.75$；温度梯度作用，$\psi_1 = 0.8$；其他作用，$\psi_1 = 1.0$；

$\psi_{1j} S_{Q_{jk}}$——第 j 个可变作用效应的频遇值。

② 对于长期效应组合

永久作用标准值效应与可变作用准永久值效应组合

$$S_{ld} = \sum_{i=1}^{m} S_{G_{ik}} + \sum_{j=2}^{n} \psi_{2j} S_{Q_{jk}} \qquad (9\text{-}131)$$

式中　S_{ld}——作用长期效应组合设计值；

　　　ψ_{2j}——第 j 个可变作用效应的准永久值系数，汽车荷载（不计冲击力），$\psi_{2j}=0.4$；人群荷载，$\psi_{2j}=0.4$；风荷载，$\psi_{2j}=0.75$；温度梯度作用，$\psi_{2j}=0.8$；其他作用，$\psi_{2j}=1.0$；

　　　$\psi_{2j} S_{Q_{jk}}$——第 j 个可变作用效应的准永久值。

【例题 9-5】　某单跨厂房排架，有桥式吊车，A 柱柱底在几种荷载作用下的弯矩标准值为：恒载 $M_{Gk}=30kN \cdot m$；风荷载 $M_{1k}=100kN \cdot m$（在几种可变荷载中，风荷载在 A 柱柱底产生的效应最大）；屋面活荷载 $M_{2k}=2.5kN \cdot m$；吊车竖向荷载 $M_{3k}=13kN \cdot m$；吊车水平荷载 $M_{4k}=36kN \cdot m$。求：A 柱柱底基本组合弯矩设计值。

【解】　（1）由永久荷载控制的组合

荷载规范规定：当考虑以竖向的永久荷载效应控制组合时，参与组合的可变荷载仅限于竖向荷载。由式（9-118）可得 A 柱柱底组合弯矩值为：

$$M=1.35 \times 30 + 1.4 \times 0.7 \times (2.5+13) = 55.69kN \cdot m$$

（2）由可变荷载控制的组合（式 9-117）

① 风荷载作为第一可变荷载

$$M=1.2 \times 30 + 1.4 \times 100 + 1.4 \times 0.7 \times (2.5+13+36) = 226.47kN \cdot m$$

② 吊车水平荷载作为第一可变荷载

$$M=1.2 \times 30 + 1.4 \times 36 + 1.4 \times 0.7 \times (2.5+13) + 1.4 \times 0.6 \times 100 = 185.59kN \cdot m$$

对以上的计算结果分析表明，计算时应取风荷载参与的组合弯矩值为设计值。

【例题 9-6】　某 8 层办公楼，矩形平面，已求得：底层中柱底部截面处的内力标准值见表 9-13，表中弯矩以顺时针方向为正，轴向力以拉力为正，反之为负。求：底层中柱底部截面处的组合弯矩、轴力设计值。

底层中柱底部截面处的内力标准值　　　　表 9-13

内力工况	竖向荷载		风荷载	
	恒载	活载	左风	右风
$M_k (kN \cdot m)$	26.8	4.1	-92.3	92.3
$N_k (kN)$	-2801.3	-456.7	15.0	-15.0

【解】　（1）由永久荷载控制的组合

荷载规范规定：当考虑以竖向的永久荷载效应控制的组合时，参与组合的可变可在仅限于竖向荷载。由式（9-118）可得底层中柱底部截面处的组合弯矩、轴力值为：

$$M=1.35 \times 26.8 + 1.4 \times 0.7 \times 4.1 = 40.20kN \cdot m$$

$$N=1.35 \times 2801.3 + 1.4 \times 0.7 \times 456.7 = 4229.32kN \cdot m$$

（2）由可变荷载控制的组合

由式(9-117)可得：

1）风荷载作为第一可变荷载

$M=1.2\times26.8+1.4\times92.3+1.4\times0.7\times4.1=165.40\text{kN}\cdot\text{m}$

$N=1.2\times2801.3+1.4\times15.0(\text{右风})+1.4\times0.7\times456.7=3830.13\text{kN}\cdot\text{m}$

2）活荷载作为第一可变荷载

$M=1.2\times26.8+1.4\times4.1+1.4\times0.6\times92.3=115.43\text{kN}\cdot\text{m}$

$N=1.2\times2801.3+1.4\times456.7+1.4\times0.6\times15.0(\text{右风})=4013.54\text{kN}\cdot\text{m}$

【例题 9-7】 某高层办公楼，矩形平面，6 层现浇混凝土框架，修建于中、小城市。抗震设防烈度为 7 度，Ⅱ 类场地。已求得：底层中柱底部截面处的内力标准值见表 9-14，表中弯矩以顺时针方向为正，轴向力以拉力为正，反之为负。求：底层中柱底部截面处组合的弯矩和轴力设计值。

底层中柱底部截面处的内力标准值 　　　　　表 9-14

内力工况	竖向荷载	地震作用	
	重力荷载	地震方向(左震)	地震方向(右震)
$M_k(\text{kN}\cdot\text{m})$	23.2	-157.3	157.3
$N_k(\text{kN})$	-2954.1	21.8	-21.8

【解】 由式(9-120)可得：

地震方向(→)：$M=1.2\times23.2+1.3\times(-157.3)=-176.65\text{kN}\cdot\text{m}(逆时针)$

地震方向(←)：$M=1.2\times23.2+1.3\times157.3=232.33\text{kN}\cdot\text{m}(顺时针)$

地震方向(→)：$N=1.2\times(-2954.1)+1.3\times21.8=-3516.58\text{kN}\cdot\text{m}$

地震方向(←)：$N=1.2\times(-2954.1)+1.3\times(-21.8)=-3573.26\text{kN}\cdot\text{m}$

4. 现行规范给出的极限状态设计表达式

为了使所设计的结构构件在不同情况下具有比较一致的可靠度，设计中采用了多个分项系数的极限状态设计表达式。建筑结构设计时，对所考虑的极限状态，应采用相应的结构作用效应最不利组合。

（1）承载能力极限状态设计表达式

承载能力极限状态设计时，应考虑作用效应基本组合，必要时尚应考虑作用效应的偶然组合，对于基本组合，应按下式进行设计：

$$\gamma_0 S \leqslant R \tag{9-132}$$

式中　γ_0——结构重要性系数；其值按建筑安全等级为一级、二级、三级分别取 1.1、1.0 和 0.9，这大致与各级安全指标 β 值相差 0.5，与规定的目标值相协调；

S——承载能力极限状态的荷载效应基本组合设计值，取式(9-117)和式(9-118)两组组合值中的最不利值，对于一般框排架结构，可按可变荷载效应控制的组合式的简化式(9-119)计算；

R——结构构件的抗力设计值，应按各有关设计规范的规定计算，详见相关的教材。

偶然组合是指一种偶然作用与其他荷载的组合。偶然作用发生的概率很小，持续时间很短，但对结构可能造成相当大的损害。鉴于这种特性，从安全和经济两方面考虑，当按偶然组合验算结构的承载力时，所采用的可靠指标值允许比基本组合有所降低。由于不同的偶然作用，如撞击和爆炸，其性质差别较大，目前尚难给出统一的设计表达式。为此，《建筑结构可靠度设计统一标准》（GB 50068—2001）只提出建立偶然组合设计表达式的一般原则。具体设计表达式及各种系数，应符合专门的规范规定。

（2）正常使用极限状态的设计表达式

对于正常使用极限状态，根据不同的设计目的，结构构件应分别采用荷载效应标准组合、频遇组合和准永久组合，并按下式进行设计：

$$S \leqslant C \tag{9-133}$$

式中　S——正常使用极限状态的变形、裂缝等荷载效应组合的设计值；标准组合、频遇组合和准永久组合荷载效应组合的设计值 S 分别按式(9-125)、式(9-128)和式(9-129)确定；

　　　　C——设计对变形、裂缝等规定的相应限值，各个有关建筑结构设计规范中有相应的规定。

（3）结构抗震验算

根据《建筑结构可靠度设计统一标准》（GB 50068—2001）的规定，建筑结构应采用极限状态设计方法进行抗震设计。鉴于结构的抗震计算一般是在设计方案基本确定之后进行，具有对结构进行验算的作用，因而，习惯上称结构抗震计算为结构抗震验算。

在进行建筑结构抗震设计的具体方法上，抗震规范采用了二阶段设计法。

第一阶段设计是为满足第一水准抗震设防目标"小震不坏"要求，按小震作用效应与其他荷载作用效应的基本组合，验算构件截面的抗震承载力，以及在小震作用下验算结构的弹性变形。用以满足在第一水准下具有必要的承载力可靠度和满足第二水准的损坏可修的目标。

第二阶段设计是对特殊要求的建筑、地震时易倒塌的结构以及有明显薄弱层的不规则结构，除进行第一阶段设计外，还要进行结构薄弱部位的弹塑性层间变形验算并采取相应的抗震构造措施，实现三水准的设防要求。以满足"大震不倒"的抗震设防目标要求。

1）截面抗震设计表达式

为了保证建筑结构可靠性，按极限状态设计法进行抗震设计时，结构的地震作用效应不应大于结构的抗力，即应采用下列设计表达式：

$$S \leqslant R / \gamma_{RE} \tag{9-134}$$

式中　γ_{RE}——承载力抗震调整系数，反映了各类构件在多遇地震烈度下的承载能力极限状态的可靠指标的差异，除另有规定外，应按表 9-15 采用；

　　　　S——结构构件内力组合的设计值，应按式(9-120)采用；

　　　　R——结构构件承载力设计值，按各有关设计规范的规定计算。

对地震作用效应，当抗震规范各章有规定时尚应乘以相应的效应调整系数 η。如突出屋面小建筑、天窗架、高低跨厂房交接处的柱子、框架柱，底层框架－抗震墙结构的柱子、梁端和抗震墙底部加强部位等。

2）抗震变形验算的设计表达式

抗震变形验算根据抗震设防三个水准的要求，采用多遇地震作用下的层间弹性位移验算和结构薄弱层(部位)弹塑性层间位移的验算。

① 多遇地震作用下的层间弹性位移验算表达式

楼层内最大的弹性层间位移应符合下式要求：

$$\Delta u_{\mathrm{e}} \leqslant [\theta_{\mathrm{e}}]h \tag{9-135}$$

式中 Δu_{e}——多遇地震作用标准值产生的楼层内最大的弹性层间位移；

$[\theta_{\mathrm{e}}]$——弹性层间位移角限值，宜按表9-16采用；

h——计算楼层层高。

弹性变形验算属于正常使用极限状态的验算，采用多遇地震作用标准值计算楼层内最大的弹性层间位移，即各作用分项系数均取1.0，采用多遇地震短期荷载效应组合式(9-125)计算。钢筋混凝土结构构件的截面刚度可采用弹性刚度。

承载力抗震调整系数 表 9-15

材料	结构构件	受力状态	γ_{RE}
钢	柱，梁，支撑，节点板件，螺栓，焊缝	强度	0.75
	柱，支撑	稳定	0.80
砌体	两端均有构造柱、芯柱的抗震墙	受剪	0.9
	其他抗震墙	受剪	1.0
混凝土	梁	受弯	0.75
	轴压比小于0.15的柱	偏压	0.75
	轴压比不小于0.15的柱	偏压	0.80
	抗震墙	偏压	0.85
	各类构件	受剪、偏拉	0.85

注：当仅计算竖向地震作用时，各类结构构件承载力抗震调整系数均应采用1.0。

弹性层间位移角限值 表 9-16

结构类型	$[\theta_{\mathrm{e}}]$
钢筋混凝土框架	1/550
钢筋混凝土框架-抗震墙、板柱-抗震墙、框架-核心筒	1/800
钢筋混凝土抗震墙、筒中筒	1/1000
钢筋混凝土框支层	1/1000
多、高层钢结构	1/250

② 结构薄弱层(部位)弹塑性层间位移的验算表达式

$$\Delta u_{\mathrm{p}} \leqslant [\theta_{\mathrm{p}}]h \tag{9-136}$$

式中 $[\theta_{\mathrm{p}}]$——弹塑性层间位移角限值，可按表9-17采用；对钢筋混凝土框架结构，当轴压比小于0.40时，可提高10%；当柱子全高的箍筋构造比抗震规范规定的最小配箍特征值大 30% 时，可提高 20%，但累计不超过 25%；

h——薄弱层楼层高度或单层厂房上柱高度；

Δu_p——弹塑性层间位移。

弹塑性层间位移可按下列公式计算：

$$\Delta u_p = \eta_p \Delta u_e \tag{9-137}$$

式中　Δu_e——罕遇地震作用下按弹性分析的层间位移；采用罕遇地震短期荷载效应组合(式 9-127)计算；

η_p——弹塑性层间位移增大系数，当薄弱层(部位)的屈服强度系数不小于相邻层(部位)该系数平均值 0.8 时，可按表 9-18 采用，当不大于该平均值的 0.5 时，可按表内相应数值的 1.5 倍采用；其他情况采用内插法取值。

弹塑性层间位移角限值　　　　　　　　　表 9-17

结构类型	$[\theta_p]$
单层钢筋混凝土柱排架	1/30
钢筋混凝土框架	1/50
底部框架砖房中的框架-抗震墙	1/100
钢筋混凝土框架-抗震墙、板柱-抗震墙、框架-核心筒	1/100
钢筋混凝土抗震墙、筒中筒	1/120
多、高层钢结构	1/50

弹塑性层间位移增大系数　　　　　　　　　表 9-18

结构类型	总层数 n 或部位	楼层屈服强度系数		
		0.5	0.4	0.3
多层均匀框架结构	2~4	1.30	1.40	1.60
	5~7	1.50	1.65	1.80
	8~12	1.80	2.00	2.20
单层厂房	上柱	1.30	1.60	2.00

注：1. 楼层屈服强度系数是按构件实际配筋和材料强度标准值计算的楼层受剪承载力和按罕遇地震作用标准值计算的楼层弹性地震剪力的比值；

2. 对排架柱，指按实际配筋面积、材料强度标准值和轴向力计算的正截面受弯承载力与按罕遇地震作用标准值计算的弹性地震弯矩的比值。

小结及学习指导

1. 用可靠概率 P_s 或者失效概率 P_f 来度量结构可靠度具有明确的物理意义，能较好地反映问题的实质。但是，其计算一般要通过多维积分，比较复杂，甚至难以求解。为此引入可靠指标来度量结构的可靠度。

2. 可靠度计算的基本方法有中心点法、验算点法。这两种可靠度分析方法都是以随机变量相互独立为前提的。由于在实际工程中，随机变量间可能存在着一定的相关性，且对结构的可靠度有着明显的影响，因此，可靠度分析时尚需考虑随机变量间的相关性。

3. 构成整个结构的各构件，根据其材料和受力性能不同，可以分为脆性构件和延性构件两类。结构体系失效模型主要有串联模型、并联模型和串—并联模型三种。对结构体系可靠度有明显影响的失效模式是主要失效模式。结构体系可靠度分析有可能涉及两种形式的相关性，即构件间的相关性和失效模式间的相关性。

4. 目标可靠指标的确定方法有类比法和校准法。结构构件的目标可靠指标有承载能力极限状态的可靠指标和正常使用极限状态的可靠指标。

5. 概率极限状态设计法包括直接概率设计法和基于分项系数表达的概率极限状态设计法。

思考题

9-1 什么是可靠指标？为什么可靠指标可以用来衡量结构构件的可靠度？

9-2 简述中心点法和验算点法的基本思路。

9-3 简述结构构件的失效性质、结构体系的基本模型。

9-4 简述区间估计法的一般思路。

9-5 简述目标可靠指标的确定方法。

9-6 简述直接概率法的一般思路与工程应用范围。

9-7 简述分项系数表达的概率极限状态设计法的一般思路，说明分项系数确定的原则与方法。

9-8 试比较规范中主要荷载效应组合表达式的异同。

习题

9-1 已知一伸臂梁如图 9-13 所示。梁所能承担的极限弯矩为 M_u，若梁内弯矩 $M > M_u$ 时，梁便失败。现已知各变量均服从正态分布，其各自的平均值及标准差为：荷载统计参数，$\mu_P = 4\text{kN}$，$\sigma_P = 0.6\text{kN}$；跨度统计参数，$\mu_l = 6\text{m}$，$\sigma_l = 0.1\text{m}$；极限弯矩统计参数，$\mu_{M_u} = 18\text{kN} \cdot \text{m}$，$\sigma_{M_u} = 1.8\text{kN} \cdot \text{m}$。试用中心点法计算该构件的可靠指标 β。

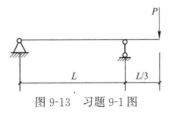

图 9-13 习题 9-1 图

9-2 假定钢梁承受确定性的弯矩 $M = 128.8\text{kN} \cdot \text{m}$，钢梁截面的塑性抵抗弯矩 W 和屈服强度 f 都是随机变量，已知分布类型和统计参数为：

抵抗矩 W：正态分布，$\mu_W = 884.9 \times 10^{-6}\text{m}^3$，$\delta_W = 0.05$；

屈服强度 f：对数正态分布，$\mu_f = 262\text{MPa}$，$\delta_f = 0.10$；

该梁的极限状态方程：$Z = Wf - M = 0$

9-3 某六层矩形平面钢筋混凝土办公楼，已经求得底层中柱底部截面处内力标准值如表9-19所示，表中弯矩以顺时针方向为正，轴力以拉力为正。试计算地层中柱底部截面处弯矩、轴力的基本组合设计值。（楼面活荷载组合系数为0.7，风荷载的组合系数为0.6）

底层中柱底部截面处内力标准值　　　　　表 9-19

内力类型	竖向荷载		风荷载	
	恒载	活载	左风	右风
弯矩(kN·m)	20.5	3.7	90.3	−90.3
轴力(kN)	−2716.6	−444.3	14.3	−14.3

附录
常用材料和构件的重度

常用材料和构件的重度表

名称	自重	备注
1. 木材（kN/m³）		
杉木	4	随含水率而不同
冷杉、云杉、红松、华山松、樟子松、铁杉、拟赤杨、红椿、杨木、枫杨	4～5	随含水率而不同
马尾松、云南松、油松、赤松、广东松、桤木、枫香、柳木、檫木、秦岭落叶松、新疆落叶松	5～6	随含水率而不同
东北落叶松、陆均松、榆木、桦木、水曲柳、苦楝、木荷、臭椿	6～7	随含水率而不同
锥木（栲木）、石栎、槐木、乌墨	7～8	随含水率而不同
青冈栎（槠木）、栎木、桉树、木麻黄	8～9	随含水率而不同
普通木板条、椽檩木料	5	随含水率而不同
锯末	2～2.5	加防腐剂时为3kN/m³
软木板	2.5	
刨花板	6	
2. 胶合板材（kN/m²）		
胶合三夹板（杨木）	0.019	
胶合三夹板（椴木）	0.022	
胶合三夹板（水曲柳）	0.028	
胶合五夹板（水曲柳）	0.04	
甘蔗板（按10mm厚计）	0.03	常用厚度为13mm，15mm，19mm，25mm
隔声板（按10mm厚计）	0.03	常用厚度为13mm，20mm
木屑板（按10mm厚计）	0.12	常用厚度为6mm、10mm
3. 金属矿产（kN/m³）		
铸铁	72.5	
石棉	10	压实
石垩（高岭土）	22	
石膏矿	25.5	
石膏	13～14.5	粗块堆放 $\varphi=30°$ 细块堆放 $\varphi=40°$
石膏粉	9	

续表

名称	自重	备注
	4. 土、砂、砂砾、岩石(kN/m³)	
腐殖土	15~16	干，$\varphi=40°$；湿，$\varphi=35°$；很湿 $\varphi=25°$
黏土	13.5	干，松，孔隙比为 1.0
砂土	16	干，$\varphi=35°$，压实
砂土	18	湿，$\varphi=35°$，压实
卵石	16~18	干
石灰石	26.4	
贝壳石灰岩	14	
火石（燧石）	35.2	
云斑石	27.6	
玄武岩	29.5	
长石	25.5	
角闪石、绿石	30	
花岗岩、大理石	28	
多孔黏土	5~8	作填充料用，$\varphi=35°$
	5. 砖及砌块(kN/m³)	
普通砖	19	机器制
耐火砖	19~22	230mm×110mm×65mm(609 块/m³)
耐酸瓷砖	23~25	230mm×113mm×65mm (590 块/m³)
灰砂砖	18	砂：白灰=92：8
煤渣砖	17~18.5	
矿渣砖	18.5	硬矿渣：烟灰：石灰=75：15：10
水泥空心砖	9.8	290mm×290mm×140mm(85 块/m³)
水泥空心砖	10.3	300mm×250mm×110mm (121 块/m³)
水泥空心砖	9.6	300mm×250mm×160mm (83 块/m³)
蒸压粉煤灰砖	14.0~16.0	干重度
陶粒空心砌块	5.0	长 600、400mm，宽 150、250mm，高 250、200mm
混凝土空心小砌块	11.8	390mm×190mm×190mm
瓷面砖	19.8	150mm×150mm×8mm(5556 块/m³)
陶瓷锦砖	0.12kN/m³	厚 5mm
	6. 石灰、水泥、灰浆及混凝土(kN/m³)	
生石灰块	11	堆置，$\varphi=30°$
生石灰粉	12	堆置，$\varphi=35°$
熟石灰膏	13.5	
石灰砂浆、混合砂浆	17	

名称	自重	备注
6. 石灰、水泥、灰浆及混凝土(kN/m³)		
水泥炉渣	12～14	
灰土	17.5	石灰：土＝3：7，夯实
稻草石灰泥	16	
石灰三合土	17.5	石灰、沙子、卵石
水泥	16	袋装压实，$\varphi=40°$
矿渣水泥	14.5	
水泥砂浆	20	
水泥蛭石砂浆	5～8	
石膏砂浆	12	
素混凝土	22～24	振捣或不振捣
加气混凝土	5.5～7.5	单块
钢筋混凝土	24～25	
7. 沥青、煤灰、油料(kN/m³)		
石油沥青	10～11	根据相对密度
柏油	12	
煤沥青	13.4	
煤焦油	10	
无烟煤	15.5	整体
焦渣	10	
8. 杂项 (kN/m³)		
普通玻璃	25.6	
矿渣棉	1.2～1.5	松散，导热系数 0.031～0.044W/(m·K)
水泥珍珠岩制品、憎水珍珠岩制品	3.5～4	强度 1N/mm² 导热系数 0.058～0.081W/(m·K)
膨胀蛭石	0.8～2	导热系数 0.052～0.07W/(m·K)
水泥蛭石制品	4～6	导热系数 0.093～0.14W/(m·K)
石棉板	13	含水率不大于3%
松香	10.7	
水	10	温度 4℃密度最大
冰	8.96	
书籍	5	书架藏置
报纸	7	
棉花、棉纱	4	压紧平均重量
建筑碎料（建筑垃圾）	15	

续表

名称	自重	备注
9. 砌体(kN/m³)		
浆砌毛方石	24.8	花岗岩，上下面大致平整
干砌毛石	20	石灰石
浆砌普通砖	18	
浆砌机砖	19	
浆砌耐火砖	22	
三合土	17	灰：砂：土=1:1:9～1:1:4
10. 隔墙与墙面(kN/m²)		
双面抹灰板条隔墙	0.9	每面抹灰厚16～24mm，龙骨在内
单面抹灰板条隔墙	0.5	灰厚16～24mm，龙骨在内
C形轻钢龙骨隔墙	0.27	两层12mm纸面石膏板，无保温层
水泥粉刷墙面	0.36	20mm厚，水泥粗砂
11. 屋架、门窗(kN/m²)		
木屋架	$0.07+0.007l$	按屋面水平投影面积计算，跨度l以米计
钢屋架	$0.12+0.011l$	无天窗，包括支撑，按屋面水平投影面积计算，跨度l以米计
木框玻璃窗	0.2～0.3	
钢框玻璃窗	0.4～0.45	
木门	0.1～0.2	
钢铁门	0.4～0.45	

参 考 文 献

[1] 中国建筑科学研究院. GB 50153—2008 工程结构可靠性设计统一标准[S]. 北京：中国建筑工业出版社，2009.

[2] 中华人民共和国建设部. GB 50068—2001 建筑结构可靠度设计统一标准[S]. 北京：中国建筑工业出版社，2001.

[3] 中华人民共和国交通运输部. GB 50158—2010 港口工程结构可靠度设计统一标准[S]. 北京：中国计划出版社，2010.

[4] 中华人民共和国能源部，中华人民共和国水利部. GB 50199—94 水利水电工程结构可靠度设计统一标准[S]. 北京：中国计划出版社，1994.

[5] 中华人民共和国铁道部. GB 50216—94 铁路工程结构可靠度设计统一标准[S]. 北京：中国计划出版社，1994.

[6] 中华人民共和国交通部. GB/T 50283—1999 公路工程结构可靠度设计统一标准[S]. 北京：中国计划出版社，1999.

[7] 中华人民共和国建设部. GB 50009—2001 建筑结构荷载规范(2006年版)[S]. 北京：中国建筑工业出版社，2006.

[8] 中华人民共和国建设部. GB 50003—2011 砌体结构设计规范[S]. 北京：中国建筑工业出版社，2012.

[9] 中华人民共和国建设部. GB 50007—2011 建筑地基基础设计规范[S]. 北京：中国建筑工业出版社，2012.

[10] 黑龙江省寒地建筑科学研究院. JGJ 118—98 冻土地区建筑地基基础设计规范[S]. 北京：中国建筑工业出版社，1998.

[11] 交通部公路规划设计院. JTG D60—2004 公路桥涵设计通用规范[S]. 北京：人民交通出版社，2004.

[12] 交通部公路规划设计院. 公路桥隧设计规范汇编(2001版)[M]. 北京：人民交通出版社，2001.

[13] 中交公路规划设计院. JTG D62—2004 公路钢筋混凝土及预应力混凝土桥涵设计规范[S]. 北京：人民交通出版社，2004.

[14] 铁道部第三勘察设计院. TB 10002.1—2005 铁路桥涵设计基本规范[S]. 北京：中国铁道出版社，2005.

[15] 中华人民共和国住房和城乡建设部. GB 50011—2010 建筑抗震设计规范[S]. 北京：中国建筑工业出版社，2010.

[16] 中华人民共和国铁道部. GB 50111—2006 铁路工程抗震设计规范(2009版)[S]. 北京：中国计划出版社，2009.

[17] 交通部公路规划设计院. JTJ004—89 公路工程抗震设计规范[S]. 北京：人民交通出版社，1989.

[18] 重庆交通科研设计院. JTG/T B02—01—2008 公路桥梁抗震设计细则[S]. 北京：人民交通出版社，2008.

[19] 中国水利水电科学研究院. DL 5073—2000 水工建筑物抗震设计规范[S]. 北京：中国电力出版社，2000.

[20] 中华人民共和国住房和城乡建设部. JGJ 3—2010 高层建筑混凝土结构技术规程[S]. 北京：中国建筑工业出版社，2010.

[21] 白国良，刘明. 荷载与结构设计方法（第 2 版）[M]. 北京：高等教育出版社，2010.

[22] 张学文，罗旗帜. 土木工程荷载与结构设计方法（第 2 版）[M]. 广州：华南理工大学出版社，2010.

[23] 薛志成，杨璐. 土木工程荷载与结构设计方法[M]. 北京：科学出版社，2011.

[24] 张小刚. 土木工程荷载与结构设计方法[M]. 北京：中国质检出版社，2011.

[25] 马芹永. 工程结构荷载与设计方法[M]. 合肥：合肥工业大学出版社，2011.

[26] 许成祥，何培玲. 荷载与结构设计方法[M]. 北京：北京大学出版社，2010.

[27] 高等学校土木工程学科专业指导委员会. 高等学校土木工程本科指导性专业规范[M]. 北京：中国建筑工业出版社，2011.